高温化学吸附捕集烟气 CO$_2$

秦昌雷　何东霖　舟景煜　著

科学出版社

北　京

内 容 简 介

本书聚焦于高温化学吸附 CO_2 捕集前沿技术，系统性地呈现了相关最新研究成果。主要内容包括：①高效粉体 CO_2 吸附材料合成，重点阐述了碳酸化/再生反应基础规律，评估了吸附剂脱碳反应活性、稳定性与经济性；②吸附颗粒成型与评价方法，全面梳理了颗粒反应与磨损典型物化特征，提出了改善吸附颗粒性能的技术方法；③吸/脱附反应热力学与动力学，针对性研究了锂基材料 CO_2 吸/脱附热力学平衡与再生动力学特性，揭示了硫酸化作用下钙基材料吸附反应动力学机制；④ CO_2 捕集过程气/固杂质影响机制，全面阐明了碳酸化/硫酸化反应竞争、水蒸气催化加速吸附剂再生、以及煤灰影响吸/脱附过程特性与作用机理；⑤基于高温化学吸附的脱碳体系，围绕脱碳系统流程重构与高值化应用发展了具有脱附反应原位供热特征的钙-铜联合循环、以及 CO_2 捕集/转化一体化技术。

本书可供能源动力、化学工程、环境工程等专业的本科生、研究生，以及从事相关研究、设计、生产的科研人员参考，也可供相关行业管理人员及关心 CO_2 捕集技术发展的人士阅读。

图书在版编目(CIP)数据

高温化学吸附捕集烟气 CO_2/ 秦昌雷，何东霖，冉景煜著. —北京：科学出版社，2023.2（2025.4重印）
ISBN 978-7-03-074833-1

Ⅰ.①高… Ⅱ.①秦… ②何… ③冉… Ⅲ.①高温-化学吸附-二氧化碳 Ⅳ.①X701.7

中国国家版本馆 CIP 数据核字（2023）第 022540 号

责任编辑：刘 琳 / 责任校对：彭 映
责任印制：罗 科 / 封面设计：墨创文化

科学出版社 出版
北京东黄城根北街16号
邮政编码：100717
http://www.sciencep.com

四川青于蓝文化传播有限责任公司印刷
科学出版社发行 各地新华书店经销
*
2023 年 2 月第 一 版 开本：787×1092 1/16
2025 年 4 月第二次印刷 印张：13
字数：310 000
定价：128.00 元
（如有印装质量问题，我社负责调换）

前　言

能源转化与利用过程中释放的大量 CO_2 被认为是引起全球气候变化的主要原因。电力与工业部门产生的 CO_2 排放约占全球 CO_2 排放量的 70%，相关行业的迅速脱碳是实现净零排放的关键所在。特别地，我国 CO_2 排放量居世界第一位，煤炭作为电力生产中的主要能源，煤电比例高居 60% 以上，燃煤产生的 CO_2 排放量占我国 CO_2 排放总量的 50%。因此，发展电力及其相关行业的 CO_2 减排技术，有利于推进绿色低碳转型，助力实现"碳达峰、碳中和"的战略目标。

碳捕集、利用与封存是减少 CO_2 大量排放最为重要的技术手段之一，而 CO_2 捕集环节在其中起到至关重要的作用。现有的 CO_2 捕集技术主要分为燃烧前 CO_2 捕集、富氧燃烧 CO_2 捕集和燃烧后 CO_2 捕集。其中，同时适用于燃烧后 CO_2 捕集以及燃烧前 CO_2 捕集的高温化学吸附技术，因其相对低廉的吸附材料成本、高效的 CO_2 吸附性能以及优良的工业应用适应性，被认为是未来研发优先级最高的 CO_2 捕集技术之一，也是目前国际上的研究热点之一。

本书聚焦于"高温化学吸附捕集烟气 CO_2"这一主题，对高温 CO_2 吸附技术中的吸附材料合成、反应过程与机理、系统构建与优化等进行了较为系统的研究。研究内容主要涉及粉体 CO_2 吸附材料合成、吸附颗粒成型方法、吸脱附热力学与动力学、烟气适应性以及基于高温化学吸附的脱碳体系等五个方面，通过对研究方法、实验规律、模拟结果、结构表征等内容的详细阐述，深入探究了高温化学吸附捕集烟气 CO_2 过程中涉及的关键科学与技术问题，可以为碳捕集领域的研究人员和工程技术人员提供相应的理论与技术支撑。

本书由重庆大学秦昌雷、冉景煜，重庆工商大学何东霖共同撰写完成，并由秦昌雷统稿。

本书的研究工作是在国家自然科学基金（52076020、51606018）、国家重点研发计划（2017YFB0603300）、重庆市自然科学基金（cstc2021jcyj-msxmX0287）、重庆市留学回国人员创业创新支持计划（cx2021108）、能源清洁利用国家重点实验室开放基金（ZJUCEU2021006）等项目的支持下完成的，在此表示诚挚的感谢。由于作者水平所限，书中疏漏在所难免，恳请读者批评指正。

作者

2022 年 9 月

目　　录

第1章 绪 论

能源是社会发展的物质基础，能源革命是文明进步的阶梯，能源安全是国家安全的重要基石。从早期的钻木取火到煤的发现、石油的开发，水能、核能、风能、太阳能、地热能、生物质能等的相继兴起，能源深刻地影响着人类文明发展的进程。

能源战略是国家发展战略的重要支柱，是综合国力的重要体现。我国自 2014 年起明确把能源革命作为能源安全新战略的根本任务，先后印发了《能源技术革命创新行动计划 (2016—2030 年)》《能源生产和消费革命战略(2016—2030 年)》《能源体制革命行动计划》等纲领性文件，提出了建设清洁、低碳、安全、高效的现代能源体系，实现能源生产和消费方式根本性转变的总体战略目标。

1.1 能源消费与 CO_2 排放状况

1.1.1 能源消费结构

1. 全球能源消费结构

2020 年发布的《中石油经研院能源数据统计》表明，2019 年，全球一次能源消费 138.2×10^8 t，同比增长 1.9%，其中石油消费占比 32.3%，增速约 1.8%；天然气消费占比 24.8%，增速约 3.4%；煤炭消费占比 27.7%，增速约 0.9%；核能和可再生等非化石能源消费占比相对较低，约 15.1%，但增速近 1.9%。按能源需求增长排名，2019 年排名前三的国家为中国、美国和印度，在全球能源消费增量中分别占比 40%、20.3%和 18.1%，能源消费增量占全球增量的 78.4%。2019 年全球主要能源消费国的能源消费结构如图 1.1 所示，中国和印度作为发展中国家，煤炭消费占比较高，分别达到 57.9%和 57.5%；美国和日本能源消费结构较为合理，呈现多元化发展趋势；俄罗斯作为天然气储量大国，天然气在能源消费结构中明显占据主导。按各类能源消费增速进行分析，2019 年的天然气消费增速>石油消费增速>煤炭消费增速，分别为 3.8%、1.9%、0.9%，2010~2019 年平均增速分别为 3.2%、1.0%、1.1%，可见煤炭消费量已接近峰值。另一方面，非化石能源消费量自 2011 年后持续上涨，2019 年增速为 2.0%，2010~2019 年平均增速均为 3.4%。

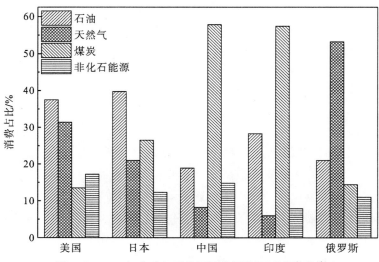

图 1.1   2019 年全球主要能源消费国能源消费结构[1]

2. 中国能源消费结构

　　2019 年我国能源消费总量稳定增长，在"双碳"目标的影响下，一次能源消费结构中煤炭占比持续下滑至 57.9%，连续两年降至 60% 以下；天然气与非化石能源占比达到 23.1%，其中天然气占比首次突破 8%。如图 1.2 和表 1.1 所示，2010 年中国的能源消费占比从高到低分别为：煤炭 69.2%、石油 17.4%、非化石能源 9.4%、天然气 4.0%；2019 年中国的能源消费占比从高到低分别为：煤炭 57.9%、石油 19.0%、非化石能源 14.9%、天然气 8.2%。可见，我国天然气和非化石能源消费占比呈现持续快速增长的趋势，消费结构逐渐向绿色低碳形式转变，同时，我国的石油消费稳步增长，煤炭消费占比大幅下滑。但是，我国原油对外依存度较高，非化石能源在国家政策的刺激下，与天然气共同分担煤炭占比的下降量。随着中国能源消费结构的逐渐转型，天然气和非化石等绿色能源占比逐步提升，直接导致中国碳排放量增速大幅降低，2015～2019 年碳排放平均增速为 0.4%，2010～2019 年平均增速为 2.5%。

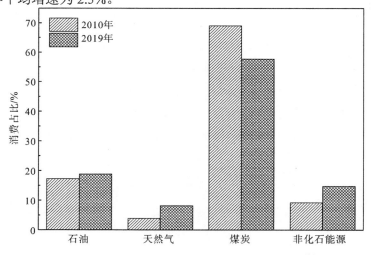

图 1.2   我国 2010 年与 2019 年的能源消费结构[1]

表 1.1　2010～2019 年中国能源消费及结构变化

年份	能源消费量/10^8t	占比/%			
		石油	天然气	煤炭	非化石能源
2010	25.25	17.4	4.0	69.2	9.4
2011	27.09	16.8	4.6	70.2	8.4
2012	28.15	17.0	4.8	68.5	9.7
2013	29.18	17.1	5.3	67.4	10.2
2014	29.81	17.4	5.7	65.6	11.3
2015	30.09	18.3	5.9	63.7	12.1
2016	30.51	18.5	6.2	62.0	13.3
2017	31.40	18.8	7.0	60.4	13.8
2018	32.48	18.9	7.8	59.0	14.3
2019	34.02	19.0	8.2	57.9	14.9

1.1.2　CO_2 排放分析

CO_2 (carbon dioxide) 在常温常压下是一种无色无味、其水溶液略有酸味的气体，在空气组成中占比约为 0.04%，也是最为重要的一种温室气体。CO_2 在自然界中含量丰富，其产生途径主要有以下几种：有机物(包括动植物)的分解、发酵、腐烂、变质过程，石油、煤炭、天然气、石蜡的燃烧以及生产过程中均会释放出 CO_2。

1. 全球 CO_2 排放状况

伴随着经济与社会的发展，全球 CO_2 排放量也在逐年增加，2018 年全球 CO_2 排放量较 2017 年增加了 6.17×10^9t，约为 340.5×10^9t。CO_2 的持续大量排放是全球变暖的主要原因，将明显导致大量自然性灾难的发生，例如大规模海啸、地壳动荡等，且爆发次数愈发频繁。全球新冠肺炎疫情暴发以来，大部分国家采取停工、停产、居家隔离等措施导致 CO_2 排放量在短期内有所降低。2020 年全球 CO_2 排放量约为 400.0×10^9t，按地区 CO_2 排放量从高到低分别为：亚太地区>北美地区>欧洲>中东地区>独联体>非洲>中南美地区，分别为 16752.9×10^6t、5307.1×10^6t、3592.9×10^6t、2025.3×10^6t、1981.0×10^6t、1195.0×10^6t、1129.5×10^6t，如图 1.3 所示。

分国家来看，2020 年中国 CO_2 排放量为 9893.5×10^6t，全球排名第一；美国 CO_2 排放量为 4432.2×10^6t，全球排名第二；印度 CO_2 排放量为 2298.2×10^6t，全球排名第三。不同国家的 CO_2 排放占比如图 1.3 所示，2020 年中国、美国、印度、俄罗斯、日本、伊朗、德国、韩国、沙特阿拉伯和印度尼西亚十个国家 CO_2 排放量总和占全球 CO_2 总排放量的 68.86%。按照国家 CO_2 排放量占全球 CO_2 总排放量的比例从高到低分别为：中国>美国>印度>俄罗斯>日本>伊朗>德国>韩国>沙特阿拉伯>印度尼西亚，分别占比 30.93%、13.86%、7.19%、4.48%、3.21%、2.03%、1.89%、1.81%、1.77%、1.69%。

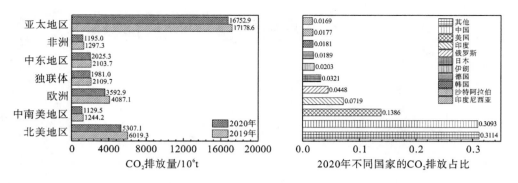

图 1.3　全球按区域划分 CO_2 排放量及按国家划分排放占比[2]

2. 中国 CO_2 排放状况

自 2005 年起，我国 CO_2 排放总量位居世界第一，2018 年 CO_2 排放量达到 96.63×10^9 t，排放量是美国的 2 倍、俄罗斯的 9.2 倍。但是，中国 CO_2 排放存在人均排放偏低、单位经济排放强度大、能源排放占比高等特点，具体如下：①人均 CO_2 排放相对较低。2018 年中国 CO_2 排放量为 6.94t/人，远低于科威特 21.62t/人、加拿大 16.45t/人、美国 14.54t/人。②单位 GDP 的 CO_2 排放偏高。2018 年中国单位 GDP 的 CO_2 排放量为 695.47t/百万美元，不仅高于发达国家单位 GDP 的 CO_2 排放量，也高于世界各国单位 GDP 的 CO_2 排放平均水平。③能源排放占比较高。2019 年中国能源活动 CO_2 排放量约占全社会 CO_2 排放量的 87%。从能源品种看，燃煤发电和供热排放占能源活动 CO_2 排放比重的 44%，煤炭终端燃烧排放占比为 35%，石油排放占比为 15%，天然气排放占比为 6%。从能源活动领域看，能源生产与转换、工业、交通运输、建筑领域的 CO_2 排放占能源活动 CO_2 排放的比重分别为 47%、36%、9%、8%，其中工业领域的钢铁、建材和化工三大高耗能产业占比分别达到 17%、8%和 6%。

分行业来看，火力发电业和工业是中国 CO_2 排放的重要领域。2018 年，中国火力发电业 CO_2 排放量为 31.98×10^9 t，其中 97.24%是通过煤炭燃烧产生；工业 CO_2 排放量为 25.10×10^9 t，其中煤炭和焦炭燃烧产生的 CO_2 量占 92.13%。可见，这两个行业对煤炭、焦炭能源依赖度过高。交通运输、仓储和邮政业的 CO_2 排放也不容忽视，2018 年该领域 CO_2 排放量为 7.67×10^9 t，主要源于大量使用汽油、煤油和柴油等能源。

1.2　CCUS 技术与应用

CO_2 的减排策略主要包括来源控制与末端控制两种。来源控制主要通过新能源开发以及节约用能进行实现。新能源开发主要是通过太阳能、核能、水能、风能、潮汐能等一系列清洁能源的利用来减少 CO_2 排放。而节约用能是指通过能源的高效利用及转化实现 CO_2 减排目的，属于成本较低的 CO_2 减排策略。但是，我国仅通过新能源开发和节约用能实

现的 CO_2 减排无法满足未来的需求，其减排潜力将在 2030 年前后被发掘完毕。因此，CO_2 的末端控制，特别是碳捕集、利用与封存(carbon capture，utilization and storage，CCUS) 技术将成为我国 CO_2 减排的重要途径。

1.2.1 CCUS 技术概述

碳捕集、利用与封存(CCUS)技术作为潜力巨大的 CO_2 减排技术是我国 CO_2 末端控制的最佳选择。目前，CCUS 技术已经受到全世界的广泛关注，并逐渐投入到商业化应用中。CCUS 技术主要通过将 CO_2 从化石燃料利用过程中分离提纯，之后投入生产过程实现再利用或地质封存，而非将其直接排放至大气中，进而实现 CO_2 的近零排放。碳捕集是整个 CCUS 技术流程中成本最高的环节，开发高效且经济的 CO_2 捕集技术是实现 CCUS 技术的关键。

1. CO_2 捕集

按照实现 CO_2 捕集的位置进行分类，CO_2 捕集技术主要分为燃烧前 CO_2 捕集、富氧燃烧 CO_2 捕集和燃烧后 CO_2 捕集三种。燃烧前 CO_2 捕集技术是在碳基燃料燃烧前，先将化学能从燃料中进行转移，之后将碳与携带能量的其他物质进行分离，进而实现燃料燃烧利用前的 CO_2 捕集。其中，整体煤气化联合循环(integrated gasification combined cycle，IGCC)发电是最典型的燃烧前 CO_2 捕集系统。IGCC 通过煤气化与燃气-蒸汽联合循环相结合，由化石燃料气化转化成合成气(主要包括 CO 和 H_2)，之后利用水煤气变换反应提高 CO_2 浓度，分离 CO_2 后得到的富氢燃料用于燃烧发电，而分离后的 CO_2 压缩后进行后续的封存或利用。该技术的优势在于系统中的 CO_2 压力和浓度较高[3]，易于分离且 CO_2 捕集效率较高。而缺点在于该技术过程较为复杂，包含空气分离、煤气化及燃气-蒸汽联合循环，导致设备成本较高，不适于现有燃煤电厂的改造[4-6]。

富氧燃烧 CO_2 捕集是在纯氧或者富氧(高于空气中氧气浓度)气氛下进行燃料燃烧直接获得高浓度 CO_2 尾气的技术。利用 O_2/CO_2 混合气体实现助燃被认为是一种最为常见且高效的富氧燃烧方式。这项技术将部分燃料燃烧后的尾气与空气分离得到的氧气进行混合，其中部分尾气在整个过程中循环使用，之后将混合气用作化石燃料燃烧时的氧化剂，进而在燃烧尾气中直接生成高浓度 CO_2，从而大幅降低 CO_2 分离过程的能耗及成本。整体而言，富氧燃烧技术由于对 O_2 的需求量大，也就意味着 O_2 的来源和制备过程是该技术的关键环节，从而较大程度地限制了其潜在应用[7]。

燃烧后 CO_2 捕集是指在化石燃料燃烧后将 CO_2 从尾部烟气中进行分离。通常情况下，由于烟气中的 CO_2 分压较低，普遍小于 15kPa，因而需要处理的气体量较大。燃烧后 CO_2 捕集技术根据分离原理的不同主要分为以下几种方式：①低温冷凝法，即基于烟气中不同气体的沸点差异，利用混合气体中的 CO_2 与其他气体组分冷凝顺序不同的特点，通过低温冷凝将 CO_2 进行分离。②吸收法，主要分为化学吸收法和物理吸收法。化学吸收法利用碱性较强的水溶液与 CO_2 进行反应生成碳酸盐类化合物，从而实现 CO_2 捕集，并通过温度的改变进行逆反应以达到 CO_2 分离的目的。另一方面，物理吸收法基于不同条件下溶剂对 CO_2 的溶解度不同，从而实现 CO_2 的吸收及分离。该方法受亨利定律影响，适宜在 CO_2 分压较高的系统中进行 CO_2 捕集。③吸附法，即基于吸附剂在不同条件下对尾部烟道烟气中 CO_2 的选择性吸附实现。吸附法分为变温吸附(temperature swing adsorption，TSA)、变压吸附(pressure swing adsorption，PSA)和变温变压吸附，即在低温或高压下吸附，再利用升温或降压的方式实现 CO_2 从吸附剂中分离。④膜分离法，即通过具有特定孔道结构的薄膜材料对 CO_2 的选择性渗透，实现 CO_2 从尾部烟气中分离的技术。

2. CO_2 利用

CO_2 利用是指基于化学或生物技术将 CO_2 转化为其他产品的过程。CO_2 利用的技术路线众多，能够与现有的能源、化工、生物等工艺过程实现深度耦合，产品往往具有较高的价值，因此兼具一定的经济与环境效益[8]。国外近年来有很多新兴的 CO_2 利用方法，如荷兰和日本均有较大规模的将工业产生的 CO_2 送到园林作为温室气体来强化植物生长的项目。国外处于项目示范阶段的碳利用技术有 CO_2 制化肥、食品级应用等；正处于发展阶段的有 CO_2 制聚合物、CO_2 甲烷化、CO_2 加氢制甲醇、海藻培育、动力循环等；尚处于理论研究阶段的有 CO_2 制碳纤维和乙酸等。国内新兴的碳利用方向主要有 CO_2 加氢制甲醇、微藻固碳、CO_2 加氢制异构烷烃、CO_2 加氢制芳香烃、CO_2 甲烷化等，多处于理论研究或中试阶段。

3. CO_2 封存

CO_2 捕集后可以通过泵送到地下、海底长期储存，或直接通过强化自然生物学作用把 CO_2 储存在植物、土地和地下沉积物中。CO_2 封存技术相对成熟，主要有海洋封存、油气层封存和煤气层封存。海洋封存基于低温深层海水的不饱和特性，实现巨大的 CO_2 溶解能力。油气层封存主要通过利用现有油气田封存 CO_2，即在油气层中注入 CO_2 并利用其驱油作用提高采收率，进而实现碳封存与利用，达到经济效益和减排效果兼顾的目的，被认为是未来的主流方向。而煤气层封存主要通过将 CO_2 注入较深的煤层中，从而置换出含有 CH_4 的煤层气，该技术也具备较高的经济性。

1.2.2 CCUS 项目概况

1. 国外 CCUS 项目

为应对全球变暖问题，国外在 20 世纪 70 年代就开始了 CCUS 相关研究与应用。1972年，美国建成的 Terrell 项目是国外最早报道的大型 CCUS 项目，CO_2 捕集能力达 40 万～50 万 t/a。1982 年，美国俄克拉荷马州 Enid 项目建成，利用 CO_2 进行油田驱油，CO_2 捕集能力达 70 万 t/a。1996 年，作为较早开展 CCUS 项目的挪威 Sleipner 项目建成，首次将

CO_2 注入到地下盐水层，年封存 CO_2 量高达百万 t。

进入 21 世纪以来，随着全球气候形势日益严峻，CCUS 项目受到世界各国的广泛关注。美国、加拿大、澳大利亚、日本及中国等国家加速推进 CCUS 项目的实用化。2000年，美国与加拿大合作的 Weyburn 油田项目建成，通过注入电厂产生的 CO2 提高濒临枯竭油田采油率，累计封存 CO_2 达 2600 多万 t。2014 年，全球首个成功应用于发电厂的 CO_2 捕集项目 Boundary Dam Power 项目在加拿大建成，将 150MW 燃煤发电机组产生的 CO_2 捕集后用于地质封存和油田驱油，CO_2 捕集能力达 100 万 t/a。2015 年，加拿大 Quest 项目将合成原油制氢过程中产生的 CO_2 注入咸水层封存，CO_2 捕集能力达 100 万 t/a。截至 2019 年，Quest 项目已累计捕集 CO_2 达 400 万 t，该项目也是目前全球捕集 CO_2 并成功注入地下的最大项目。2016 年，全球最大单体液化天然气（liquified natural gas，LNG）项目之一的 Gorgon 项目在澳大利亚建成，通过液化技术将天然气中分离出来的 CO_2 注入到盐水层中，注入量达 350 万 t/a。

2. 国内 CCUS 项目进展

随着我国经济发展与科技进步，国内也开启了 CCUS 项目的研究与示范。相比国外，中国 CCUS 项目起步较晚，目前以捕集量 10 万吨级项目为主，并逐渐部署百万吨级规模项目。2007 年，中国石油吉林油田和中石化华东分公司草舍油田经过长期实践，于 2007 年首先实现二氧化碳捕集埋存与提高采收率(carbon capture, utilization and storage- enhanced oil recovery, CCUS-EOR)技术的工业化，建立了五类 CO_2 驱油与埋存示范区，年埋存 CO_2 能力可达 35 万 t。同年，中石化华东分公司草舍油田建成了 CO_2 年注入量 4 万 t 的先导试验项目，后期建成了 CO_2 回收装置，年处理量可达 2 万 t。在此基础上，中石化胜利油田、中国神华、延长石油及中石化中原油田加速推进 CCUS 项目。2010 年，中石化胜利油田建成了国内首个燃煤电厂的 CCUS 示范项目，捕集燃煤电厂烟气中 CO_2，并注入油田进行驱油，CO_2 捕集能力达 3 万~4 万 t/a；2011 年，神华鄂尔多斯建成了国内第一个盐水层地质封存实验项目，采用甲醇吸收法捕集煤气化制氢过程排放的 CO_2，并注入盐水层封存，CO_2 捕集能力达 10 万 t/a。2012 年，延长石油建成的 CO_2 捕集项目采用低温甲醇洗技术，将煤化工产生的 CO_2 提纯加压液化后注入油田，在提高原油采收率的同时，实现了 CO_2 的永久封存，CO_2 捕集能力达 5 万 t/a。2021 年国家能源集团陕西国华锦界能源有限公司燃煤电厂 15 万 t/a 的 CO_2 捕集与驱油封存全流程示范项目成功投产，这是目前我国规模最大的燃煤电厂 CO_2 捕集项目，为我国火电厂开展百万吨级大规模碳捕集项目积累了实践经验。

同时，随着我国"双碳"目标的提出与加速推进，截至 2022 年已有 6 个百万吨级 CCUS 项目处在建成/在建/拟建状态。2022 年，中国石化在齐鲁石化-胜利油田建设的 CCUS 项目是国内第一个百万吨级项目，项目以化肥厂煤制气装置排放的 CO_2 为原料，生产液态 CO_2 并进行油田驱油与封存，年注入能力约为 100 万 t，同时实现原油增产 30 万 t/a。此外，通源石油、华能集团、中国石油、广汇能源和延长石油等均积极响应国家碳达峰、碳中和的战略部署，分别在新疆、甘肃等地区拟建设 100 万～500 万 t 的 CCUS 项目。由此可见，尽管我国 CCUS 项目起步较晚，但发展较快、投资较大，已逐渐进行百万吨级规模项目的部署，为全球 CO$_2$ 减排做出积极贡献。

1.3　CO$_2$ 高温吸附技术基础

1.3.1　CO$_2$ 高温吸附技术概述

与燃烧前 CO$_2$ 捕集以及富氧燃烧 CO$_2$ 捕集相比，燃烧后 CO$_2$ 捕集由于具有最为广泛的工业应用场景而受到最多关注。针对各种应用场景下的烟气 CO$_2$ 捕集，均存在气体温度较高的特点，而大多数常规物理吸附剂，其吸附量随温度的升高而降低，不适于高温工况。CO$_2$ 属于酸性气体，容易吸附在碱性氧化物或特定盐表面并反应生成碳酸盐，且能在高温条件下重新生成 CO$_2$ 和氧化物或盐，从而实现 CO$_2$ 的捕集与吸附剂的循环利用，这便是 CO$_2$ 高温吸附技术的基本原理。CO$_2$ 高温吸附技术的实现依赖于高性能、低成本的吸附材料。高温 CO$_2$ 吸附剂主要包括氧化钙 (CaO) 吸附剂、正硅酸锂 (Li$_4$SiO$_4$) 吸附剂和其他金属氧化物吸附剂等。鉴于钙基吸附剂和锂基吸附剂在吸附性能、反应温度、循环稳定性等方面表现更为优良，且更具大规模工业应用潜力，因此主要围绕钙基和锂基吸附剂进行简要介绍。

1. 吸附剂碳酸化/煅烧循环

基于氧化钙吸附剂的钙循环技术(如图 1.4 所示)因其低廉的吸附材料成本、高效的 CO$_2$ 吸附性能(理论 CO$_2$ 吸附量为 0.786g/g)及工业化改造的高适用性[9]，被认为是未来研发优先级较高的 CO$_2$ 捕集技术之一[10]。Shimizu 等[11]于 1999 年正式提出利用钙基吸附剂的循环碳酸化/煅烧反应在双温区循环流化床中进行燃烧后 CO$_2$ 捕集，同时提出利用钙循环过程强化水煤气变换反应进行制氢。可见，钙循环技术既可以用于燃煤电厂尾部烟气的 CO$_2$ 捕集，也可以用于强化煤的气化制氢。

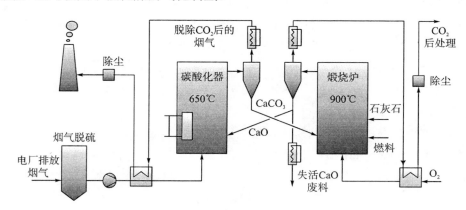

图 1.4　钙循环捕集烟气 CO$_2$ 过程流程图

钙循环技术的运行主要基于化学反应方程式 (1.1)，即将含有低浓度 CO_2 的尾部烟气通入温度在 600℃ 以上的吸附反应器中进行碳酸化反应，利用钙基吸附剂高效吸附 CO_2。之后，将碳酸化后的吸附剂 ($CaCO_3$) 输送至温度高于 900℃ 的再生反应器中在高浓度 CO_2 气氛下进行煅烧，使 $CaCO_3$ 分解成 CaO 并分离出高浓度的 CO_2。煅烧后的吸附剂在整个过程中循环利用，再次进入吸附反应器进行碳酸化反应，直至吸附剂失去 CO_2 吸附活性。特别需要注意，碳酸化反应为强放热反应，因此无须对尾部烟气进行加热，相反地，还需在吸附反应器中加入换热面进行热量回收，以维持反应温度的恒定。换言之，相比其他燃烧后 CO_2 捕集技术，高温化学吸附技术由于可以将脱附 CO_2 过程消耗的能量在吸附过程中高温释放，进而部分回收为蒸汽循环供能，其 CO_2 捕集能耗比传统的化学吸收等技术更低[12]。此外，循环废料可用作水泥生产原料[13-23]，实现近零排放。因此，钙循环技术是一种工业应用潜力巨大的煤基 CO_2 捕集技术[24-30]。

$$CaO + CO_2 \Longleftrightarrow CaCO_3 \tag{1.1}$$

利用钙循环技术实现燃烧后 CO_2 捕集的概念自提出以来便受到国内外学者的广泛关注。从初期对吸附剂循环碳酸化/煅烧反应特性的研究，延伸至钙循环过程中涉及的循环反应烧结机理、小型流化床实验研究，再到近年来的高性能合成吸附材料、吸附颗粒成型、双循环流化床反应器开发等方面的研究[31-34]，这一系列成果已将钙循环技术推进至中试规模试验，甚至工业规模的运行[35-39]。钙循环技术在经历迅速发展后，现已成为极具潜力的规模化 CO_2 捕集技术之一。

相较于钙循环技术，在相同的 CO_2 浓度下正硅酸锂吸附剂具有比氧化钙吸附剂更低的再生温度、能耗以及更好的吸/脱附循环稳定性。Li_4SiO_4 捕集 CO_2 的反应方程式如式 (1.2)。在吸附阶段，Li_4SiO_4 在 600℃ 左右的温度下与 CO_2 发生反应生成碳酸锂 (Li_2CO_3) 和硅酸锂 (Li_2SiO_3)；而在脱附阶段，Li_2CO_3 和 Li_2SiO_3 在 700℃ 左右的温度下进行反应重新生成 Li_4SiO_4 并解析出 CO_2 气体。由于其 CO_2 吸附/脱附流程与钙循环过程一致，因此不再进行过多描述。

$$Li_4SiO_4 + CO_2 \Longleftrightarrow Li_2CO_3 + Li_2SiO_3 \tag{1.2}$$

综合来看，与物理吸附剂以及溶液吸收剂相比，尽管氧化钙和正硅酸锂吸附剂具有较高的 CO_2 捕集容量且不存在腐蚀等显著优势，但是其工业应用仍面临着一些技术障碍。首先是工业应用时粉体吸附剂会发生淘析，不仅会影响吸附效果也会造成吸附材料的极大浪费，所以需要对粉体吸附剂进行颗粒成型，制备的颗粒也应具有一定的耐磨损性能，确保吸附材料在使用中不会产生"跑剂"现象，从而提升吸附剂的循环利用率和经济性 (详见第 3 章)；其次，煤炭燃烧、"生物质或甲烷"产氢过程中含有一定浓度的气相杂质，例如水蒸气、SO_2 和 H_2S 等，这些气相杂质可能会对吸附剂性能产生潜在影响，在实现工业化应用之前，应当弄清这些杂质对于 CO_2 吸附剂碳酸化/煅烧过程的影响特性及其作用机制 (详见第 5 章)。

2. 反应热力学与动力学

反应热力学与动力学决定着 CO_2 吸附/脱附能否发生以及发生速率的大小，因此需要进行重点关注。由于钙基吸附剂和锂基吸附剂的反应过程具有明显的相似性，因此，本小节中的热力学和动力学分析均以钙基吸附剂为例进行说明。

钙循环过程包括碳酸化和煅烧再生两部分。碳酸化是一个放热反应，也即较低的温度有利于正向反应。需要注意，低温会降低反应速率，因此钙循环过程碳酸化温度的确定取决于反应热力学和动力学两个因素。$CaCO_3$ 煅烧分解生成 CaO 和 CO_2 是碳酸化的逆向反应，该过程为强吸热反应，较高的温度有利于 $CaCO_3$ 分解的发生。碳酸化和煅烧再生热力学平衡主要取决于 CO_2 浓度与温度。图 1.5 所示为采用 Barin[40] 和 Baker[41] 提出的关联式，即式 (1.3) 和式 (1.4) 得到的温度 (T) 与 CO_2 平衡分压 (P_{eq}) 关系。平衡曲线以上区域内，碳酸化是主要反应，而另一侧则会发生煅烧再生。可以看出，当 CO_2 平衡分压为 1atm ($1atm=1.01325\times10^5Pa$) 时，相应的平衡温度在 900℃ 左右。因此，在常压纯 CO_2 气氛下发生 $CaCO_3$ 分解的温度应高于 900℃。考虑到反应速率和钙循环在各种潜在应用 [如吸附强化蒸汽甲烷重整 (sorption enhanced steam methane reforming，SE-SMR)] 中的匹配，碳酸化温度通常设定在 650～700℃。

$$P_{eq}=4.137\times10^{12}\times\exp(-\frac{20474}{T}) \tag{1.3}$$

$$\lg P_{eq} = 7.079 - 38000 / 4.574T \tag{1.4}$$

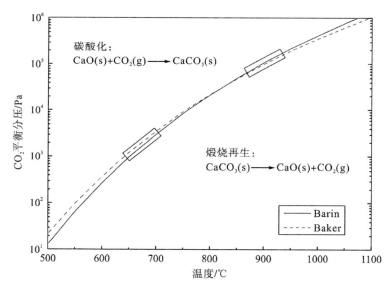

图 1.5 基于 Barin[40] 和 Baker[41] 研究关联式的 CO_2 吸脱附平衡关系

碳酸化和煅烧再生是典型的非催化气固反应，因此反应的进行遵循 Szekely[42] 所总结的气固反应的共同特征，即整个过程包括如下几个步骤。

（1）传质过程：反应物从气相区扩散到固体颗粒表面以及产物由固体颗粒表面向气相区的扩散；气态产物或反应物在固体颗粒孔隙内部的扩散；固体表面气态反应物的吸附和反应产物的脱附。

（2）传热过程：气流与固体表面之间的对流或辐射传热；固体反应物及产物内的热传导。

（3）结构变化：反应和传热会导致材料孔隙结构变化（如烧结），进而对整体反应速率产生显著影响。

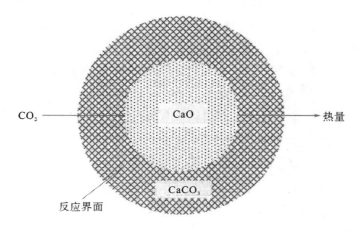

图 1.6　CaO 与 CO_2 的碳酸化反应过程示意图[43]

以碳酸化反应为例，其反应过程如图 1.6 所示。由于 CaO 的摩尔体积远小于 $CaCO_3$（表 1.2），因此碳酸化反应会在氧化钙表面生成更致密的碳酸钙，进而引起碳酸化反应由反应动力控制区向扩散控制区转变。而伴随反应发生的碳酸钙烧结会引起材料微观孔隙变化，造成 CaO 反应活性随循环次数增加而迅速衰减。

表 1.2　钙循环过程相关化合物的物理性质[15]

化合物	分子质量/(g/mol)	密度/(g/cm³)	摩尔体积/(cm³/mol)
CaO	56.1	3.32	16.9
$Ca(OH)_2$	74.1	2.2	33.7
$CaCO_3$	100.1	2.71	36.9
$CaSO_4$	136.1	2.96	46.0

碳酸化反应器中 CaO 颗粒与 CO_2 反应属于气固反应，其动力学特性对于反应器设计与反应过程优化至关重要。已有研究均表明，CO_2 与 CaO 之间的气固反应分为两个阶段：初始的化学反应控制阶段和随后的扩散控制阶段[44]。一般来说，非均相气固反应动力学的反应速率与转化率之间的关系如式（1.5）[45]所示：

$$\frac{\mathrm{d}X}{\mathrm{d}t} = k(T)F(X) \tag{1.5}$$

其中，$k(T)$ 是可由阿伦尼乌斯方程表示的反应速率常数，阿伦尼乌斯方程为 $k(T) = k_0 \exp(-E/RT)$，其中 k_0 是指前因子，单位为 s^{-1}，R 是气体常数，E 是活化能，单位为 J/mol；$F(X)$ 是与反应机理相关的表达式。

积分响应方程见式 (1.6)，实验数据与模型拟合时，线性曲线的斜率可以看作是 $k(T)$。

$$G(X) = \int_0^X \frac{\mathrm{d}X}{F(X)} = k(T)t \tag{1.6}$$

常见的反应动力学模型见表 1.3。其中，模型 1～3 是幂律模型。模型 4～6 是几何收缩模型，也称为相界面反应模型，分别适用于平板、圆柱体和球体的几何收缩。模型 6 是三维几何收缩模型，也称为收缩核模型。模型 7～10 是反应级数模型，也称为化学反应模型，依次适用于一级、3/2 级、二级和三级反应。模型 11～14 为扩散模型，适用于一维扩散、二维扩散和三维扩散。模型 15～17 为成核模型。

表 1.3 反应动力学模型

序号	模型	$F(X)$	$G(X)$
1	幂律模型	$2X^{1/2}$	$X^{1/2}$
2	幂律模型	$3X^{2/3}$	$X^{1/3}$
3	幂律模型	$4X^{3/4}$	$X^{1/4}$
4	几何收缩模型（平板）	1	X
5	几何收缩模型（圆柱体）	$2(1-X)^{2/3}$	$1-(1-X)^{1/2}$
6	几何收缩模型（球体）	$3(1-X)^{2/3}$	$1-(1-X)^{1/3}$
7	反应级数模型（一级）	$1-X$	$-\ln(1-X)$
8	反应级数模型（3/2 级）	$(1-X)^{3/2}$	$2\left[(1-X)^{-1/2}-1\right]$
9	反应级数模型（二级）	$(1-X)^2$	$(1-X)^{-1}-1$
10	反应级数模型（三级）	$(1-X)^3$	$1/2\left[(1-X)^2-1\right]$
11	抛物线法则，一维扩散	$1/(2X)$	X^2
12	Va-lensi 方程，二维扩散	$\left[-\ln(1-X)\right]^{-1}$	$X+(1-X)\ln(1-X)$
13	Jander 方程，三维扩散（球体）	$3/2(1-X)^{2/3}\left[1-\ln(1-X)^{1/3}\right]^{-1}$	$\left[1-(1-X)^{1/3}\right]^2$
14	Ginstling-Broushtein，三维扩散（圆柱体）	$3/2\left[(1-X)^{-1/3}-1\right]^{-1}$	$(1-2/3X)-(1-X)^{2/3}$
15	成核模型，$n=2$	$2(1-X)\left[-\ln(1-X)\right]^{1/2}$	$\left[-\ln(1-X)\right]^{1/2}$
16	成核模型，$n=3$	$3(1-X)\left[-\ln(1-X)\right]^{2/3}$	$\left[-\ln(1-X)\right]^{1/3}$
17	成核模型，$n=4$	$4(1-X)\left[-\ln(1-X)\right]^{3/4}$	$\left[-\ln(1-X)\right]^{1/4}$

描述碳酸化反应的经典模型主要有收缩核模型 (shrinking core model，SCM)、晶粒模型 (grain model，GM)、随机孔模型 (random pore model，RPM) 和表观动力学模型。

（1）收缩核模型假设反应发生在颗粒外层，反应区逐渐向内部固体层移动，外部则形成产物层。这意味着颗粒中存在一个未反应的核心，这个核心会随着反应的进行而逐渐收缩。其反应过程包括：①气体通过颗粒周围的薄膜扩散；②气体穿过产物层扩散到未反应表面；③气体在未反应表面发生化学反应。动力学控制和扩散控制状态下的表达式如下：

$$t=\frac{\rho R}{kC_{CO_2}}\left[1-(1-X)^{1/3}\right] \tag{1.7}$$

$$t=\frac{\rho R^2}{6DC_{CO_2}}\left[1-3(1-X)^{2/3}+2(1-X)\right] \tag{1.8}$$

式中，t 为时间；ρ 为 CaO 的摩尔质量；R 为固体颗粒的半径；k 为反应速率常数；C_{CO_2} 为 CO_2 的摩尔浓度；X 为碳酸化转化率；D 为产物层扩散系数。由于固体产物反应物的体积不同，孔扩散转化率可用因子 Z 修正[46]，修正后可表示为式（1.9）：

$$t=\frac{\rho R^2}{2DC_{CO_2}}\left\{\frac{\left[Z-(Z-(Z-1)(1-X))^{2/3}\right]}{Z-1}-(1-X)^{2/3}\right\} \tag{1.9}$$

Johnsen 等[47]采用 SCM 分析了鼓泡流化床反应器中的碳酸化反应速率，从而确定与之耦合的吸附强化蒸汽重整的过程参数。由于 CaO 颗粒存在孔隙且颗粒由球形晶粒组成，故碳酸化动力学受孔扩散、本征化学反应和产物层扩散的共同影响，但 SCM 假设 CaO 颗粒无孔隙存在，对其准确性造成了一定的影响。

（2）晶粒模型由收缩核模型发展而来，模型假设每个 CaO 颗粒都由尺寸相同且分布均匀的球形 CaO 晶粒组成，每个 CaO 晶粒的外层都存在固体产物层，晶粒的反应机制与收缩核模型类似。初始孔隙率、初始扩散系数与晶粒尺寸是此模型的重要参数，较小的晶粒尺寸具有更大的表面积，从而有利于反应的进行。该模型的反应机理函数见表 1.3 模型 6。

Sun 等[44]基于晶粒模型并结合常压热重分析仪（atmospheric thermogravimetric analyzer，ATGA）和加压热重分析仪（pressurized thermogravimetric analyzer，PTGA）研究了碳酸化反应的动力学控制阶段，发现反应速率常数与 CO_2 分压有关。当 CO_2 分压超过 10 kPa 时，一级反应变为零级反应，且在加压条件下速率不会进一步增大，并认为这是由两步朗缪尔（Langmuir）机制所造成。Sedghkerdar 等[48]采用晶粒模型研究发现，当 CO_2 分压大于 0.7atm 时，碳酸化反应级数由一级变为零级，并指出碳酸化反应速率在温度为 948K 时达到最大。Mostafavi 等[49]分别借助于 Aspen Plus 中的热力学模型和晶粒模型研究了钙基吸附剂的碳酸化反应过程，结果表明热力学模拟能够预测 CO_2 吸附的总体趋势，而动力学模型可以实现更精确的过程分析。

（3）随机孔模型假设孔结构是由随机连通的孔网络组成。与表面反应相比，外部传质和孔扩散不受速率限制[50]。随机孔模型表示的反应控制阶段和扩散控制阶段的表达式如下[44]：

$$\frac{1}{\psi}\left[\sqrt{1-\psi\ln(1-X)}-1\right]=\frac{kS_0t(C_{CO_2}-C_{eq,CO_2})}{2(1-\varepsilon_0)} \tag{1.10}$$

$$\frac{1}{\psi}\left[\sqrt{1-\psi\ln(1-X)}-1\right]=\frac{S_0\sqrt{\dfrac{M_{CaO}DCt}{4.352\rho}}}{2(1-\varepsilon_0)} \tag{1.11}$$

其中，S_0 为颗粒的初始比表面积；ε_0 为颗粒的初始孔隙率；C_{eq,CO_2} 为 CO_2 平衡浓度；M_{CaO} 为 CaO 的摩尔质量；D 为有效扩散系数；C 为孔表面扩散物质的浓度；ψ 为结构参数，它可由下式表示：

$$\psi=\frac{4\pi L_0(1-\varepsilon)}{S_0^2} \tag{1.12}$$

Grasa 等[51]采用随机孔模型确定了用于区分快速反应与慢速反应阶段的临界产物层厚度，并指出生石灰的临界厚度为 30～42nm，临界厚度平均值为 38nm，厚度值与循环次数和石灰石种类有关。Grasa 等[52]将随机孔模型扩展到经历过多次循环的 CaO 颗粒，模拟了 CaO 转化率随时间和碳酸化条件的变化。Jiang 等[44]针对化学反应控制阶段与扩散控制阶段没有明显界限的问题，考虑了碳酸化反应的过渡阶段（化学反应与扩散控制阶段共存于碳酸化反应的中间阶段），并在随机孔隙模型基础上提出了过渡模型来描述这一阶段，得到了良好的拟合结果。

（4）为方便数据拟合从而确定动力学参数，表观动力学模型可以表示为线性形式：

$$\frac{1}{X}=\frac{1}{k}\left(\frac{1}{t}\right)+\frac{1}{kb} \tag{1.13}$$

其中，b 为常数。值得一提的是，此方程均适用于快速反应阶段与慢速反应阶段。Lee[44]采用此模型对碳酸化反应进行了模拟，得到了两个反应阶段的反应速率常数与活化能参数。

1.3.2　钙基 CO_2 吸附技术

1. 钙基材料的前驱体筛选

不同吸附材料前驱体的物理化学性质差异较大，获得 CaO 的微观结构、活性均有所不同，这都会直接对吸附材料的结构及 CO_2 吸附性能产生影响。钙基吸附材料前驱体大致可分为无机前驱体和有机前驱体两类，其中，石灰石或白云石中的 $CaCO_3$ 是最常用的 CaO 无机前驱体，此外常用的还包括 $Ca(OH)_2$、$Ca(NO_3)_2$ 等；有机前驱体则以 $Ca(CH_3COO)_2$、CaC_2O_4 等为主[53]。一般而言，从有机钙前驱体得到的钙基吸附材料的 CO_2 吸附性能要比无机前驱体优越，这主要归因于吸附材料不同的微观结构。例如，由 $Ca(NO_3)_2$ 分解产生的 CaO 由于具有相对致密的结构而表现出较差的 CO_2 捕集能力，而 $Ca(CH_3COO)_2$ 在煅烧后生成了多孔的 CaO 颗粒使其具有了良好的碳捕集性能[53]。此外，Beruto 等[54]的研究表明在 1.5 h 内，由 $Ca(CH_3COO)_2$ 煅烧得到 CaO 的碳酸化转化率达到 90%。而同样条件下，以 $CaCO_3$ 为前驱体的吸附材料碳酸化过程中 CaO 转化率只有 60%。Silaban[55]及 Lu 等[56]认为以 $Ca(CH_3COO)_2$ 为前驱体的吸附材料之所以在吸/脱附循环过程中表现出较高的 CaO 转化率和良好的稳定性，主要是因为其高温分解产生的 CaO 颗粒具有更大的表面积、孔容以及更有利于 CO_2 向吸附材料内部扩散的介孔，这些都有助于吸附反应的进行。其他有机盐钙基前驱体还包括 L-乳酸钙水合物、甲酸钙、D-葡萄糖酸钙水合物等[57]。Liu 等[58]研究了由包括氢氧化物、有机金属盐、碳酸盐在内的 9 种不同前驱体获得的钙基吸附材料，得到的结论是从有机金属盐获得的吸附材料具有优良的初始碳酸化转化率。但在多个吸附/脱附循环中，多数吸附材料均表现出随循环次数递增而衰减的碳酸化转化率，只有由 D-葡萄糖酸钙水合物制备吸附剂的碳酸化转化率在第四次循环中反而有所升高，这可能是 Manovic 等所描述的钙基吸附材料"自激活"现象的结果[59]，也可能是由吸附材料晶体结构的重新排列所造成的。

2. 惰性载体改性钙基材料

由于 $CaCO_3$ 塔曼温度低，在纯 CaO 循环吸/脱附 CO_2 过程中，吸附剂面临着严重的烧结问题，经过几次循环后对 CO_2 的吸附量会急剧下降。添加惰性载体就是提高钙基吸附剂吸附稳定性的主要途径，该方法主要是通过高塔曼温度的惰性载体充当固体骨架，将吸附剂内 $CaO/CaCO_3$ 颗粒隔离分散开，以此提高吸附剂的抗烧结性能。近年来，研究者对各种惰性载体进行了大量研究。常用的惰性载体主要有 Al_2O_3、MgO、CeO_2、TiO_2、SiO_2、MnO_2 等。惰性载体的作用形式主要有两种：一种是金属氧化物，如 MgO、Y_2O_3、CeO_2 等直接作为惰性载体；另一种则是通过 CaO 和载体材料反应形成新的化合物，包括 $CaTiO_3$、$Ca_3Al_2O_6$、Ca_2MnO_4 等。无论哪种形式，它们均能起到隔离 $CaO/CaCO_3$ 颗粒从而抑制吸附剂烧结的作用。

Hu 等[60]通过湿法混合制备了含 Al-、Ti-、Mn-、Mg-、Y-、Si-、La-、Zr-、Ce-、Nd-、Pr-、Yb-等 12 种固体载体的钙基吸附剂，发现作为 CaO 基吸附剂惰性骨架的各种载体的有效性如下排列：Y>Al>Mn~Mg~La~Yb~Nd>Ti~Ce~Zr~Si~Pr。此外，合成吸附剂的 CO_2 捕集性能与惰性载体的熔点和吸附剂的比表面积密切相关。Wang 等[61]通过溶胶-凝胶法制备了含不同 Ca/Ce 摩尔比的吸附剂，发现 Ca/Ce 摩尔比为 15：1 的吸附剂表现出优异的 CO_2 吸附性能(0.59g/g)和循环稳定性。这主要是因为掺杂 CeO_2 的吸附剂具有松散的壳连接交联结构，有利于 CaO 和 CO_2 接触。同时，分散良好的 CeO_2 可以作为阻挡层，有效地防止 CaO 颗粒生长和烧结。Park 和 Yi[62]研究了通过掺杂 MgO 载体提高钙基吸附剂 CO_2 吸附性能的合成方法，即先通过共沉淀法将 MgO 均匀分散在 CaO 中提高吸附剂的循环稳定性，再进一步利用水合法减小吸附剂颗粒尺寸，为 CO_2 提供足够的扩散通道，从而大大提高了 CO_2 吸附量。掺杂了 25%(质量分数)MgO 的吸附剂在 60 个吸/脱附循环后吸附量高达 0.435g/g。Zhao 等[63]以 Na_2SiO_3 为硅源先制备硅溶胶，再将硅溶胶与醋酸钙溶液混合后发生化学反应生成 Ca_2SiO_4 和 CaO，通过控制前驱体的质量来形成含不同比例 Ca_2SiO_4 和 CaO 的吸附剂。结果表明 Ca_2SiO_4 的最佳质量负载为 10%，通过冷冻干燥后其在严苛测试条件下(煅烧温度为 920℃、纯 CO_2 气氛)的 CO_2 吸附量为 0.21g/g。这主要归因于 Ca_2SiO_4 大大减缓了钙基吸附剂的烧结。Yoon 和 Lee[64]用机械混合及柠檬酸盐溶胶-凝胶法制备了两种 Ca/Zr 摩尔比为 30：1 的 Zr 改性 CaO 基吸附剂，结果显示使用柠檬酸盐溶胶-凝胶法能诱导 ZrO_2 与 CaO 表面结合形成 $CaZrO_3$,吸附剂的循环稳定性明显增强,在 10 个循环期间平均具有 70.5%(质量分数)的 CO_2 吸附量,而机械混合 ZrO_2 及 CaO 制备吸附剂的平均 CO_2 吸附量仅为 37.2%。这是因为通过化学键合的 ZrO_2 很好地散布在 CaO 表面上并有效地覆盖吸附剂,从而减少烧结。除循环稳定性外,CaO 基吸附剂的 CO_2 吸附动力学也可以通过柠檬酸盐溶胶-凝胶法得到改善,这是 CaO 颗粒尺寸显著减小所致。

3. 粉体材料颗粒成型

为了解决钙基吸附材料在循环过程中发生相互碰撞、磨损而造成物料损失的问题,相关研究提出了向吸附材料中掺杂黏结剂进行颗粒成型的方法。铝酸钙水泥以及一些富含硅、铝元素的天然矿物,如浮石、蒙脱石、高岭土等可以和 CaO 反应生成硬度大、熔点高的物质而成为最普遍的黏结剂。Manovic 等[65]选用铝酸钙水泥、Na_2CO_3 及膨润土充当黏结剂制备了钙基吸附剂颗粒,通过对其 CO_2 吸附性能进行测试发现含铝酸钙水泥的吸附剂煅烧后能生成 $Ca_{12}Al_{14}O_{33}$,能有效抑制吸附颗粒烧结从而提高循环稳定性;而含膨润土、Na_2CO_3 的吸附剂则因为生成了低熔点的 $Ca_5(SiO_4)_2CO_3$ 和 $Ca_2(SiO_4)$ 反而加剧了颗粒的烧结。Sun 等[66]筛选了可作为黏结剂的七种天然矿物材料,如硅藻土、累托石、蒙脱石、浮石、硅镁土、蛭石、铝土矿等,发现用湿法混合制备的钙基吸附颗粒的吸附和机械性能均优于通过干混制备,并且以 10%(质量分数)浮石作为黏结剂的吸附颗粒性能最佳,但其 25 个吸附/脱附循环的 CO_2 吸附量仅比生石灰高约 14%。

在此基础上,部分学者提出向吸附材料中添加适量造孔剂,通过高温热分解释放气体从而在吸附颗粒中形成丰富的孔隙结构,进一步提高钙基吸附颗粒的 CO_2 吸附性能。生物质是最常用的造孔剂。Sun 等[67]用微晶纤维素、玉米淀粉、稻壳、芝麻粉、番茄红素粉作为模板,与 $Ca(OH)_2$ 粉末一起均匀混合后通过挤压-滚圆的方法制备了钙基吸附颗粒,发现 5%~20%(质量分数)的生物质添加均能有效提高钙基吸附颗粒的 CO_2 循环吸附性能,原因是其热分解后形成的孔隙结构大大提高了吸附颗粒的比表面积和孔容。其他生物质材料,如枫叶、纸板、白色软木及枣椰子种子也被用作制备钙基吸附颗粒的造孔剂[68],研究表明添加枫叶后的吸附颗粒孔容增加 51.4%,因此提高了其 CO_2 吸附量。除此之外,Sun 等[69]将 $Ca(OH)_2$ 作为钙源,微藻作为造孔剂,通过挤压-滚圆制备了吸附颗粒。掺杂质量分数为 2%的微藻吸附颗粒在 25 次吸/脱附循环后的吸附量(0.348g/g)约为纯 $Ca(OH)_2$ 的 2.1 倍,且保留了超过其 60%的初始吸附量。此外,脱脂微藻比原生微藻的提升效果更为显著,这主要归因于微藻热分解形成丰富的微型腔以及颗粒表面残留的微藻灰对颗粒结构的稳定作用。一些在高温下易分解产生大量气体的有机物也能充当造孔剂。如 Xu 等[70]用葡萄糖和 $Ca(OH)_2$ 制备了钙基吸附剂颗粒,发现 1%~5%(质量分数)的葡萄糖能使吸附剂颗粒的化学吸附性能及机械性能达到最优化,掺杂葡萄糖的吸附颗粒第 100 次吸/脱附循环的 CO_2 吸附量为 0.18g/g,约为天然石灰石的 2 倍。吸附性能提升的原因是葡萄糖在高温下热分解后释放出大量 CO_2、H_2 和 CO,逸出气体会在吸附颗粒内部产生大量的小孔和空洞，从而促进 CO_2 扩散到吸附材料核心并被吸附。

4. 气体杂质影响

1）水蒸气

Manovic 等[71]在碳酸化过程中通入水蒸气，分别研究了 7 种生石灰的 CO_2 吸附性能，发现水蒸气对碳酸化反应具有显著促进作用，且该促进作用在 823～923K 温度范围内最为明显。Donat 等[72]研究了高温蒸汽对生石灰 CO_2 吸附特性的影响，得出了与 Manovic 等类似的结论，即蒸汽的存在降低了 CO_2 的扩散阻力。此外，水蒸气在煅烧过程中也会促进烧结，吸附剂的孔隙结构也会变得更为稳定。当煅烧和碳酸化都存在蒸汽时，吸附剂的反应活性最高。Symonds 等[73]证实了在中试规模的碳酸化反应器内，水蒸气的存在也会提高 CO_2 捕集效率。Manovic 等[74]与 Blamey 等[75]研究了经过多次循环的废吸附剂在水蒸气作用下的吸附活性，发现废吸附剂经过活化后的 CO_2 捕集性能优于天然吸附剂，且被活化的程度随未经处理前煅烧温度的升高和蒸汽温度的升高而降低。Linden 等[76]发现在 673～823K 温度范围内，水蒸气只对碳酸化快速反应段具有影响。

关于水蒸气提高吸附剂 CO_2 吸附活性的原因主要包括以下三点：一是水蒸气改变了反应气体的密度、分子扩散系数、热导率，进而影响反应的传质/传热过程，从而降低了产物层的扩散阻碍。二是水蒸气与部分 CaO 生成了中间产物 $Ca(OH)_2$，改变了吸附剂的孔隙结构[44]。三是在扩散控制阶段，水蒸气会破坏产物层，从而增强了 CO_2 气体向未反应 CaO 表面的扩散[77]。

2）SO_2

在碳酸化反应器中，工业烟气中存在的 SO_2 会与钙基吸附剂发生硫酸化反应。由于硫酸化反应产物 $CaSO_4$ 的再生温度比煅烧反应器温度（约 1173K）[78]高得多，所以发生硫酸化反应的吸附剂不能在煅烧反应器中再生为 CaO，这会导致可用吸附剂损失[44]。吸附过程所涉及的硫酸化反应如式（1.14）所示。值得注意的是，干法脱硫的效率通常在 70%～90%[79]，所以即使工业烟气经历脱硫工艺之后，少量 SO_2 仍然残存于工业烟气中，而这些残存的 SO_2 依然会对吸附剂的活性产生不利影响。

$$CaO + SO_2 + \frac{1}{2}O_2 \longrightarrow CaSO_4 \tag{1.14}$$

部分学者研究了钙循环过程中 SO_2、CO_2 与 CaO 进行吸附竞争的宏观现象及特征。Sun 等[44]发现微量 SO_2 存在下，钙基吸附剂表面生成了 $CaSO_4$ 产物，由于该产物具有良好的热稳定性，会堵塞吸附颗粒内部的孔隙，抑制碳酸化反应，进而降低材料的 CO_2 吸附性能。Laursen 等[44]通过研究 9 种生石灰的硫酸化反应模式，认为钙基吸附剂的硫酸化行为可以分为以下三种：未反应核模式、均匀反应模式和网状反应模式。Lu 等[80]使用热重分析仪（thermal gravimetric analyzer，TGA）对同时发生的碳酸化/硫酸化反应进行了实验研究，发现 SO_2 严重降低了吸附剂的 CO_2 吸附量。Grasa 等[78]使用热重分析仪研究反应过程时发现，随着碳酸化/煅烧循环次数的增加，硫酸化对碳酸化的负面影响有所增强。Ryu 等[81]在流化床中的研究结果与 Grasa 等[78]的结论相似。Sun 等[44]和 Pawlak-Kruczek 等[82]认为，循环多次后，较高的 CO_2 分压或蒸汽存在可以抑制硫酸化反应。Luo 等[44]研究了硫酸化对循环 CO_2 捕集性能的影响，认为 SO_2 浓度、反应时间和蒸汽是影响钙基吸附剂 CO_2 捕集能力的关键参数。此外，Tritippayanon 等[44]采用非稳态计算流体动力学方法开发了一个二维模型，研究了工业规模反应器中 SO_2 和 CO_2 的竞争情况并讨论了吸附颗粒粒径、进料位置和进料速度对该竞争反应的影响。Ridha 等[44]研究了生石灰和高性能合成钙基吸附剂受硫酸化反应的影响，发现任何提高吸附剂 CO_2 吸附的操作均会提高硫酸化反应程度。因此，Ridha 等[44]和 Manovic 等[83]都认为在钙循环过程中，应该在烟气进入碳酸化反应器之前预先进行脱硫处理。

1.3.3 锂基 CO_2 吸附技术

1. 正硅酸锂的前驱体筛选

前驱体材料对合成正硅酸锂的 CO_2 吸附性能有着重要影响。正硅酸锂前驱体主要分为硅前驱体和锂前驱体。富含二氧化硅(SiO_2)的材料均可以用作硅前驱体进行正硅酸锂合成。廉价的硅前驱体有石英、硅藻土、高岭土、飞灰以及稻壳等；例如，罗重奎等[84]筛选了脱铝飞灰、高岭土和稻壳三种硅前驱体，其中，由酸洗稻壳制备的正硅酸锂具有最好的 CO_2 吸附性能，100%(体积分数)CO_2 气氛下 CO_2 吸附量达到 26.5%。相比而言，分析纯 SiO_2 原料合成的正硅酸锂具有更好的吸附性能。刘玉兰[85]采用市售 SiO_2、MCM-41 分子筛和酸处理的高岭土作为硅前驱体与碳酸锂合成正硅酸锂，发现市售 SiO_2 作为硅前驱体制备的正硅酸锂样品晶型和结晶度优于用 MCM-41 分子筛制备的正硅酸锂，且前者的 CO_2 吸附性能也更为优异，在 700℃、100% CO_2 气氛下恒温吸附时最大吸附量可达 35.43%，酸处理的高岭土作为硅前驱体合成的正硅酸锂在较低的温度区间内吸附速率大于市售 SiO_2 合成的正硅酸锂，具有 CO_2 低温吸附优势，但其最大吸附量(31.07%)比市售 SiO_2 合成的正硅酸锂稍低。

与硅前驱体一样，锂前驱体作为合成 Li_4SiO_4 吸附剂的必要原料也被广泛研究。常用的锂前驱体有碳酸锂(Li_2CO_3)、硝酸锂($LiNO_3$)、醋酸锂(CH_3COOLi)、氢氧化锂($LiOH$)等。Hu 等[86]使用工业级 SiO_2 溶胶作为硅前驱体，草酸锂($C_2Li_2O_4$)、酒石酸锂($C_4H_4Li_2O_6$)、甲酸锂一水合物($HCOOLi·H_2O$)、柠檬酸三碱四水合物($C_6H_5Li_3O_7·4H_2O$)、苯甲酸锂($C_7H_5LiO_2$)、乳酸锂($C_3H_5LiO_3$)和锂脱水乙酸盐($C_2H_3O_2Li·2H_2O$)七种有机金属盐作为锂前驱体，通过渍悬浮法合成了 Li_4SiO_4，并与采用 Li_2CO_3 和 SiO_2 固相合成的 Li_4SiO_4 样品进行了对比。结果显示，通过浸渍悬浮法制备的改进型 Li_4SiO_4 吸附剂具有较高的孔隙率和比表面积，在 15%CO_2 浓度的条件下显示出比常规固相法制备 Li_4SiO_4 更好的 CO_2 循环吸附性能，特别是使用草酸锂作为锂前驱体合成的吸附剂即使在 100 次吸附/解析循环后仍显示出约 74%的高转化率。

2. 正硅酸锂吸附剂合成方法

固相法、溶胶-凝胶法、浸渍沉淀法等合成方法均可以制备 Li_4SiO_4，不同方法制备的 Li_4SiO_4 在纯度、微观孔隙结构、反应活化能、CO_2 吸附量和吸/脱附速率等方面具有较大差异[87]。

固相法是制备 Li_4SiO_4 最常用的一种方法，制备工艺简单。所用硅前驱体通常为高 SiO_2 含量的材料，锂前驱体常为 Li_2CO_3、$LiNO_3$、$LiOH$ 等。一般步骤为：将前驱体按照一定的摩尔比混合，再加入适量乙醇（或者水、甲醇或丙酮）为研磨介质，在球磨机或研钵中研磨均匀，放入坩埚中在较高温度下（750℃以上）煅烧成吸附剂样品。Zhang[88] 使用 Li_2CO_3 和结晶石英通过固相法在 750℃下煅烧 6h 制备了纯 Li_4SiO_4 吸附剂和碳酸钾掺杂改性的 Li_4SiO_4 吸附剂，结果显示通过固相法合成的纯 Li_4SiO_4 具有较差的 CO_2 吸附能力，相比之下，碳酸钾掺杂改性的 Li_4SiO_4 表现出优异的吸附性能，其原因是 K_2CO_3 和 Li_2CO_3 可形成共晶化合物，促进 CO_2 的扩散过程从而增强了对 CO_2 的吸附。

溶胶-凝胶法是将含高化学活性组分的化合物经过溶液、溶胶、凝胶而固化，再经热处理合成氧化物或其他化合物固体的方法，其所用的原料首先被分散到溶剂中而形成低黏度的溶液，可以在很短的时间内获得分子水平的均匀性，在形成凝胶时，反应物之间很可能是在分子水平上被均匀地混合。由于经过溶液反应步骤，当需要掺入一些微量元素或者助剂进行改性时，可以很容易地实现分子水平上的均匀掺杂混合。由这种方法制备的吸附剂孔结构较为均匀，孔隙数量丰富，吸附效果较好，但制备方法相对固相法较为烦琐。Jaya Rao 等[89]用硅酸（H_2SiO_3）作硅前驱体，硝酸锂（$LiNO_3$）作锂前驱体，甘氨酸作络合剂，合成的 Li_4SiO_4 吸附剂具有较小的晶体尺寸（平均粒径为 72nm）、较大的比表面积（26.7m^2/g）和更高的抗烧结性（烧结至 900℃时线性收缩率为 11.1%）；在纯 CO_2 气氛下进行测试时，具有 0.307g/g 的 CO_2 吸附量，相当于其理论吸附量的 83.9%。

浸渍沉淀法通常是在溶液状态下将不同化学成分的物质混合，在混合物中加入适当的沉淀剂制备前驱体沉淀物，再将沉淀物进行干燥和煅烧，从而得到相应的吸附材料。Bretado 等[90]将 Li_2CO_3 溶解于 65.5%（体积分数）的 HNO_3 溶液中，制得 $LiNO_3$ 溶液，再将无定形 SiO_2 悬浮于 $LiNO_3$ 溶液中制备前驱体，将其干燥、煅烧后合成 Li_4SiO_4 样品。结果表明，浸渍沉淀法制备的样品和固相法相比具有更高的反应速率，CO_2 吸附量最高达 34%（质量分数）。浸渍沉淀法简单易行，但制得样本纯度低，颗粒半径大。Hu 等[91]发现有机锂前体和 SiO_2 溶胶的沉淀方法对于生产纯 Li_4SiO_4 非常有效，即使在相对较低的 CO_2 浓度下也具有优异的吸附性能。

3. 正硅酸锂吸附剂改性设计

研究发现，未经修饰改性的正硅酸锂材料 CO_2 吸附量较低且吸/脱附动力学特性较差。通过前处理、优化制备过程以及合成 Li_4SiO_4 后的针对性修饰处理均可以实现正硅酸锂吸附材料的性能强化。主要的改性修饰方法包括有机酸修饰改性和碱金属元素掺杂等。

采用有机酸对 Li_4SiO_4 材料或者 Li_4SiO_4 的前驱体进行处理能够改善 Li_4SiO_4 的吸附性能。Zhang 等[92]使用冰醋酸（HAc：Li_4SiO_4=1：10）来改变 Li_4SiO_4 吸附剂的微结构得到 HAc-Li_4SiO_4。在此步骤之后，采用初始浸渍方法将 K 掺杂到吸附剂上以进一步提升吸附剂的性能，结果表明 K 掺杂 HAc-Li_4SiO_4 吸附剂的 CO_2 吸附量是原始 Li_4SiO_4 吸附剂的 5 倍，是 HAc-Li_4SiO_4 吸附剂的 2 倍。除了直接对 Li_4SiO_4 吸附剂进行预处理改性外，也可以对合成 Li_4SiO_4 吸附剂的前驱体先进行酸处理，再合成 Li_4SiO_4 吸附剂，同样可以达到改善 Li_4SiO_4 吸附特性的效果。刘玉兰[85]使用高岭土和碳酸锂（Li_2CO_3）合成了正硅酸锂，同时用酸处理高岭土和 Li_2CO_3 一起合成了高岭土-正硅酸锂，并考察了酸处理条件（酸浓度、酸用量、水浴温度、反应时间）的影响特性，结果表明，高岭土-正硅酸锂具有更低的吸附温度和更快的吸附速率，在 700℃和 100%CO_2 气氛下，达到吸附平衡时的最大吸附量为 31.07%。

向制备的 Li_4SiO_4 材料中添加金属元素能够对吸附剂进行性能强化，一种强化方法是形成共熔盐，另一种强化方法是向 Li_4SiO_4 制备原料中掺入半径与 Li^+ 半径不同的离子，使合成的 Li_4SiO_4 材料结构发生变化，在晶体中形成丰富的孔隙结构，提高材料的反应活性。Wang 等[93]通过 Sol-gel 方法制备掺杂有不同金属元素 K、Mg、Cr 或 Ce 的正硅酸锂吸附剂，结果发现所有金属元素都可以嵌入晶格中。德国研究者 Gauer 等[94]采用 Al 元素和 Fe 元素作为掺杂元素，通过实验得出，掺杂后的 Li_4SiO_4 吸附 CO_2 速率有明显提高，并将速率提高归结于在掺杂晶体中引入了空位，提升了 O^{2-} 的扩散能力。

4. 气体杂质的影响

烟气中的部分气相杂质，例如 SO_2、H_2O 等会对 Li_4SiO_4 的 CO_2 吸附性能产生较大影响。Pacciani[95]使用原正硅酸锂粉末、10%（摩尔分数）K_2CO_3 掺杂剂和 Li_2TiO_3 黏合剂合成了粒径为 5mm 的球形 Li_4SiO_4 颗粒，并首次测试了正硅酸锂颗粒在含有 15%CO_2（体积分数）、25%H_2O（体积分数）和不同浓度（20ppm①、300ppm、9500ppm）SO_2 杂质气氛下的 CO_2 捕集性能。实验结果表明，在没有 SO_2 的前 10 个循环中吸附量稳定于 22.7%，但是存在 0.002%SO_2 时，随后的 15 个循环吸附量下降至 21.4%；而 SO_2 浓度达到 0.03%时，CO_2 吸附量在 20 个循环中降低至 16.2%。在所有测试中，尤其是 SO_2 浓度较高的情况下，吸附步骤中的质量变化大于脱附步骤中的质量变化，这主要是在吸附过程中捕集 SO_2 和 CO_2，而在脱附过程中仅释放出 CO_2 所致。此外，K_2CO_3 改性的 Li_4SiO_4 吸附颗粒在含有 SO_2 气体、H_2O 和 CO_2 条件下会生成高温下无法分解的 Li_2SO_4 和 $LiKSO_4$，从而对其 CO_2 吸附性能产生较大负面影响。Zhang 等[88]研究发现水蒸气的存在有利于 CO_2 的吸附与脱附过程，原因是水蒸气通过增强 Li^+ 的扩散，使得 Li_4SiO_4 吸附剂和 CO_2 之间的反应阻力减小；同时，Zhang 等[96]研究结果表明水蒸气也可以加速 Li_4SiO_4 吸附剂的脱附再生反应。

综上，不同气相杂质对正硅酸锂吸附材料性能的影响截然不同，水蒸气可以有效促进

---

① ppm 表示百万分之一。

CO_2 与 Li_4SiO_4 的反应，有利于正硅酸锂的 CO_2 吸附过程。杂质 SO_2 在一定条件下会与 Li_4SiO_4 发生不可逆反应而对正硅酸锂的 CO_2 吸附过程起抑制作用，特别是高浓度的 SO_2 会对正硅酸锂吸附 CO_2 的过程产生极大的负面影响，导致吸附剂在数十个循环之内吸附量急剧下降，且这种不利的影响随着循环时间的增加而不断加剧，这对于正硅酸锂吸附剂的高效循环使用是极为不利的。

1.4　本章小结

电力与工业是现代社会的基础，也是经济发展的源泉，在推动人类经济社会快速发展的同时，也产生了严重的生态与环境问题。电力与工业部门产生了约占全球 70% 的温室气体排放。在实现近零排放目标和全球温控 1.5℃ 路线图的进程中，CCUS 技术将在电力与工业部门的碳减排方面起到至关重要的作用。国际能源署(International Energy Agency, IEA)预估，利用 CCUS 技术从 2017 年到 2060 年全球可以减少 $280 \times 10^9 t$ 的 CO_2 排放。鉴于此，本书聚焦于面向燃烧后 CO_2 捕集的高温化学吸附技术，围绕粉体 CO_2 吸附材料合成、吸附颗粒成型方法、吸脱附热力学与动力学、烟气适应性以及基于高温化学吸附的脱碳体系等五个方面，通过对研究方法、实验规律、模拟结果、结构表征等内容的详细阐述，全面系统地介绍了高温化学吸附捕集烟气 CO_2 技术，可以为从事碳捕集的研究人员和工程技术人员提供相应的理论与技术支撑。

本书构架与章节简述(图 1.7)如下：第 1 章，主要分析了能源消费结构与 CO_2 排放状况，梳理了我国碳排放相关政策，简要介绍了 CCUS 示范工程，对高温化学吸附的反应过程、吸附材料改性手段、成型方法与技术瓶颈进行了总结。第 2 章，主要介绍了高效粉体 CO_2 吸附材料的合成方法，研究了合成吸附剂的碳酸化/再生反应特性，揭示了高性能吸附剂的构效关系，对吸附剂的反应活性、稳定性与经济性进行了深入分析。第 3 章，在粉体 CO_2 吸附材料的基础上，介绍了针对粉体材料的颗粒成型技术，对吸附颗粒的反应活性、机械性能与物化表征进行了全面分析，并提出了强化吸附颗粒性能的技术方法。第 4 章，以高温化学吸/脱附的反应热力学与动力学作为出发点，对锂基材料吸脱附 CO_2 热力学平衡边界与再生动力学过程进行了研究，并分析了硫酸化作用下的钙基吸附材料反应特性，从理论上对 CO_2 吸附剂的反应过程进行了全面阐述。第 5 章，基于第 2~4 章对于吸附材料反应特性与结构参数的分析，进一步探究了外部气/固杂质所产生的影响，通过研究碳酸化/硫酸化竞争反应、水蒸气对再生过程的催化机理、煤灰在材料吸附/再生阶段的作用机制等，探讨了高温化学吸附技术在实际工业应用背景下的适用性问题。第 6 章，主要关注于高温 CO_2 吸附脱碳体系开发，围绕脱碳系统流程重构与高值化应用进行了具有脱附反应原位供热特征的钙-铜联合循环，以及 CO_2 捕集/CH_4 重整一体化研究，以实现脱碳系统的高效运行以及潜在的高值化应用，从而支撑 CO_2 吸附技术的高质量发展。

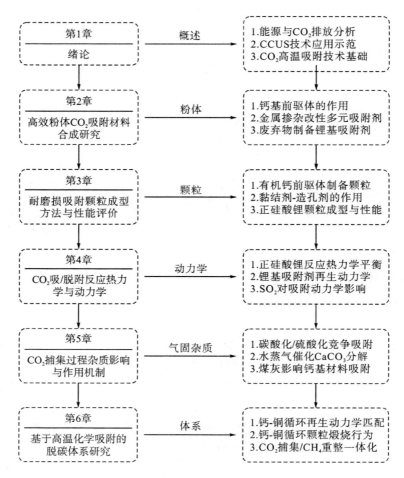

图 1.7　本书的基本框架

参 考 文 献

[1] 中国石油经济技术研究院. 中石油经研院能源数据统计[M]. 北京：中国石油经济技术研究院, 2020.

[2] 梁玲, 孙静, 岳脉健, 等. 全球能源消费结构近十年数据对比分析[J]. 世界石油工业, 2020(3): 41-47.

[3] 张东明, 杨晨, 周海滨. 二氧化碳捕集技术的最新研究进展[J]. 环境保护科学, 2010, 36(5): 7-10.

[4] Ahmed U, Zahid U, Han C. IGCC modelling for simultaneous power generation and CO_2 Capture[J]. Computer Aided Chemical Engineering, 2015, 37: 2381-2386.

[5] 涂聪. CO_2 捕集能耗分析与煤基甲醇-动力多联产系统技术经济关联性研究[D]. 北京：中国科学院研究生院(工程热物理研究所), 2014.

[6] 陈新明, 闫姝, 方芳, 等. 基于 IGCC 的燃烧前 CO_2 捕集抽蒸汽策略研究[J]. 中国电机工程学报, 2015, 35(22): 5794-5802.

[7]殷亚宁. 燃煤电站富氧燃烧及二氧化碳捕集技术研究现状及发展[J]. 锅炉制造, 2010(6): 41-44.

[8]黄晶. 中国碳捕集利用与封存技术评估报告[M]. 北京: 科学出版社, 2021.

[9]Mai B, Adjiman C S, Bardow A, et al. Carbon capture and storage (CCS): the way forward[J]. Energy & Environmental Science, 2018, 11(5): 1062-1176.

[10]Blarney J, Anthony E J, Wang J, et al. The calcium looping cycle for large-scale CO_2 capture[J]. Progress in Energy & Combustion Science, 2010, 362: 260-279.

[11]Shimizu T, Hirama T, Hosoda H, et al. A twin fluid-bed reactor for removal of CO_2 from combustion processes[J]. Chemical Engineering Research & Design, 1999, 77(1): 62-68.

[12]Hanak D P, Manovic V. Calcium looping with supercritical CO_2 cycle for decarbonisation of coal-fired power plant[J]. Energy, 2016, 102: 343-353.

[13]Tsakiridis P E, Papadimitriou G D, Tsivilis S, et al. Utilization of steel slag for Portland cement clinker production[J]. Journal of Hazardous Materials, 2008, 152(2): 805-811.

[14]Lam C K, Barford J P, Mckay G. Utilization of incineration waste ash residues in Portland cement clinker[J]. Chemical Engineering Transactions, 2010, 21: 757-762.

[15]Dean C C, Blamey J, Florin N H, et al. The calcium looping cycle for CO_2 capture from power generation, cement manufacture and hydrogen production[J]. Chemical Engineering Research and Design, 2011, 89(6): 836-855.

[16]Dean C C, Dugwell D, Fennell P S. Investigation into potential synergy between power generation, cement manufacture and CO_2 abatement using the calcium looping cycle[J]. Energy & Environmental Science, 2011, 46: 2050-2053.

[17]Lam C, Barford J P, Mckay G. Utilization of municipal solid waste incineration ash in Portland cement clinker[J]. Clean Technologies and Environmental Policy, 2011, 13(4): 607-615.

[18]Romeo L M, Catalina D, Lisbona P, et al. Reduction of greenhouse gas emissions by integration of cement plants, power plants, and CO_2 capture systems[J]. Greenhouse Gases: Science and Technology, 2011, 1(1): 72-82.

[19]Kai W, Shi H, Guo X. Utilization of municipal solid waste incineration fly ash for sulfoaluminate cement clinker production[J]. Waste Management, 2011, 31(9-10): 2001-2008.

[20]Rodriguez N, Murillo R, Abanades J C. CO_2 capture from cement plants using oxyfired precalcination and/or calcium looping[J]. Environmental Science & Technology, 2012, 46(4): 2460-2466.

[21]李楠, 陶珍东, 刘秀美. 工业副产品石膏作水泥缓凝剂的试验研究[J]. 建材技术与应用, 2012(5): 12-14.

[22]Ozcan D C, Ahn, Brandani S, et al. Process integration of a Ca-looping carbon capture process in a cement plant[J]. International Journal of Greenhouse Gas Control, 2013, 19: 530-540.

[23]Telesca A, Calabrese D, Marroccoli M, et al. Spent limestone sorbent from calcium looping cycle as a raw material for the cement industry[J]. Fuel, 2014, 118: 202-205.

[24]Kierzkowska A M, Pacciani R, Müller C R. CaO-based CO_2 sorbents: from fundamentals to the development of new, highly effective materials[J]. ChemSusChem, 2013, 6(7): 1130-1148.

[25]Albrecht K O, Wagenbach K S, Satrio J A, et al. Development of a CaO-based CO_2 sorbent with improved cyclic stability[J]. Industrial & Engineering Chemistry Research, 2008, 47(20): 7841-7848.

[26]Anthony E J. Ca looping technology: current status, developments and future directions[J]. Greenhouse Gases Science & Technology, 2011, 1 (1): 36-47.

[27]Benitez-Guerrero M, Valverde J M, Sanchez-Jimenez P E, et al. Calcium-looping performance of mechanically modified Al_2O_3-CaO composites for energy storage and CO_2 capture[J]. Chemical Engineering Journal, 2018, 334: 2343-2355.

[28]Duan L, Yu Z, Erans M, et al. Attrition study of cement-supported biomass-activated calcium sorbents for CO_2 capture[J]. Industrial & Engineering Chemistry Research, 2016, 55 (35): 9476-9484.

[29]Duhoux B, Macchi A. Combined Calcium looping and chemical looping combustion for post-combustion Carbon dioxide capture: process simulation and sensitivity analysis[J]. Energy Technology, 2016, 4 (10): 1158-1170.

[30]Feng J, Guo H, Wang S, et al. Fabrication of multi-shelled hollow Mg-modified $CaCO_3$ microspheres and their improved CO_2 adsorption performance[J]. Chemical Engineering Journal, 2017, 321: 401-411.

[31]Qin C, Liu W, An H, et al. Fabrication of CaO-based sorbents for CO_2 capture by a mixing method[J]. Environmental Science & Technology, 2012, 46 (3): 1932-1939.

[32]Wang S, Fan S, Fan L, et al. Effect of cerium oxide doping on the performance of CaO-based sorbents during calcium looping cycles[J]. Environmental Science & Technology, 2015, 49 (8): 5021-5027.

[33]Hanak D P, Biliyok C, Manovic V. Calcium looping with inherent energy storage for decarbonisation of coal-fired power plant[J]. Energy & Environmental Science, 2016, 9 (3): 971-983.

[34]Materic V, Holt R, Hyland M, et al. An internally circulating fluid bed for attrition testing of Ca looping sorbents[J]. Fuel, 2014, 127: 116-123.

[35]Li Z, Yang L, Cai N. Understanding the enhancement effect of high-temperature steam on the carbonation reaction of CaO with CO_2[J]. Fuel, 2014, 127: 88-93.

[36]Dieter H, Bidwe A R, Varela-Duelli G, et al. Development of the calcium looping CO_2 capture technology from lab to pilot scale at IFK, University of Stuttgart[J]. Fue, 2014, 127: 23-37.

[37]Stroehle J, Junk M, Kremer J, et al. Carbonate looping experiments in a 1 MWth pilot plant and model validation[J]. Fuel, 2014, 127: 13-22.

[38] Romano M C, Spinelli M, Campanari S, et al. The calcium looping process for low CO_2 emission cement and power[J]. Energy Procedia, 2013, 37: 7091-7099.

[39]Ortiz C, Chacartegui R, Valverde J M, et al. A new integration model of the calcium looping technology into coal fired power plants for CO_2 capture[J]. Applied Energy, 2016, 169: 408-420.

[40]Barin I. Thermochemical Data of Pure Substances[M]. Weinheim: Wiley-VCH, 1989.

[41]Baker E H. The calcium oxide-carbon dioxide system in the pressure range 1-300 atmospheres[J]. Journal of the Chemical Society, 1962, 70: 464-470.

[42]Szekely J, Evans J W, Sohn H Y. Gas-solid reactions[M]. Pittsburgh: Academic Press, 1976.

[43]Satterfield C N, Feakes F. Kinetics of the thermal decomposition of calcium carbonate[J]. Aiche Journal, 2010, 5 (1): 115-122.

[44]Pacciani R, Torres J, Solsona P, et al. Influence of the concentration of CO_2 and SO_2 on the absorption of CO_2 by a lithium orthosilicate-based absorbent[J]. Environmental Science & Technology, 2011, 45 (16): 7083-7088.

[45]Guo B, Wang Y, Guo J, et al. Experiment and kinetic model study on modified potassium-based CO_2 adsorbent[J]. Chemical Engineering Journal, 2020, 399: 125849.

[46]Sohn H Y. The effects of reactant starvation and mass transfer in the rate measurement of fluid-solid reactions with small equilibrium constants[J]. Chemical Engineering Science, 2004, 59(20): 4361-4368.

[47]Johnsen K, Grace J R, Elnashaie S, et al. Modeling of sorption-enhanced steam reforming in a dual fluidized bubbling bed reactor[J]. Industrial & Engineering Chemistry Research, 2006, 45(12): 4133-4144.

[48]Sedghkerdar M H, Mostafavi E, Mahinpey N. Investigation of the kinetics of carbonation reaction with Cao-based sorbents using experiments and aspen plus simulation[J]. Chemical Engineering Communications, 2015, 202(6): 746-755.

[49]Mostafavi E, Sedghkerdar M H, Mahinpey N. Thermodynamic and kinetic study of CO_2 capture with calcium based sorbents: Experiments and Modeling[J]. Industrial & Engineering Chemistry Research, 2013, 52(13): 4725-4733.

[50]Bhatia S K, Perlmutter D D. Effect of the product layer on the kinetics of the CO_2-lime reaction[J]. Aiche Journal, 1983, 29(1): 79-86.

[51]Grasa G, Murillo R, Alonso M, et al. Application of the random pore model to the carbonation cyclic reaction[J]. Aiche Journal, 2010, 55(5): 1246-1255.

[52]Grasa G, Martínez I, Diego M E, et al. Determination of CaO carbonation kinetics under recarbonation conditions[J]. Energy & Fuels, 2014, 28(6): 4033-4042.

[53]Li L, King D L, Nie Z, et al. Magnesia-stabilized calcium oxide absorbents with improved durability for high temperature CO_2 capture[J]. Industrial & Engineering Chemistry Research, 2009, 48(23): 3698-3703.

[54]Beruto D, Kim M G, Searcy A W. Microstructure and reactivity of porous and ultrafine CaO particles with CO_2[J]. High Temperatures-High Pressures, 1988, 20(1): 25-30.

[55]Silaban A, Narcida M, Harrison D P. Calcium acetate as a sorbent precursor for the removal of carbon dioxide from gas streams at high temperature[J]. Resources Conservation & Recycling, 1992, 7(1-3): 139-153.

[56]Hong L, Reddy E P, Smirniotis P G. Calcium oxide based sorbents for capture of carbon dioxide at high temperatures[J]. Industrial & Engineering Chemistry Research, 2006, 45(11): 3944-3949.

[57]Sun P, Grace J R, Lim C J, et al. Investigation of attempts to improve cyclic CO_2 capture by sorbent hydration and Modification[J]. Industrial & Engineering Chemistry Research, 2008, 47(6): 2024-2032.

[58]Liu W, Low N W, Feng B O, et al. Calcium precursors for the production of CaO sorbents for multicycle CO_2 capture. [J]. Environmental Science & Technology, 2010, 44(2): 841-847.

[59]Manovic V, Anthony E J, Grasa G, et al. CO_2 looping cycle performance of a high-purity limestone after thermal activation/doping[J]. Energy & Fuels, 2008, 22(5): 3258-3264.

[60]Hu Y, Liu W, Chen H, et al. Screening of inert solid supports for CaO-based sorbents for high temperature CO_2 capture[J]. Fuel, 2016, 181: 199-206.

[61]Wang S, Fan S, Fan L, et al. Effect of cerium oxide doping on the performance of CaO-based sorbents during calcium looping cycles[J]. Environmental Science & Technology, 2015, 49(8): 5021-5027.

[62]Park J, Yi K B. Effects of preparation method on cyclic stability and CO_2 absorption capacity of synthetic CaO-MgO absorbent

for sorption-enhanced hydrogen production[J]. International Journal of Hydrogen Energy, 2012, 37(1): 95-102.

[63]Zhao M, Song Y, Ji G, et al. Demonstration of polymorphic spacing strategy against sintering: synthesis of stabilized calcium looping absorbents for high-temperature CO_2 sorption[J]. Energy & Fuels, 2018, 32(4): 5443-5452.

[64]Yoon H J, Lee K B. Introduction of chemically bonded zirconium oxide in CaO-based high-temperature CO_2 sorbents for enhanced cyclic sorption - ScienceDirect[J]. Chemical Engineering Journal, 2019, 355: 850-857.

[65]Manovic V, Anthony E J. Screening of binders for pelletization of CaO-based sorbents for CO_2 capture[J]. Energy & Fuels, 2009.

[66]Sun J, Liang C, Wang W, et al. Screening of naturally Al/Si-based mineral binders to modify CaO-based pellets for CO_2 capture[J]. Energy & Fuels, 2017, 3112: 14070-14078.

[67]Sun J, Liu W, Wang W, et al. CO_2 sorption enhancement of extruded-spheronized CaO-based pellets by sacrificial biomass templating technique[J]. Energy & Fuels, 2016, 30(11): 9605-9612.

[68]Ridha F N, Wu Y, Manovic V, et al. Enhanced CO_2 capture by biomass-templated $Ca(OH)_2$-based pellets[J]. Chemical Engineering Journal, 2015, 274: 69-75.

[69]Jian S, Liu W, Chen H, et al. Stabilized CO_2 capture performance of extruded–spheronized CaO-based pellets by microalgae templating[J]. Proceedings of the Combustion Institute, 2017, 36(3): 3977-3984.

[70]Xu Y, Ding H, Luo C, et al. Increasing porosity of molded calcium‐based sorbents by glucose templating for cyclic CO_2 capture[J]. Chemical Engineering & Technology, 2018, 41(5): 956-963.

[71]Manovic V, Anthony E J. Carbonation of CaO-based sorbents enhanced by steam addition[J]. Industrial & Engineering Chemistry Research, 2014, 49(19): 9105-9110.

[72]Donat F, Florin N H, Anthony E J, et al. Influence of high-temperature steam on the reactivity of CaO sorbent for CO_2 capture[J]. Environmental Science & Technology, 2012, 46(2): 1262-1269.

[73]Symonds R T, Lu D Y, Hughes R W, et al. CO_2 capture from simulated syngas via cyclic carbonation/calcination for a naturally occurring limestone: pilot-plant testing[J]. Industrial & Engineering Chemistry Research, 2009, 4818: 8431-8440.

[74]Manovic V, Anthony E J. Steam reactivation of spent CaO-based sorbent for multiple CO_2 capture cycles[J]. Environmental Science and Technology, 2007, 41(4): 1420-1425.

[75]Blamey J, Manovic V, Anthony E J, et al. On steam hydration of CaO-based sorbent cycled for CO_2 capture[J]. Fuel, 2015, 150(jun. 15): 269-277.

[76]Linden I, Backman P, Brink A, et al. Influence of water vapor on carbonation of CaO in the temperature range 400–550℃[J]. Industrial & Engineering Chemistry Research, 2011, 50(24): 14115-14120.

[77]Laursen K, Duo W, Grace J R, et al. Characterization of steam reactivation mechanisms in limestones and spent calcium sorbents[J]. Fuel, 2001, 80(9): 1293-1306.

[78]Grasa G S, Alonso M, Abanades J C. Sulfation of CaO particles in a carbonation/calcination loop to capture CO_2[J]. Industrial & Engineering Chemistry Research, 2008, 47(5): 1630-1635.

[79]Wang C B, Jia L F, Tan Y W. Simultaneous carbonation and sulfation of CaO in oxy-fuel circulating fluidized bed combustion[J]. Chemical Engineering & Technology, 2011, 34(10): 1685-1690.

[80]Hong L, Smirniotis P G. Calcium oxide doped sorbents for CO_2 uptake in the presence of SO_2 at high temperatures[J]. Industrial

& Engineering Chemistry Research, 2009, 48 (11): 5454-5459.

[81]Ryu H J, Grace J R, Lim C J. Simultaneous CO_2/SO_2 capture characteristics of three limestones in a fluidized-bed reactor[J]. Energy & Fuels, 2006, 20 (4): 1621-1628.

[82]Pawlak-kruczek H, Baranowski M, Tkaczuk-serafin M. Impact of SO_2 in the presence of steam on carbonation and sulfation of calcium sorbents[J]. Chemical Engineering & Technology, 2013, 36 (9): 1511-1517.

[83]Manovic V, Anthony E J. Competition of sulphation and carbonation reactions during looping cycles for CO_2 capture by CaO-based sorbents [J]. The Journal of Physical Chemistry A, 2010, 114 (11): 3997-4002.

[84]罗重奎. 硅酸锂高温吸收 CO_2 强化甲烷水蒸气重整制氢的研究[D]. 武汉：华中科技大学, 2014.

[85]刘玉兰. 硅酸锂吸附 CO_2 的性能研究[D]. 天津：天津大学, 2013.

[86]Hu Y, Liu W, Yang Y, et al. Synthesis of highly efficient, structurally improved Li_4SiO_4 sorbents for high-temperature CO_2 capture[J]. Ceramics International, 2018, 44: 16668-16677.

[87]王珂, 许淘淘, 刘跃飞, 等. 硅酸锂的制备及高温吸附二氧化碳的研究进展[J]. 应用化工, 2015, 44 (7): 1326-1330.

[88]Zhang S, Zhang Q, Wang H, et al. Absorption behaviors study on doped Li_4SiO_4 under a humidified atmosphere with low CO_2 concentration[J]. International Journal of Hydrogen Energy, 2014, 39 (31): 17913-17920.

[89]Rao G J, Mazumder R, Bhattacharyya S, et al. Synthesis, CO_2 absorption property and densification of Li_4SiO_4 powder by glycine-nitrate solution combustion method and its comparison with solid state method[J]. Journal of Alloys and Compounds, 2017, 725: 461-471.

[90]Bretado M E, Velderrain V G, Gutiérrez D L, et al. A new synthesis route to Li_4SiO_4 as CO_2 catalytic/sorbent[J]. Catalysis Today, 2005, 107-108: 863-867.

[91]Hu Y, Liu W, Yang Y, et al. CO_2 capture by Li_4SiO_4 sorbents and their applications: Current developments and new trends[J]. Chemical Engineering Journal, 2019, 359: 604-625.

[92]Zhang S, Chowdhury M B I., Zhang Q, et al. Novel fluidizable K-doped HAc-Li_4SiO_4 sorbent for CO_2 capture preparation and characterization[J]. Industrial & Engineering Chemistry Research, 2016, 55 (49): 12524-12531.

[93]Wang K, Yin Z, Zhao P, et al. Development of metallic element-stabilized Li_4SiO_4 sorbents for cyclic CO_2 capture[J]. International Journal of Hydrogen Energy, 2017, 42 (7): 4224-4232.

[94]Gauer C, Heschel W. Doped lithium orthosilicate for absorption of carbon dioxide[J]. Journal of Materials Science, 2006, 41 (8): 2405-2409.

[95]Pacciani R, Torres J, Solsona P, et al. Influence of the concentration of CO_2 and SO_2 on the absorption of CO_2 by a lithium orthosilicate-based absorbent[J]. Environmental Science & Technology, 2011, 45 (16): 7083-7088.

[96] Zhang Q, Shen C, Zhang S, et al. Steam methane reforming reaction enhanced by a novel K_2CO_3-doped Li_4SiO_4 sorbent: Investigations on the sorbent and catalyst coupling behaviors and sorbent regeneration strategy[J]. International Journal of Hydrogen Energy, 2016: 41 (8): 4831-4842.

第 2 章　高效粉体 CO_2 吸附材料合成研究

CO_2 吸附材料在循环吸附过程中无法实现完全碳酸化。该现象的存在一方面是由于碳酸化过程中 CO_2 吸附反应会形成致密产物层，增加了 CO_2 通过产物层的扩散阻力，抑制了 CO_2 与吸附材料的有效接触与反应，使碳酸化反应难以进行彻底。另一方面，高温烧结效应会引起吸附材料孔隙结构恶化而造成其 CO_2 捕集性能迅速衰减。近年来，关于如何提高吸附材料 CO_2 吸附量及其吸/脱附循环稳定性的问题已获得广泛关注。常见的吸附性能强化方法主要有高温预处理、水合反应、直接合成多孔材料等。特别地，有机前驱体分解、惰性载体支撑以及金属氧化物或碳酸盐掺杂等方法可以显著改善吸附材料的物化特征，使其在循环反应中能够保持良好的 CO_2 吸附活性与抗烧结性能，比天然吸附材料具有更为优良的 CO_2 捕集性能。本章将详细介绍三种高效粉体 CO_2 吸附材料的合成方法。

2.1　不同前驱体合成钙基 CO_2 吸附材料研究

钙基 CO_2 吸附剂在循环过程中的性能衰减是阻碍其商业化应用最具挑战的问题之一。目前，通过抑制反应活性衰减、提高吸附剂循环稳定性，已经在一定程度上缓解了上述问题。其中，对吸附剂进行预处理、将氧化钙分散到惰性载体(如 $Ca_{12}Al_{14}O_{33}$、$CaTiO_3$、MgO、SBA-15 和稻壳灰)，以防止烧结和孔隙结构变化，获得了明显效果。前期研究工作表明，将钙和惰性载体前驱体溶解后可以在分子层面上实现钙组分和惰性载体组分的均匀混合[1]。基于此思路，采用不同钙、镁前驱体合成的吸附剂均具有优秀的 CO_2 吸附性能。在碳酸化为 650℃、CO_2 浓度 15%、反应时长 30min，煅烧为 900℃、N_2 浓度 100%、反应时长 10min 的条件下经过 24 次碳酸化/煅烧循环后，基本维持 90%的理论最大吸附量。这是由于合成吸附剂中的 CaO 在惰性载体上具有良好的分布特性。但是该方法依赖于钙、惰性载体前驱体在溶剂中的溶解度，极大地限制了原材料的选用。

基于此，本节采用相对廉价的不溶性前驱体来扩展湿混合法，从而获得一种制备高效、低成本钙基 CO_2 吸附剂的方法。基于钙与惰性载体前驱体的溶解特性，分为三类组合：①不溶性钙前驱体和不溶性惰性载体前驱体；②不溶性钙前驱体和可溶性惰性载体前驱体；③可溶性钙前驱体和不溶性惰性载体前驱体。通过测定吸附剂的循环吸/脱附性能和表面形貌变化来评价合成方法的有效性，实现了前驱体筛选和高效吸附剂合成。

2.1.1　吸附剂制备与性能测试

选用 6 种钙前驱体为原料，其中碳酸钙（CC，99%，Ajax Finechem）和氢氧化钙（CH，96%，Ajax Finechem）为不溶性材料。四种可溶性钙前驱体分别为：醋酸钙（CA，99%，Sigma-Aldrich）、葡萄糖酸钙（CG，98%，Sigma）、甲酸钙（CF，99%，Aldrich）和乳酸钙（CL，98%，Aldrich）。不溶性惰性载体前驱体选用铝酸钙水泥（CE）、黏土（LY）和粉煤灰（AH），其中铝酸钙水泥的元素成分如表 2.1 所示。三种可溶性钙前驱体分别为：乙酸镁（MA，99.5%，Ajax Finechem）、葡萄糖酸镁（MG，98%，Sigma）和乳酸镁（ML，95%，Aldrich）。

表 2.1　铝酸钙水泥的元素分析

成分	CaO	Al_2O_3	SiO_2	Fe_2O_3	TiO_3	MgO	SO_2	K_2O+Na_2O
质量分数/%	≤37.0	≥39.8	≤6.0	≤18.5	<4.0	<1.5	<0.4	<0.4

表 2.2 汇总了湿混合法合成的 19 种钙基 CO_2 吸附剂，根据钙和惰性载体前驱体的溶解性分为不溶-不溶、不溶-可溶和可溶-不溶三类组合。合成吸附剂的命名规则为：前两个字母表示钙前驱体，后两个字母表示惰性载体前驱体，数字表示活性 CaO 在吸附剂中的质量分数。例如，CH-CE-75 表示该吸附剂由氢氧化钙和铝酸钙水泥制成且 CaO 与惰性载体的质量分数分别为 75% 和 25%。此外，氢氧化钙、碳酸钙、醋酸钙、葡萄糖酸钙、甲酸钙和乳酸钙在 900℃ 下煅烧 2h 后得到的 CaO 作为参比样。

表 2.2　合成吸附剂汇总

不溶-不溶组合	不溶-可溶组合	可溶-不溶组合
CC-CE-75	CH-MA-75	CA-CE-75
CH-CE-75	CC-MA-75	CG-CE-75
CC-LY-75	CH-MG-75	CF-CE-75
CH-LY-75	CH-ML-75	CL-CE-75
CC-AH-75	CH-MG-50	CA-LY-75
CH-AH-75		CA-AH-75
		CL-CE-50
		CG-CE-50

可溶-不溶类和不溶-可溶类吸附剂的制备过程相似。以可溶-不溶类吸附剂为例：将预先确定的钙前驱体与略高于溶解前驱体所需的水量在 45℃ 恒温烧杯中进行 1h 的混合搅拌。随后，加入一定量惰性载体前驱体并继续搅拌 1h。最后，110℃ 过夜烘干并在 900℃

空气条件下煅烧 2h 可获得吸附剂。不溶-不溶类吸附剂的制备采用悬浮液混合方法,即将一定量的钙前驱体和惰性载体前驱体均匀分散在蒸馏水中,混合 1h 后经干燥和煅烧即可制得。

采用热重分析仪(TGA)(Cahn,121 型)进行碳酸化/煅烧循环实验。热重分析仪装载约 20mg 吸附剂后,在 85mL/min 氮气流量下以 20℃/min 的加热速率升温至 900℃恒温 10min 完成煅烧过程;随后以-20℃/min 的速率降温至 650℃并通入流量为 15mL/min 的 CO₂ 恒温 30min 进行 CO₂ 吸附。上述煅烧、碳酸化过程重复进行便可完成 CO₂ 脱附与吸附循环。热重测试过程中,质量变化是由碳酸钙分解与生成所引起的,因此,通过实时监测样本质量变化可以计算 CO₂ 吸附量。吸附剂中 CaO 的碳酸化转化率和吸附剂的 CO₂ 吸附量分别计算如下:

$$X = \frac{(m - m_0)}{m_0 \cdot \varphi} \cdot \frac{M_{CaO}}{M_{CO_2}} \tag{2.1}$$

$$Y = \frac{m - m_0}{m_0} \tag{2.2}$$

其中,X 为 CaO 的碳酸化转化率;Y 为吸附剂的 CO₂ 吸附量,g/g;m 为反应过程中的样本质量;m_0 为样本首次煅烧后的质量;φ 为新鲜吸附剂的活性 CaO 含量;M_{CaO} 和 M_{CO_2} 分别为 CaO 和 CO₂ 的摩尔质量。

2.1.2　铝酸钙水泥中钙组分作用分析

在合成吸附剂中,活性氧化钙主要来源于钙前驱体,而水泥、黏土和粉煤灰中的钙组分也可能会对 CO₂ 吸附有贡献。因此,需要首先确定铝酸钙水泥中钙组分的作用。如图 2.1(a)所示,铝酸钙水泥的质量在碳酸化/煅烧循环过程中几乎没有变化,表明铝酸钙水泥中不含活性 CaO 成分。通过图 2.1(b)关于铝酸钙水泥的 X 射线衍射(X-ray diffraction,XRD)图谱也可以得出相同结论。尽管铝酸钙水泥本身对 CO₂ 吸附没有贡献,但是钙前驱体中的一些活性氧化钙可能会与水泥发生化学反应而有所消耗。如图 2.1(b)、图 2.1(c)所示,铝酸钙水泥中存在 CaAl₂O₄、Ca₁₂Al₁₄O₃₃ 和铁氧体,而合成的 CH-CE-75 吸附剂经 900℃煅烧后未发现 CaAl₂O₄ 组分。这说明,在吸附剂制备过程中铝酸钙水泥所含的 CaAl₂O₄ 组分会与来源于氢氧化钙的 CaO 发生反应生成 Ca₁₂Al₁₄O₃₃。

上述分析虽然可以确定铝酸钙水泥中的钙组分在吸附剂制备以及后续 CO₂ 吸/脱附过程中的作用,但是由于 CaO 与 Al₂O₃ 之间的反应较为复杂,导致参与碳酸化/煅烧循环的活性 CaO 实际质量难以计算[2]。因此,本节中碳酸化转化率仅根据钙前驱体中的 CaO 含量进行计算。需要特别注意,采用铝酸钙水泥作为惰性载体前驱体时,由于其会消耗少量钙前驱体中的 CaO 而使得上述方法计算得到的碳酸化转化率略低于真实值。

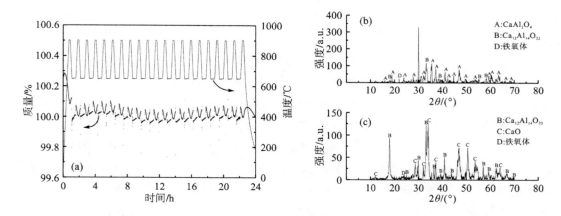

图 2.1　（a）水泥煅烧 2h 后的循环碳酸化/煅烧状况，反应条件：650℃、15%CO$_2$ 中碳酸化 30min；900℃、纯 N$_2$ 中煅烧 10min；（b）水泥煅烧 2h 及（c）CH-CE-75 的 XRD 谱图

2.1.3　合成吸附剂性能分析

1. 不溶-不溶前驱体合成吸附剂

不溶-不溶类吸附剂由于采用廉价的不溶钙与惰性载体前驱体进行制备而具有最低的成本。然而，随着碳酸化/煅烧循环次数增加，所有该类吸附剂的转化率都会迅速衰减，如图 2.2 所示。吸附剂 CC-CE-75 的初始转化率最高，约为 69%，但是经过 9 次碳酸化/煅烧循环后，其转化率仅为 38%。经过 18 次碳酸化/煅烧循环后，吸附剂 CH-CE-75 的转化率最高为 46.9%，而未进行惰性载体支撑的吸附剂 CH 的碳酸化转化率仅为 36.3%。可以看出，铝酸钙水泥可以有效提升吸附剂中氧化钙的 CO$_2$ 吸附反应活性。

吸附剂 CH-AH-75 和 CH-LY-75 的碳酸化转化率均低于参比样 CH，原因在于粉煤灰和黏土中的二氧化硅成分会与源于钙前驱体的 CaO 发生化学反应，而不利于 CaO 吸附 CO$_2$ 过程[3,4]。因此，黏土和粉煤灰均不适合用作钙基 CO$_2$ 吸附剂的惰性载体前驱体。

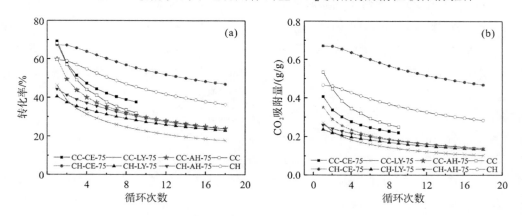

图 2.2　不溶-不溶类吸附剂的（a）CaO 碳酸化转化率与（b）CO$_2$ 吸附量

测试条件：650℃、CO$_2$ 浓度 15%条件下碳酸化 30min，900℃、纯 N$_2$ 条件下煅烧 10min

2. 不溶体-可溶前驱体合成吸附剂

图 2.3(a)为不溶-可溶类吸附剂在 18 个碳酸化/煅烧循环中的 CaO 转化率。在所有吸附剂中，CH-MG-75 具有最优的循环性能，其初始碳酸化转化率为 97%，而 18 次循环后转化率为 82%。相比之下，参比样 CH 的转化率只有 36%。需要指出，通过计算样本中活性氧化钙转化为碳酸钙的比例，可以比较氧化钙吸附 CO_2 的活性。但是，从实际应用角度，评估吸附剂的 CO_2 吸附量更具价值[5]。如图 2.3(b)所示为样本的 CO_2 吸附量。可以看出，虽然合成吸附剂中存在质量分数为 25% 的 MgO 作为惰性载体，且其不参与 CO_2 吸附，但以吸附剂质量为基准，样本 CH-MG-75 和 CH-ML-75 的 CO_2 吸附量仍然高得多。经过 18 次碳酸化/煅烧循环后，样本 CH-MG-75 的 CO_2 吸附量为 0.48g/g，比参比样 CH(0.28g/g)高出 71%。

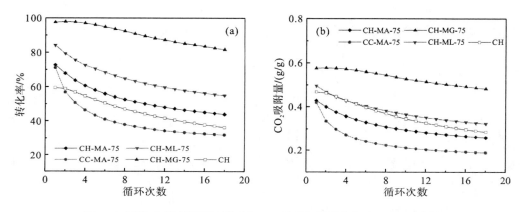

图 2.3　不溶-可溶类吸附剂的(a)CaO 碳酸化转化率与(b)CO_2 吸附量

测试条件：650℃、CO_2 浓度 15% 条件下碳酸化 30min，900℃、纯 N_2 条件下煅烧 10min

CaO 碳酸化转化率获得提高的原因之一是有机金属前驱体衍生的惰性载体 MgO 可以有效分离 CaO 颗粒，并抑制吸附剂烧结。换言之，当吸附剂在 900℃ 温度下进行煅烧再生时，烧结温度约为 1289℃ 的 MgO 颗粒可以作为物理骨架，防止烧结温度仅为 527℃ 的 $CaCO_3$ 的烧结和聚集[6,7]。扫描电子显微镜(scanning electron microscope，SEM)结果也可以有效支撑上述解释。如图 2.4 所示，吸附剂 CH-MG-75 的表面疏松多孔，且经过 18 次碳酸化/煅烧循环后，其表观形貌和粒径没有明显变化。与之相比，参比样 CH 经过碳酸化/煅烧循环后，可以观察到明显的颗粒聚集现象。

与 CH-MA-75 相比，吸附剂 CC-MA-75 在碳酸化/煅烧循环过程中具有较低的转化率以及更快的性能衰减。以碳酸钙为钙前驱体衍生的吸附剂与以氢氧化钙为前驱体的吸附剂相比性能较差，如图 2.3 所示，这意味着氢氧化钙在合成钙基吸附剂时可以获得具有更高吸附反应活性的 CaO。

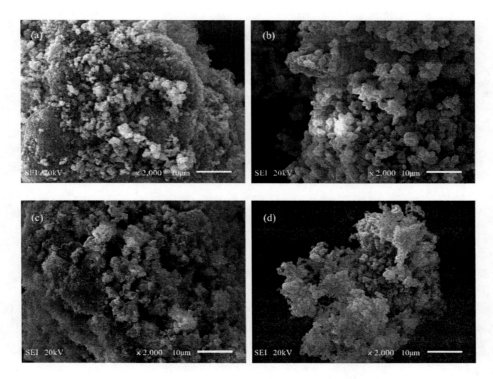

图 2.4　CH 和 CH-MG-75 在 18 个碳酸化/煅烧循环前后的 SEM 图像

(a)：循环前 CH，(b)：循环 18 次后 CH，(c)：循环前 CH-MG-75，(d)：循环 18 次后 CH-MG-75

3. 可溶-不溶前驱体合成吸附剂

采用可溶钙前驱体与不溶惰性载体前驱体合成 CO_2 吸附剂的 CaO 碳酸化转化率和吸附量如图 2.5 所示。与前述结果类似，铝酸钙水泥可以有效减缓合成吸附剂的反应活性衰减速率。经过 9 次碳酸化/煅烧循环后，煅烧 CA、CF 和 CL 的 CaO 碳酸化转化率分别为 50%、22% 和 38%，而以铝酸钙水泥为惰性载体前驱体合成吸附剂 CA-CE-75、CF-CE-75 和 CL-CE-75 的 CaO 碳酸化转化率则相对较高，分别为 67%、54% 和 73%。即使经过 18 次碳酸化/煅烧循环，铝酸钙水泥为载体的吸附剂的 CO_2 吸附量也远高于煅烧有机钙前体获得的相应 CaO 在没有任何载体支撑情况下的第 9 次转化率。尽管 CG-CE-75 的 CaO 碳酸化转化率与 CG 在第 18 个循环时的转化率几乎相同，但该吸附剂的反应速率衰减趋势平缓得多。添加铝酸钙水泥后钙基 CO_2 吸附剂性能的显著提高主要归因于制备阶段煅烧过程产生的 $Ca_{12}Al_{14}O_{33}$，该组分在随后的碳酸化/煅烧循环中保持不变。$Ca_{12}Al_{14}O_{33}$ 可以稳定吸附剂的孔隙结构，有效防止 $CaCO_3$ 烧结进而利于维持 CaO 在 CO_2 吸脱附循环过程中的长效反应活性[8, 9]。

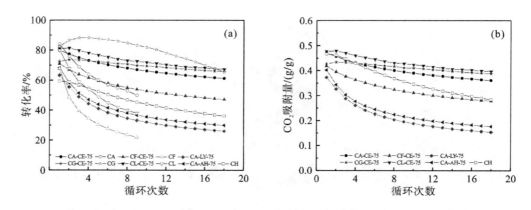

图 2.5　可溶-不溶类吸附剂的 (a) CaO 碳酸化转化率与 (b) CO_2 吸附量

测试条件：650℃、CO_2 浓度 15% 条件下碳酸化 30min，900℃、纯 N_2 条件下煅烧 10min

2.1.4　CO_2 吸脱附循环稳定性

基于前述测试结果，选择碳酸化转化率高以及反应活性衰减速率低的吸附剂进行了较长周期的 CO_2 吸附和脱附循环，以测试其稳定性。如图 2.6 (a) 所示，经过约 70 次碳酸化/煅烧循环后，吸附剂 CL-CE-75、CG-CE-75 和 CH-MG-75 的 CaO 转化率分别为 62.2%、54% 和 58.2%，明显优于煅烧有机钙前驱体、氢氧化钙和常规石灰石或白云石获得的氧化钙。尽管仍然可以观察到吸附性能衰减现象，但是其衰减速度非常缓慢。例如，CL-CE-75 在最后 30 个碳酸化/煅烧循环中的性能衰减低于 2%。

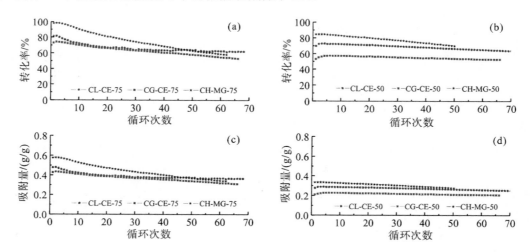

图 2.6　CaO 含量为 (a) (c) 75% 与 (b) (d) 50% 时吸附剂在长周期的循环性能

测试条件：650℃、CO_2 浓度 15% 条件下碳酸化 30min，900℃、纯 N_2 条件下煅烧 10min

尽管 CO_2 吸附量是评价吸附剂性能的一个关键指标，在实际应用中吸附剂的稳定性也至关重要。为了提高合成吸附剂的长周期循环稳定性，将惰性载体在吸附剂中的质量分数由 25%增加到 50%进行了实验测试，结果如图 2.6(b)、(d)所示。可以看出，随着吸附剂中所含惰性载体组分的增加，CO_2 吸附反应活性变得更为稳定。典型测试条件下经 70 次碳酸化/煅烧循环，CL-CE-50 和 CG-CE-50 的碳酸化转化率衰减仅为 5%和不到 1%，且同时具有相对可观的 CO_2 吸附量，分别为 0.25g/g 和 0.20g/g。

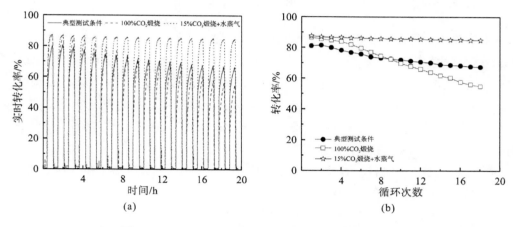

(a)   (b)

图 2.7 CL-CE-75 在不同测试条件下的碳酸化转化率

典型测试条件：650℃、CO_2 浓度 15%条件下碳酸化 30min、900℃、纯 N_2 条件下煅烧 10min；CO_2 的影响仅通过改变其在煅烧过程的浓度，但保持其他条件不变来测试；水蒸气影响是将气流通过 70℃的水进行鼓泡来测试

此外，通过循环碳酸化/煅烧进行 CO_2 捕集时，钙基吸附剂需要在高 CO_2 浓度气氛中进行煅烧再生，且实际过程中也会存在水蒸气组分。因此，进一步研究了煅烧阶段 CO_2 浓度和水蒸气组分对于吸附剂 CL-CE-75 的影响特性，结果如图 2.7 所示。需要注意，纯 CO_2 气氛下的煅烧会导致 CaO 的碳酸化性能快速衰减，这是高 CO_2 浓度会加剧吸附剂烧结所致[10]。与之相对比，水蒸气组分所带来的碳酸化转化率提升会更为明显。煅烧过程存在水蒸气且 CO_2 浓度为 15%时，吸附剂 CL-CE-75 在 18 个碳酸化/煅烧循环中吸附反应活性几乎保持不变。

2.2 多元金属氧化物制备钙基 CO_2 吸附剂

在钙基吸附剂中掺杂金属氧化物可以形成稳固的惰性骨架结构，阻碍 CaO 在碳酸化/煅烧循环中的孔结构坍塌，减小 CO_2 在产物层中的扩散阻力，缓解材料在高温下的烧结。目前，钙基吸附剂中普遍掺杂的金属氧化物主要为 Al_2O_3、SiO_2、碱金属氧化物、碱土金属氧化物、稀土金属和过渡金属氧化物。其中，Al_2O_3 主要与 CaO 生成 $Ca_{12}Al_{14}O_{33}$ 和 $Ca_3Al_2O_6$，可以作为骨架支撑结构维持吸附剂的多孔性；碱金属氧化物主要增加了 CaO 吸附剂的碱性位；碱土金属氧化物主要起到抑制烧结的作用；稀土金属与过渡金属氧化物主要使吸附剂有效组分分散均匀，减缓颗粒团聚。本节通过溶胶-凝胶法将稀土金属钇与碱土金属氧化物合成多元金属氧化物支撑骨架的钙基 CO_2 吸附剂，详细考察了不同金属氧化种类、掺杂比例、煅烧工况下钙基合成材料对 CO_2 的循环吸附性能，并深入分析了吸附剂性能强化的作用机制。

2.2.1　溶胶-凝胶合成与基础表征

溶胶-凝胶法是采用含高化学活性组分的化合物作前驱体，在液相下将原料均匀混合，并进行水解、缩合反应，在溶液中形成稳定的透明胶体系，溶胶经老化，胶粒缓慢聚合，形成三维空间网格结构的凝胶，凝胶网络间充满了失去流动性的溶剂。凝胶经过干燥、烧结固化制备出分子至纳米亚结构的材料。溶胶-凝胶法的化学过程是将原料分散在溶剂中，然后经过水解反应生成活性单体，活性单体进行聚合，生成溶胶，进而形成具备优良空间结构的凝胶，最终通过干燥和热处理制备出纳米粒子。

本小节中钇镁-钙基材料和钇铝-钙基材料的制备方法为：①根据 Y_2O_3、MgO、Al_2O_3、CaO 质量比，将适量的钇盐溶液和镁、铝、铁盐溶液滴加到钙盐溶液中，搅拌至混合均匀；②将混合溶液逐滴加入一水柠檬酸溶液，在 80～90℃下搅拌 5～7h，直至形成凝胶；③将所得的凝胶置于室温下，在空气中放置 20～24h，然后在 80～100℃下加热 6～7h，最后于 105～115℃下加热 40～48h，直至形成干凝胶；④将所得干凝胶置于马弗炉中在 800～900℃下煅烧 1～2h 至有机物充分燃烧和硝酸盐完全分解；⑤将燃烧后的颗粒研磨、筛分即可得到钇镁-钙基、钇铝-钙基、钇铁-钙基 CO_2 吸附剂。为简化样品名称，本节中所有合成材料均根据掺杂金属种类、含量用字母进行标识，例：Y20/Mg20 表示 Y_2O_3 质量占比 20%、MgO 质量占比 20%、CaO 质量占比 60%的钙基吸附剂。

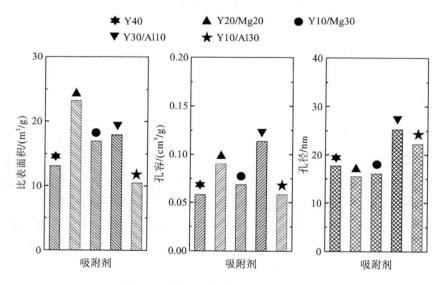

图 2.8　合成吸附剂初始孔隙结构参数

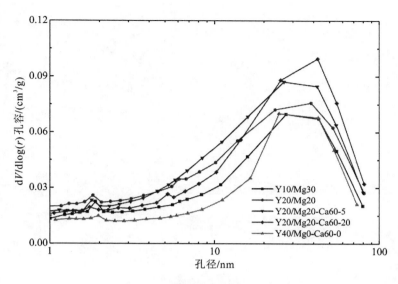

图 2.9 合成吸附剂的初始孔径分布

合成吸附材料的孔隙结构通过 N_2 吸附/脱附进行了测量。如图 2.8 所示，Y20/Mg20 具备最大的比表面积和最小的平均孔径，分别为 $23.28m^2/g$ 和 15.55nm。Y30/Al10 的孔容最大，为 $0.1140cm^3/g$，平均孔径最大，为 25.36nm。结果表明，Y/Mg 型吸附剂具备较高的比表面积但平均孔径较小，而 Y/Al 型吸附剂始终具备最大的平均孔径。而与 Y/Mg 型和 Y/Al 型吸附剂相比，Y40 具备中等的孔隙结构参数。为进一步解释实验结果，合成吸附剂的孔径分布如图 2.9 所示。结果证明，Y/Mg 型吸附剂良好的吸附性能来源于半径 <20nm 的小孔对 CO_2 吸附的高效性。特别地，Y20/Mg20 比其他 Y/Mg 型吸附剂具备更好的吸附 CO_2 孔结构。

采用 SEM 和 X 射线能谱(energy dispersive spectroscopy，EDS)分析了 Y20/Mg20 的形貌结构和元素分布。如图 2.10 所示，新合成的 Y/Mg 型吸附剂呈独立的长条絮状，大部分颗粒外观蓬松，有许多相互连通的孔隙。颗粒表面 Ca、Y 和 Mg 分布均匀，表面质量比与制备中使用的质量比相当。X 射线衍射(diffraction of X-rays，XRD)图谱对不同合成吸附剂的化学组成进行了测试，以探明是否形成了新的化合物。如图 2.11 所示，在 Y 型和 Y/Mg 型吸附剂中仅出现 $Ca(OH)_2$、CaO、Y_2O_3 和 MgO。结果表明，Y 型和 Y/Mg 型合成钙基吸附剂孔隙参数的变化源于 MgO 和 Y_2O_3 的存在，而非新形成的化合物。相反，在 Y/Al 型吸附剂中观察到新形成的 $Ca_3Al_2O_6$，导致钙基材料具备较高的孔体积和较好的介孔分布，虽然稳固了材料的骨架结构，却并不适用于 CO_2 吸附。

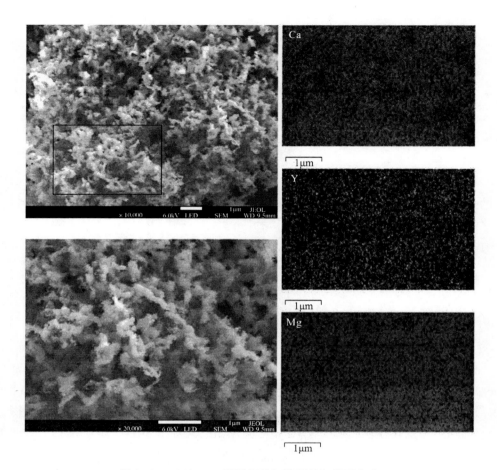

图 2.10 Y20/Mg20 吸附剂的初始形貌与元素分布

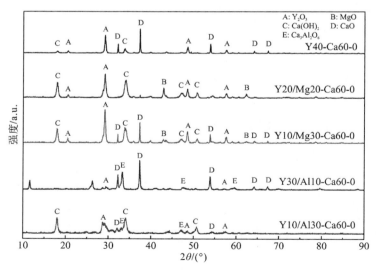

图 2.11 合成吸附剂的化学组成

2.2.2　合成材料的 CO_2 吸脱附特性

为全面了解 Y_2O_3/M_xO_y 质量比的影响,测试了 Y/Mg 型、Y/Al 型和 Y/Fe 型吸附剂在 900℃纯氮气煅烧条件下的碳酸化行为。对于每种类型的吸附剂,将四种质量比(0%/40%、10%/30%、20%/20%和 30%/10%)的金属氧化物加入吸附剂中。经历 20 个碳酸化/煅烧循环的钙基合成材料与天然材料(石灰石和白云石)的 CO_2 吸附量如图 2.12 所示。如图 2.12(a)所示,Y20/Mg20 在第一个循环的吸附量为 0.471g/g,较 Y40 的 CO_2 吸附量更高。这与合成吸附剂的表征结果保持一致,说明 Y20/Mg20 具备更好的孔结构。此外,Y10/Mg30、Y30/Mg10 和 Y40 表现出相似的 CO_2 捕集性能,但均低于 Y20/Mg20。随着循环的进行,虽然 Y20/Mg20 的 CO_2 吸附量略有下降,但其在 20 次循环后仍具备最高的 CO_2 吸附量,约为 0.427g/g。相比之下,Y10/Mg30 在合成吸附剂中衰减最为明显,CO_2 吸附量从 0.466g/g 降至 0.367g/g。天然吸附剂(石灰石和白云石)不仅 CO_2 捕集能力最差,其吸附量损失也最为严重。与 Y/Mg 型吸附剂相比,不同质量比的 Y/Al 型和 Y/Fe 型吸附剂对 CO_2 的捕集性能变化趋势大致相同。图 2.12(b)和图 2.12(c)表明,Y40 的 CO_2 吸附量最高,而 Y10/Al30 和 Y10/Fe30 在 Y/Al 型和 Y/Fe 型吸附剂中 CO_2 吸附量最低,CO_2 吸附量衰减最剧烈。综上,除 Y20/Mg20 外,合成吸附剂的 CO_2 吸附量随 Y 含量的增加而增加。

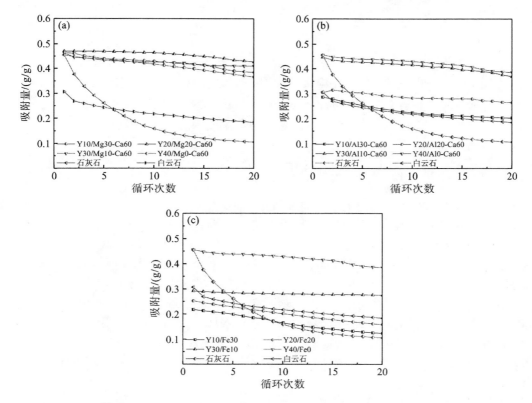

图 2.12　不同种类吸附剂吸附量:(a)钇-镁钙基吸附剂;(b)钇-铝钙基吸附剂;(c)钇-铁钙基吸附剂

测试条件:650℃、CO_2 浓度 15%条件下碳酸化 20min,900℃、纯 N_2 条件下煅烧 20min

将每种类型合成吸附剂中 CO_2 捕集性能最好的吸附剂进行测试，以便清晰地展示不同 Y_2O_3/M_xO_y 类型吸附剂对 CO_2 捕集性能的影响。如图 2.13（a）所示，在 20 次钙循环中，Y20/Mg20 总是表现出最高的 CO_2 吸附量，且在整个过程中始终保持。Y20/Mg20 在首次循环的 CO_2 吸附量分别比 Y30/Al10、天然石灰石、Y40、天然白云石和 Y30/Fe10 高近 0.02g/g、0.02g/g、0.03g/g、0.17g/g 和 0.23g/g。经过 20 次循环后，Y20/Mg20 的优势更加明显，其在第 20 个循环的 CO_2 吸附量分别比 Y40、Y30/Al10、Y30/Fe10、天然白云石和天然石灰石高近 0.03g/g、0.05g/g、0.19g/g、0.23g/g 和 0.30g/g。综上，Y_2O_3/M_xO_y 合成吸附剂的最优组合为 Y20/Mg20，具备最优良的 CO_2 吸附效率、稳定性与孔隙结构参数。值得一提的是，Y/Mg 和 Y/Al 类型的合成钙基吸附剂也具备较好的 CO_2 捕集性能。

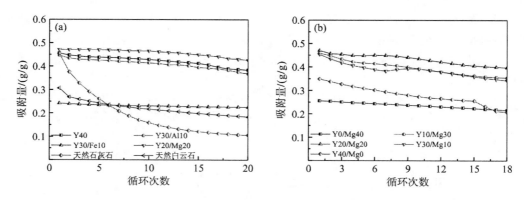

图 2.13　不同工况下吸附剂的吸附量：（a）650℃、CO_2 浓度 15%条件下碳酸化 20min，
900℃、纯 N_2 条件下煅烧 20min；（b）650℃、CO_2 浓度 15%条件下碳酸化 20min，
950℃、纯 CO_2 条件下煅烧 20min

2.2.3　苛刻条件下循环吸脱附分析

由于 Y20/Mg20 具备出色的 CO_2 捕集性能，有必要深入研究 Y/Mg 型吸附剂在高温煅烧条件下（950℃纯 CO_2 中）的 CO_2 吸附特性。不同质量比的 Y/Mg 型吸附剂的 CO_2 吸附量如图 2.13（b）所示。在 950℃、纯 CO_2 条件下煅烧，Y20/Mg20 在第 1 次和第 18 次循环的 CO_2 吸附量分别为 0.471g/g 和 0.398g/g，在合成钙基材料中依然表现最佳。结果表明，高温下 Y/Mg 型吸附剂比 Y 型和 Mg 型吸附剂具备更好的 CO_2 吸附性能。

为探明 Y20/Mg20 吸附 CO_2 的循环稳定性，在 TGA 中进行了 122 次碳酸化/煅烧循环测试。如图 2.14 所示，在 122 个循环中，Y20/Mg20 的 CO_2 吸附量仅衰减 0.16g/g，平均每个循环衰减 0.0013g/g。经过 108 次碳酸化/煅烧循环后，Y20/Mg20 的 CO_2 吸附量稳定在大约 0.315g/g，其近 10 个循环内的吸附量变化小于 0.004g/g。可见，Y20/Mg20 的 CO_2 吸附量稳定在约 0.300g/g。

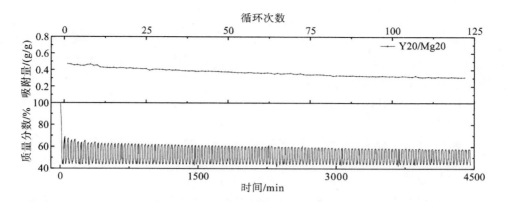

图 2.14　Y20/Mg20 在 122 次碳酸化/煅烧循环下的吸附特性

测试条件：650℃、CO₂ 浓度 15%条件下碳酸化 20min，900℃、纯 N₂ 条件下煅烧 20min

2.2.4　吸附剂微观结构演变分析

由于 Y20/Mg20 在上述合成材料中具备最佳的 CO_2 吸附性能，因此对 Y/Mg 型吸附剂的微观结构演变进行了测试与分析。首先采用 N_2 吸附/脱附测试了不同循环后 Y/Mg 型吸附剂的孔结构参数，如图 2.15 所示。结果表明，随着吸附、脱附循环次数由 1 增加到 15，Y20/Mg20 的 Brunauer-Emmett-Teller（BET）比表面积、Barrett-Joyner-Halenda（BJH）孔容和平均孔径仅有微小变化，分别从 23.28m²/g、0.0914cm³/g 和 13.59nm 变化到 20.25m²/g、0.0930cm³/g 和 15.20nm。测试结果也证实了 Y20/Mg20 在碳酸化/煅烧循环中孔隙结构的稳定性。同时，与其他 Y/Mg 型吸附剂相比，Y20/Mg20 具备更大的比表面积和孔容，且大部分来源于孔径小于 20nm 的介孔。

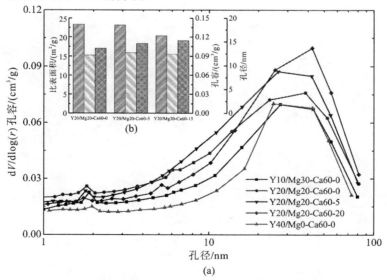

图 2.15　钇-镁钙基吸附剂在不同碳酸化/煅烧循环下的孔隙结构参数

注：钇-镁钙基吸附剂的孔结构参数：（a）不同碳酸化/煅烧循环下的孔径分布，（b）不同碳酸化/煅烧循环下的比表面积、孔容和孔径。

Y20/Mg20 在不同循环次数后的形貌结构和元素分布通过 SEM 和 EDS 进行了分析。如图 2.16(a) 所示，经过 5 次循环后，初始样品中的长条絮状颗粒略有烧结，蓬松的表面逐渐致密化。同时，EDS 结果表明 Ca、Y、Mg 元素仍保持均匀分布，与初始样品差别不大。如图 2.16(b) 所示，经过 15 次循环后，晶粒逐渐相互连通且表面蓬松形貌逐渐消失，形成骨架型结构，Ca、Y 和 Mg 在局部区域聚集。此外，通过透射电子显微镜(transmission electron microscope，TEM) 对 Y20/Mg20 的内部形貌进行了表征(图 2.17)。结果表明，Y_2O_3 和 MgO 纳米颗粒经过 5 次循环后在内部的多孔结构中均匀分布。Y_2O_3 和 MgO 颗粒粒径为 36～38nm。经过 10 次循环后，内部颗粒尺寸略有增加，达到 40～42nm，这归因于煅烧高温下由晶界迁移引起的团聚。需要注意的是，Y_2O_3 和 MgO 粒度的变化较小，可以认为纳米颗粒是合成高效、稳定 CO_2 吸附剂的主要因素。

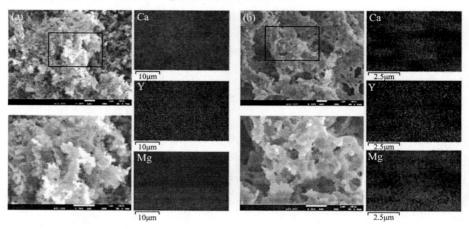

图 2.16　钇-镁钙基吸附剂在不同碳酸化/煅烧循环下的表面形貌与元素分布：(a)5 次，(b)15 次

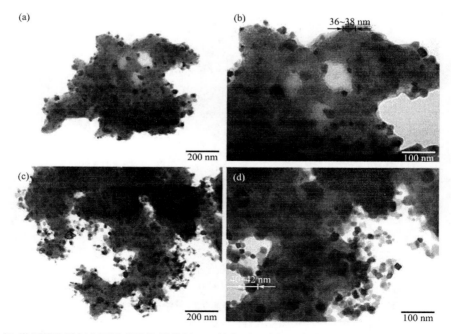

图 2.17　钇-镁钙基吸附剂在不同碳酸化/煅烧循环下的表面形貌与元素分布：(a)、(b)5 次；(c)、(d)15 次

　　Y20/Mg20 的微观结构演变表明，Y 和 Mg 的存在对 Y20/Mg20 的孔结构和颗粒形貌有着显著影响。为进一步揭示 Y、Mg 和 Ca 之间的相互作用，采用 X 射线光电子能谱（X-ray photoelectron spectroscopy，XPS）对结合能和原子化学位移的变化进行了进一步考察。如图 2.18 所示，在经历 5 次循环后，纯 Ca100 与 Y20/Mg20 的结合能区别较小。然而，Y20/Mg20 的最高结合能在 20 次循环后发生了变化，其归因于 Y 和 Mg 之间发生的协同作用。虽然电子迁移引起的效应会潜在地影响 Y20/Mg20 的 CO_2 捕集性能，但吸附剂优良的孔结构和颗粒形貌仍是导致其 CO_2 吸附性能大幅强化的关键因素。

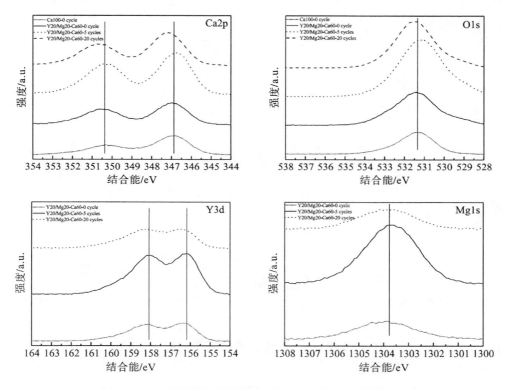

图 2.18　钇-镁钙基吸附剂的 X 射线光电子能谱分析（XPS）

2.2.5　合成材料 CO_2 吸附性能对比

　　基于前述实验结果与微观结构表征，提出了 Y20/Mg20 具备优良 CO_2 吸附性能的主要原因。合成吸附剂在 Y 含量最低时对 CO_2 的吸附衰减最剧烈，表明 Y 可能提供更好的稳定性。随着 Mg 含量的增加，吸附剂的孔容和比表面积也随之增大，且来源于孔径为 5～20nm 的介孔。换言之，Mg 倾向于提供更适合 CO_2 吸附反应的多孔空间。基于 Y/Mg 型吸附剂优异的 CO_2 吸附性能，总结并对比了 Y20/Mg20 与其他钙基吸附剂的 CO_2 吸附性能（图 2.19）。无网格标记表示在相对温和的煅烧条件（<900℃）下的测试结果，网格标记表示在严苛再生条件（>900℃）下的测试结果。Zhang 等利用 Y_2O_3 合成的钙基吸附剂在苛刻条件下实现了 0.48g/g 的 CO_2 吸附量，但结果主要揭示了 10 次碳酸化/煅烧循环中的材料性能。此外,Al 型合成吸附剂表现出相对优越的 CO_2 吸附能力,但只在短期的循环中表现出优势。对于大多数涉及 50 次碳酸化/煅烧循环以上的吸附剂性能测试,其结果均低于本节中 Y20/Mg20 经过 122 次循环后的 CO_2 吸附量和碳酸化转化率。

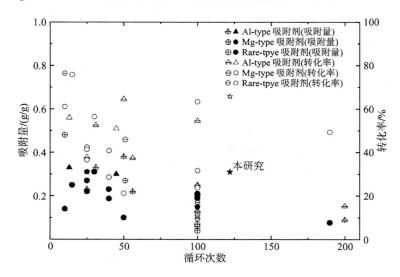

图 2.19　国内外相关文献中钙基 CO_2 吸附剂性能对比[11-29]

2.3　废旧锂离子电池制备低成本 Li_4SiO_4 吸附剂

典型的高温 CO_2 吸附材料包括钙基吸附剂[30-32]和锂基吸附剂[33-35]等。近年来,Li_4SiO_4 因其具备优良的碳捕集性能和循环稳定性,而受到广泛关注[36]。Li_4SiO_4 吸/脱附 CO_2 的反应过程是可逆的,吸附温度范围在 $500\sim700^{\circ}C$[37, 38],脱附温度为 $700\sim850^{\circ}C$[38, 39],理论吸附量为 0.367g/g。然而,从锂矿和卤水中提取锂资源并不容易[40]。随着锂电行业需求的不断增加,锂资源将长期供不应求[41],进而直接导致锂价大幅上涨。由于锂资源的成本问题,Li_4SiO_4 作为 CO_2 吸附剂的工业应用势必受到较大限制[40]。尽管许多研究人员致力于通过采用更便宜的硅源来降低 Li_4SiO_4 的生产成本[40],但考虑到 Li_2CO_3、$LiNO_3$、$LiOH$ 等昂贵材料作为锂源,相应的经济效果非常有限。

基于此,提出了使用废旧锂离子电池(Li-ion batteries,LIBs)合成用于 CO_2 吸附的低成本 Li_4SiO_4 这一思路。该路线不仅可以促进废旧锂离子电池的回收利用,缓解重金属污染,而且有望极大地推动 Li_4SiO_4 吸附剂在 CO_2 捕集领域的应用。本节研究主要通过对废旧锂离子电池正极材料的预处理、还原、热解和浸出获得 Li_2CO_3,采用固相法合成 Li_4SiO_4,并通过综合测试和表征进行评价。相关内容全面验证了废旧锂离子电池制备 Li_4SiO_4 吸附剂的有效性,并深入进行了性能比较与成本分析。

2.3.1　LIBs 热解与吸附剂合成

以广州新能源公司的 18650 型三元锂离子圆柱电池为例开展研究工作,该法同样适用于锰酸锂电池和钴酸锂电池。首先,使用电感耦合等离子体原子发射光谱仪(inductively coupled piasma-optical emission spectrometer 730,ICP-OES 730)进行元素分析,结果表明正极材料中 Li 的质量分数为 6.62%,Ni∶Co∶Mn 的质量比为 5∶2∶3。在从废旧锂离子电池提取碳酸锂的过程中采用了氢氧化钠、氯化钠、活性炭、石墨(材料来源于通过超声振动收集的废旧锂离子电池的负极材料)和柏木锯末,以及比表面积为 $150m^2/g$ 的气相二氧化硅用作合成 Li_4SiO_4 的硅源。

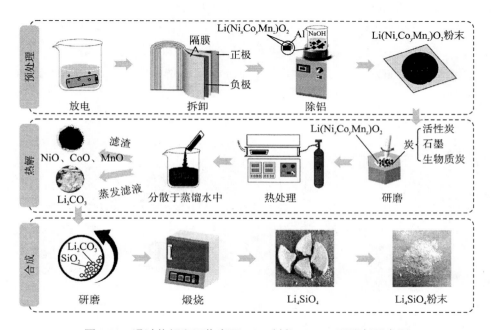

图 2.20　通过热解和回收废旧 LIBs 制备 Li_4SiO_4 吸附剂示意图

废旧 LIBs 的预处理和热解过程如图 2.20 所示。首先,废 LIBs 在 10%NaCl 溶液中放电 24h,然后手动拆卸以获得正极、负极石墨和隔膜。然后将正极片在 35℃的 NaOH 溶液(2mol/L)中放置 2h,滤渣在烘箱中烘干 8h,得到 $Li(Ni_5Co_2Mn_3)O_2$ 材料。之后,将正极材料与活性炭(缩写为 AC)、石墨(GC)或生物质炭(BC,通过在管式炉中在 700℃下在纯 N_2 中加热柏木锯末 2h 获得)以质量比为 5∶1 充分研磨后,在管式炉中以 700℃的纯 N_2 气氛热解 45min。将热解产物分散在蒸馏水中并在室温下搅拌 2h,过滤干燥后最终得到 Li_2CO_3。根据所使用的不同炭材料,三种 Li_2CO_3 分别命名为 Li_2CO_3-AC、Li_2CO_3-GC 和 Li_2CO_3-BC。

从废旧 LIBs 中提取 Li_2CO_3 后，通过固相法合成 Li_4SiO_4 吸附剂，须保证 Li_2CO_3 和 SiO_2 以 2.05∶1 的摩尔比混合，并在马弗炉 750℃下煅烧 6h。然后，将产物研磨并过筛以获得 Li_4SiO_4 粉末。根据从废旧 LIBs 中提取 Li_2CO_3 过程中所采用的炭材料，三种 Li_4SiO_4 分别命名为 Li_4SiO_4-AC、Li_4SiO_4-GC 和 Li_4SiO_4-BC。

2.3.2　锂前驱体与吸附剂性质

由废旧 LIBsLi_2CO_3 的组成和合成 Li_4SiO_4 吸附剂的微观结构特征通过 XRD、电感耦合等离子体(inductively coupled plasma，ICP)和 N_2 吸附/脱附等温线进行测量。图 2.21(a)表明 Li_2CO_3-GC、Li_2CO_3-AC 和 Li_2CO_3-BC 的主要成分是 Li_2CO_3，其中 Li_2CO_3-AC 和 Li_2CO_3-BC 含有少量 Na_2SO_4。图 2.21(b)表明除了大部分的 Li 元素外，从废旧 LIBs 中提取的 Li_2CO_3 中存在少许杂质，其中 Li_2CO_3-AC 和 Li_2CO_3-BC 中 Na 和 K 的质量分数略高于 Li_2CO_3-GC。图 2.21(c)显示 Li_4SiO_4-BC 的比表面积和孔容最大，分别为 3.84m^2/g 和 0.036cm^3/g，而 Li_4SiO_4-AC 的比表面积与 Li_4SiO_4-GC 的孔容最小，分别为 1.75m^2/g 和 0.012cm^3/g。从图 2.21(d)中可以看出，Li_4SiO_4-AC 和 Li_4SiO_4-BC 在孔径为 20～30nm 处都存在单峰。除了类似的峰外，Li_4SiO_4-GC 在 1～8nm 范围内也表现出一定的孔分布。

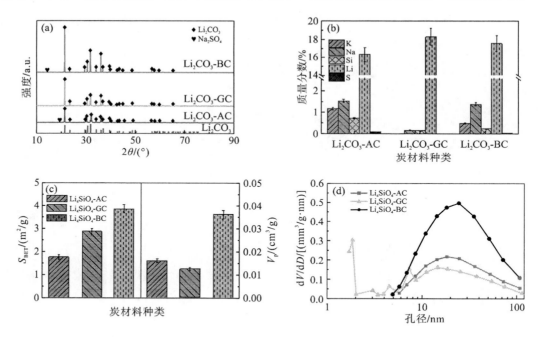

图 2.21　(a)Li_2CO_3-AC、Li_2CO_3-GC 和 Li_2CO_3-BC 的 XRD 和(b)ICP；(c)Li_4SiO_4-AC、Li_4SiO_4-GC 和 Li_4SiO_4-BC 的比表面积、孔容和(d)孔径分布

图 2.22 为三种新鲜 Li_4SiO_4 吸附剂的表面形貌和能谱，结果表明所有合成吸附剂都具备相似的外观和不规则的孔结构，这归因于样品制备中的煅烧过程释放了大量 CO_2[42]。

此外，与 Li_4SiO_4-GC 和 Li_4SiO_4-BC 相比，Li_4SiO_4-AC 在某些区域具备骨架结构，这可能有助于维持循环 CO_2 吸附和脱附过程中的微观结构。图 2.22(c)、(f)、(i) 表明，O 和 Si 的主要元素在吸附剂表面具备良好的分散性，这意味着用废旧 LIBs 制备的 Li_4SiO_4 吸附剂质量良好。

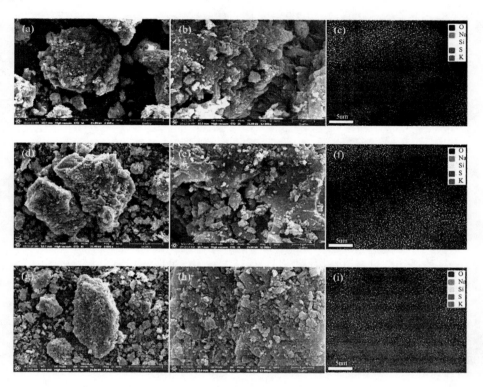

图 2.22　(a)～(c) 新鲜 Li_4SiO_4-AC；(d)～(f) 新鲜 Li_4SiO_4-GC；(g)～(i) 新鲜 Li_4SiO_4-BC 的 SEM-EDS

2.3.3　Li_4SiO_4 材料 CO_2 吸脱附性能

合成吸附剂分别在 15%(体积分数)CO_2 和纯 CO_2 气氛下的动态吸附/脱附和等温吸附特性如图 2.23 与图 2.24 所示。从图 2.23(a) 中可以看出，Li_4SiO_4-AC 在 15%CO_2 下的吸附/脱附平衡温度为 617℃，然而对于 Li_4SiO_4-GC 和 Li_4SiO_4-BC 来说，吸附/脱附平衡温度要高得多，约为 650℃。这可能是因为前者含有少量的杂质，干扰了 CO_2 的吸附和脱附过程，降低了平衡温度[43]。与图 2.24 中纯 CO_2 中的动态吸附/脱附相比，较低的 CO_2 浓度带来较低的平衡温度，这与文献中报道的结果一致[44]。在 600℃、625℃ 和 650℃ 三个温度下，15%CO_2 下的等温吸附曲线如图 2.23(b)～(d) 所示。可以看出，60min 时，Li_4SiO_4-AC 在 625℃ 下 CO_2 吸附量最高为 0.17g/g，在 650℃ 下略低，在 600℃ 下的吸附效果最差。对于 Li_4SiO_4-GC 和 Li_4SiO_4-BC，最大 CO_2 吸附量也出现在 625℃ 时，分别为 0.314g/g 和 0.291g/g。

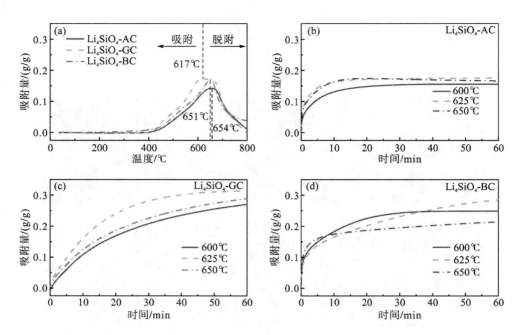

图 2.23 （a）三种吸附剂的动态吸附/脱附测试，反应条件：0～800℃，15%CO₂；（b）～（d）Li₄SiO₄-AC、Li₄SiO₄-GC 和 Li₄SiO₄-BC 的恒温吸附测试，反应条件：600℃、625℃和650℃，15%CO₂吸附60min

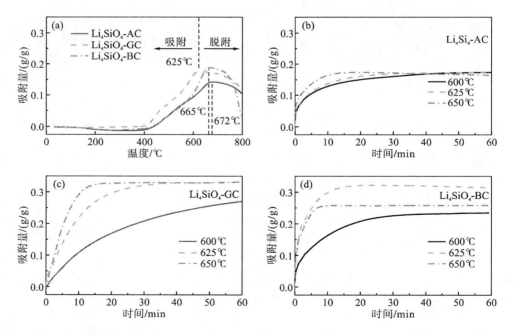

图 2.24 （a）三种吸附剂的动态吸附/脱附测试，反应条件：0～800℃，100%CO₂；（b）～（d）Li₄SiO₄-AC、Li₄SiO₄-GC 和 Li₄SiO₄-BC 的恒温吸附测试，反应条件：600℃、625℃和650℃，100%CO₂吸附60min

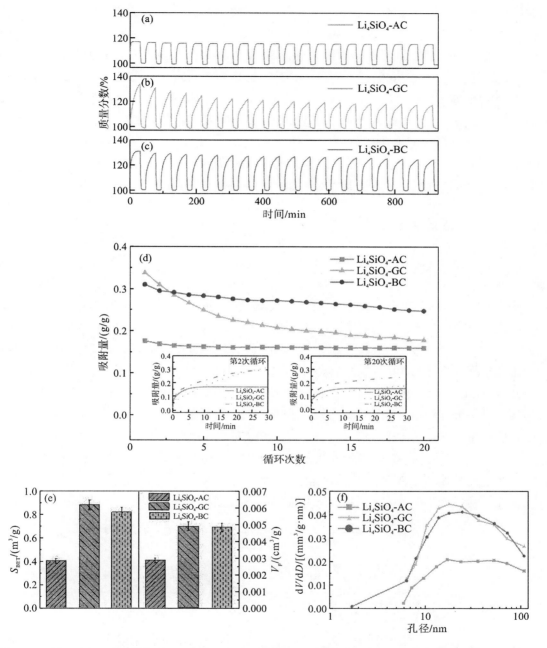

图 2.25　(a)～(d) 三种吸附剂的 20 个吸附/脱附循环测试，反应条件：625℃，15%CO₂ 下吸附 30min，700℃，纯 N₂ 下脱附 10min；Li₄SiO₄-AC、Li₄SiO₄-GC 和 Li₄SiO₄-BC 吸附剂 20 个循环后的 (e) 比表面积、孔容和 (f) 孔径分布

　　基于上述结果，图 2.25(a)～(d)进一步展示了 625℃吸附温度下的循环吸附和脱附实验结果。尽管 Li_4SiO_4-AC 具备非常好的循环稳定性，但它在三种吸附剂中对 CO_2 的吸附量最低，约为 0.16g/g。相比之下，Li_4SiO_4-GC 的 CO_2 吸附量在 20 次循环后从最初的 0.33g/g 下降到 0.18g/g。尽管观察到随循环次数的增加，Li_4SiO_4-BC 的 CO_2 吸附量持续下降，但下降速度较慢，其在研究条件下的最大 CO_2 吸附量为 0.246g/g。图 2.25(e)～(f)展示了 20 次吸附/脱附循环后三种吸附剂的孔隙结构参数。所有吸附剂的比表面积在 20 个循环后都有明显的下降，表明在循环吸附和脱附过程中发生了不同程度的颗粒团聚。图 2.25(f)表明 Li_4SiO_4-GC 中孔径 1～6nm 的孔消失了。这可能是 Li_4SiO_4-GC 在 20 次循环中 CO_2 吸附能力损失最显著的原因。此外，图 2.25 中三种吸附剂在 20 次循环后的 SEM-EDS 结果证明有一定程度的烧结，被认为是 CO_2 吸附性能下降的主要原因。

2.3.4　CO_2 吸脱附稳定性分析

　　众所周知，循环稳定性是评估 CO_2 吸附剂潜力的重要指标。因此，对三种吸附剂进行了 80 次吸附/脱附循环的长期测试(图 2.26)。结果表明，Li_4SiO_4-AC 的 CO_2 吸附量在整个 80 次循环中稳定在 0.16g/g，只在最初阶段略有下降。相比之下，Li_4SiO_4-BC 在前 20 次吸附/脱附循环中表现最好。然而，其 CO_2 吸附量在接下来的 20 次循环中进一步下降到 0.15g/g，并在最后 40 次循环中保持不变。对于 Li_4SiO_4-GC，虽然在前 20 个循环中吸附量迅速下降，但在第 30～42 次循环中观察到 CO_2 吸附量略有增加，在接下来的测试中保持在 0.19g/g 左右。这意味着通过石墨自还原制备的低成本 Li_4SiO_4-GC 在 CO_2 吸附/脱附循环中具备最好的稳定性。此外，图 2.26(d)对三种吸附剂在第 2 次和第 80 次循环时的 CO_2 吸附曲线进行了比较。可以看出，Li_4SiO_4-GC 的动力学控制快速反应阶段在 80 次循环后变化不大，而扩散控制反应减慢。相比之下，Li_4SiO_4-BC 的快速和慢速反应阶段均显著减慢，并且循环 CO_2 吸附性能下降最为明显。Li_4SiO_4-AC 的快速反应阶段在一定程度上加速，被认为是维持其 CO_2 吸附能力的主要原因。

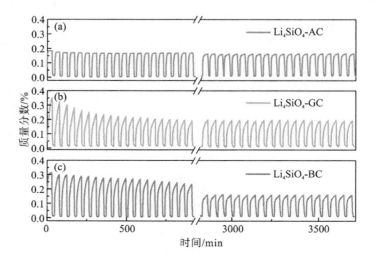

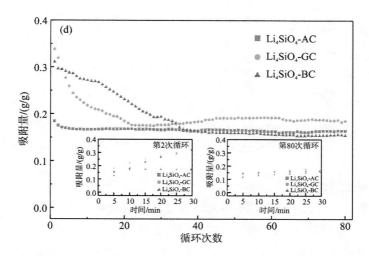

图 2.26　(a)～(c)三种吸附剂的 80 次吸附/脱附循环测试，反应条件：625℃，15%CO_2 下吸附 30min，

700℃，纯 N_2 下脱附 10min；(d)吸附剂的循环 CO_2 吸附量和吸附曲线

2.3.5　锂吸附剂性能比较与经济性分析

为了清楚地比较 Li_4SiO_4 对 CO_2 的吸附性能，图 2.27(a)总结了文献中报道的不同锂和硅前驱体合成吸附剂(非 K_2CO_3 掺杂型)的性能。可以看出，尽管 Li_4SiO_4-GC 进行了最多 80 次吸附(在 15%CO_2 下)/脱附循环的测试，但其最终的 CO_2 吸附能力在已报道的低成本 Li_4SiO_4 吸附剂中仍处于领先水平。另一方面，所有现有的低成本 Li_4SiO_4 吸附剂的制备都集中在控制硅源的成本上。事实上，通过比较图 2.27(b)所示的锂源和硅源的价格，很容易发现典型锂源的成本比硅源高几十到几百倍，这意味着锂源的成本控制更有意义。因此，从 CO_2 吸附性能和成本的角度来看，所提出的使用废锂离子电池制造低成本 Li_4SiO_4 吸附剂的方法对于 CO_2 吸附技术的进一步发展可能具备更重要的意义。

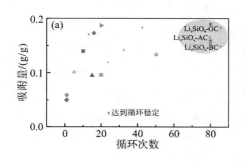
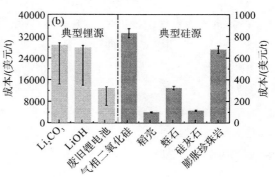

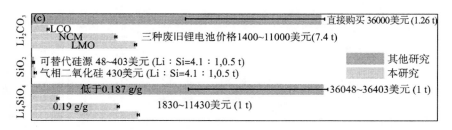

图 2.27 (a) 合成 Li_4SiO_4 对 CO_2 吸附能力的比较；(b) 典型锂源和硅源的成本；
(c) 合成纯 Li_4SiO_4 的成本分析[33,45-52]

此外，还对来自废旧 LIBs 的低成本 Li_4SiO_4 吸附剂进行了综合成本计算。图 2.27 (c) 显示了用不同的锂和硅前驱体制备的 Li_4SiO_4 吸附剂的成本。锂源的成本计算考虑了三元锂电池、钴酸锂电池和锰酸锂电池三类 LIBs 的回收成本、运输成本、人工成本、化学添加剂成本、水电成本、部分设备成本以及销售回收金属产品的收入。其中，废旧 LIBs 的价格来自中国广东省的一家锂电池回收公司，其他原材料和化学品的价格来自商品交易市场。由于近期部分原材料价格波动较大，最终成本按实际情况列报，存在误差。通过比较可以看出，用废旧 LIBs 制备 Li_4SiO_4 吸附剂的成本仅为常规合成价格的 1/20～1/3。此外，观察到硅源的成本对最终 Li_4SiO_4 吸附剂的整体价格影响很小，这也凸显了利用低成本锂源制备 Li_4SiO_4 的优势。结合优异的循环 CO_2 吸附性能，本书中用废旧 LIBs 制备的 Li_4SiO_4 吸附剂具备非常优越的经济效益。

2.4 本 章 小 结

本章围绕钙基/锂基粉体 CO_2 吸附材料的制备方法与性能强化，进行了不同前驱体湿混法制备钙基材料、多元金属氧化物掺杂改性以及基于废旧锂离子电池合成低成本锂基吸附材料研究，获得了高性能、低成本吸附材料的制备方法，CO_2 吸附特性与构效关系。具体小结如下：

(1) 通过湿混法制备的钙基吸附剂 CL-CE-75、CG-CE-75 和 CH-MG-75 在约 70 次碳酸化/煅烧循环后表现出良好的 CO_2 吸附性能，吸附量分别为 0.36g/g、0.31g/g 和 0.34g/g，且煅烧气氛中存在水蒸气条件下吸附性能会更好。合成钙基吸附剂具有良好的 CO_2 吸附性能主要源于以下两个原因：有机金属前驱体制备 MG、CL 和 CG 过程中的最大质量损失分别为 90.3%、74.3%、87.5%，获得的吸附剂具有良好的初始多孔结构；在充分、均匀混合后，吸附剂 CH-MG 中的 MgO 以及 CL-CE 和 CG-CE 中的 $Ca_{12}Al_{14}O_{33}$ 惰性载体可以维持吸附剂微观结构，能有效抑制烧结。此外，吸附剂须以颗粒形式存在以减少磨损，才能应用于许多实际过程中，湿混法也可用于制备吸附颗粒。CL-CE 和 CG-CE 可以很容易地以颗粒的形式制造，例如使用螺杆挤出装置。针对吸附剂的成本控制问题，可利用含有 CG 的废料作为钙前体，降低总成本。特别地，若考虑到合成吸附剂的寿命大幅延长，每

吨 CO_2 捕集的实际成本将低于使用天然材料。

（2）针对钙基吸附剂吸/脱附循环过程中 CO_2 吸附性能衰减问题，提出了一种溶胶-凝胶法制备高性能钇镁-钙基吸附剂。通过热重分析仪测试了合成吸附剂的 CO_2 吸附/脱附性能，并结合一系列材料表征手段，深入分析了合成材料的吸附性能参数与表面形貌演变。取得的主要结论包括：①Y20/Mg20 具备最好的 CO_2 吸附性能；②经 108 次循环后，Y20/Mg20 的 CO_2 吸附量稳定在 0.315g/g；③Y 更有可能为合成吸附剂提供更好的稳定性；④Mg 倾向于为 CO_2 吸附提供更多的孔隙空间；⑤当 Y/Mg 的质量比为 1∶1 时，Y 和 Mg 之间的协同效应最佳；⑥与文献中报道的合成钙基吸附剂相比，Y20/Mg20 表现出优异的 CO_2 吸附性能。

（3）可再生能源与电池储能的结合和碳捕获、利用和封存是公认的实现碳中和的两条主要途径。然而，前一条路线由于电池寿命有限而面临大量锂离子电池（LIBs）报废处置问题，而后者在获得高效 CO_2 捕集材料方面面临成本过高问题。基于此，提出了从废旧锂离子电池合成低成本 Li_4SiO_4 作为 CO_2 吸附剂的路线，验证了技术可行性，并评估了 CO_2 吸附/脱附性能。结果表明，由废旧锂离子电池负极石墨自还原正极合成的 Li_4SiO_4 具有优异的 CO_2 吸附量和循环稳定性，在 15%（体积分数）CO_2 碳酸化气氛下进行 80 次循环后，其吸附量稳定在 0.19g/g 左右。此外，用废旧锂离子电池合成吸附剂的成本仅为传统方法的 1/20～1/3。相关研究内容不仅可以促进废锂离子电池的回收利用，而且可以大大降低制备 Li_4SiO_4 吸附剂的成本，对 CO_2 吸附的发展具有重要意义。

参 考 文 献

[1]Liu W, Feng B O, Yueqin W U, et al. Synthesis of sintering-resistant sorbents for CO_2 capture[J]. Environmental Science & Technology, 2010, 44(8)：3093-3097.

[2]Chen Y T, Karthik M, Bai H. Modification of CaO by organic alumina precursor for enhancing cyclic capture of CO_2 greenhouse gas[J]. Journal of Environmental Engineering, 2009, 135(6)：459-464.

[3]Manovic V, Anthony E J. Long-term behavior of CaO-based pellets supported by calcium aluminate cements in a long series of CO_2 capture cycles[J]. Industrial & Engineering Chemistry Research, 2009, 48(19)：8906-8912.

[4]Manovic V, Anthony E J. Lime-based sorbents for high-temperature CO_2 capture—a review of sorbent modification methods[J]. International Journal of Environmental Research and Public Health, 2010, 7(8)：3129-3140.

[5]Manovic V, Charland J P, Blarney J, et al. Influence of calcination conditions on carrying capacity of CaO-based sorbent in CO_2 looping cycles[J]. Fuel, 2009, 88(10)：1893-1900.

[6]Stone J. Climate change 1995: The science of climate change. Contribution of working group I to the second assessment report of the intergovernmental panel on climate change : edited by Houghton J T, Filho L M, Callander B A, et al. [J]. Global

Environmental Change, 1997, 72: 186-187.

[7]Manovic V, Anthony E J. CaO-based pellets supported by calcium aluminate cements for high-temperature CO_2 capture. [J]. Environmental Science & Technology, 2009, 43 (18): 7117-7122.

[8]Martavaltzi C S, Lemonidou A A. Parametric study of the CaO-$Ca_{12}Al_{14}O_{33}$ synthesis with respect to high CO_2 sorption capacity and stability on multicycle operation[J]. Industrial & Engineering Chemistry Research, 2012, 47 (23): 9537-9543.

[9]Martavaltzi C S, Lemonidou A A. Development of new CaO based sorbent materials for CO_2 removal at high temperature[J]. Microporous & Mesoporous Materials, 2008, 110 (1): 119-127.

[10]Qin C, Yin J, Hui A, et al. Performance of extruded particles from calcium hydroxide and cement for CO_2 capture[J]. Energy & Fuels, 2012, 26 (1): 154-161.

[11]Li Z S, Cai N S, Huang Y Y, et al. Synthesis, experimental studies, and analysis of a new calcium-based carbon dioxide absorbent[J]. Energy & Fuels, 2005, 19 (4): 1447-1452.

[12]Li Z S, Cai N S, Huang Y Y. Effect of preparation temperature on cyclic CO_2 capture and multiple carbonation-calcination cycles for a new ca-based CO_2 sorbent[J]. Industrial & Engineering Chemistry Research, 2006, 45 (6): 1911-1917.

[13]Martavaltzi C S, Lemonidou A A. Parametric study of the CaO-$Ca_{12}Al_{14}O_{33}$ synthesis with Respect to High CO_2 sorption capacity and stability on multicycle operation[J]. Industrial & Engineering Chemistry Research, 2012, 47 (23): 9537-9543.

[14]Koirala R, Reddy G K, Smirniotis P G. Single nozzle flame-made highly durable metal doped ca-based sorbents for CO_2 capture at high temperature[J]. Energy & Fuels, 2012, 26 (5): 3103-3109.

[15]Stendardo S, Andersen L K, Herce C. Self-activation and effect of regeneration conditions in CO_2-carbonate looping with CaO-$Ca_{12}Al_{14}O_{33}$ sorbent[J]. Chemical Engineering Journal, 2013, 220: 383-394.

[16]Luo C, Zheng Y, Yin J J, et al. Effect of support material on carbonation and sulfation of synthetic CaO-based sorbents in calcium looping cycle[J]. Energy Fuels, 2013, 27 (8): 4824-4831.

[17]Radfarnia H R, Iliuta M C. Metal oxide-stabilized calcium oxide CO_2 sorbent for multicycle operation[J]. Chemical Engineering Journal, 2013, 232: 280-289.

[18]Radfarnia H R, Sayari A. A highly efficient CaO-based CO_2 sorbent prepared by a citrate-assisted sol-gel technique[J]. Chemical Engineering Journal, 2015, 262: 913-920.

[19]Ma X, Li Y, Chi C, et al. CO_2 capture performance of mesoporous synthetic sorbent fabricated using carbide slag under realistic calcium looping conditions[J]. Energy & Fuels, 2017, 31 (7): 7299-7308.

[20]Lan P, Wu S. Synthesis of a porous nano-CaO/ MgO-based CO_2 adsorbent[J]. Chemical Engineering & Technology, 2014, 37 (4): 580-586.

[21]Lu H, Khan A, Pratsinis S E, et al. Flame-made durable doped-CaO nanosorbents for CO_2 capture[J]. Energy Fuels, 2009, 231-2: 1093-1100.

[22]Aihara M, Nagai T, Matsushita J, et al. Development of porous solid reactant for thermal-energy storage and temperature upgrade using carbonation/decarbonation reaction[J]. Applied Energy, 2001, 69 (3): 225-238.

[23]Wu S F, Zhu Y Q. Behavior of $CaTiO_3$/nano-CaO as a CO_2 reactive adsorbent[J]. Industrial & Engineering Chemistry Research, 2010, 49 (6): 2701-2706.

[24]Zhao M, Bilton M, Brown A P, et al. Durability of CaO-CaZrO$_3$ sorbents for high-temperature CO$_2$ capture prepared by a wet chemical method[J]. Energy Fuels, 2014, 28(2): 1275-1283.

[25]Radfarnia H R, Iliuta M C. Development of zirconium-stabilized calcium oxide absorbent for cyclic high-temperature CO$_2$ capture[J]. Industrial & Engineering Chemistry Research, 2012, 51(31): 10390-10398.

[26]Zhao M, Yang X, Church T L, et al. Novel CaO-SiO$_2$ sorbent and bifunctional Ni/Co-CaO/SiO$_2$ complex for selective H$_2$ synthesis from cellulose. [J]. Environmental Science & Technology, 2012, 46(5): 2976-2983.

[27]Derevschikov V S, Lysikov A I, Okunev A G. High temperature CaO/Y$_2$O$_3$ carbon dioxide absorbent with enhanced stability for sorption-enhanced reforming applications[J]. Industrial & Engineering Chemistry Research, 2011, 50(22): 12741-12749.

[28]Zhang X, Li Z, Peng Y, et al. Investigation on a novel CaO-Y$_2$O$_3$ sorbent for efficient CO$_2$ mitigation[J]. Chemical Engineering Journal, 2014, 243: 297-304.

[29]Hu Y, Liu W, Sun J, et al. Incorporation of CaO into novel Nd$_2$O$_3$ inert solid support for high temperature CO$_2$ capture[J]. Chemical Engineering Journal, 2015, 273: 333-343.

[30]Luo C, Zheng Y, Ding N, et al. Development and performance of CaO/La$_2$O$_3$ sorbents during calcium looping cycles for CO$_2$ capture[J]. Industrial & Engineering Chemistry Research, 2010, 49(22): 11778-11784.

[31]Ma X, Li Y, Yan X, et al. Preparation of a morph-genetic CaO-based sorbent using paper fibre as a biotemplate for enhanced CO$_2$ capture[J]. Chemical Engineering Journal, 2019, 361: 235-244.

[32]Sun J, Sun Y, Yang Y, et al. Plastic/rubber waste-templated carbide slag pellets for regenerable CO$_2$ capture at elevated temperature[J]. Applied Energy, 2019, 242: 919-930.

[33]Izquierdo M T, Gasquet V, Sansom E, et al. Lithium-based sorbents for high temperature CO$_2$ capture: Effect of precursor materials and synthesis method[J]. Fuel, 2018, 230: 45-51.

[34]Wang J, Zhang T, Yang Y, et al. Unexpected highly reversible lithium silicates based CO$_2$ sorbents derived from sediment of Dianchi Lake[J]. Energy & Fuels, 2019, 33: 1734-1744.

[35]Seggiani M, Stefanelli E, Puccini M, et al. CO$_2$ sorption / desorption performance study on K$_2$CO$_3$- doped Li$_4$SiO$_4$ - based pellets[J]. Chemical Engineering Journal, 2018, 339: 51-60.

[36]Vallace A, Brooks S, Coe C, et al. Kinetic model for CO$_2$ capture by lithium silicates[J]. The Journal of Physical Chemistry C, 2020, 12437: 20506-20515.

[37]Amorim S M, Domenico M D, Dantas T L P, et al. Lithium orthosilicate for CO$_2$ capture with high regeneration capacity: kinetic study and modeling of carbonation and decarbonation reactions[J]. Chemical Engineering Journal, 2016, 283: 388-396.

[38]Qi Z, Han D, Yang L, et al. Analysis of CO$_2$ sorption/desorption kinetic behaviors and reaction mechanisms on Li$_4$SiO$_4$[J]. Aiche Journal, 2013, 59(3): 901-911.

[39]Izquierdo M T, Saleh A, Fernandez E S, et al. High-temperature CO$_2$ capture by Li$_4$SiO$_4$ sorbents: effect of CO$_2$ concentration and cyclic performance under representative conditions[J]. Industrial & Engineering Chemistry Research, 2018, 57(41): 13802-13810.

[40]Guo B H, Wang Y L, Guo J N, et al. Experiment and kinetic model study on modified potassium-based CO$_2$ adsorbent[J]. Chemical Engineering Journal, 2020, 399: 125849

[41]Choubey P K, Chung K S, Kim M S, et al. Advance review on the exploitation of the prominent energy-storage element lithium. Part II: From sea water and spent lithium ion batteries (LIBs)[J]. Minerals Engineering, 2017, 110: 104-121.

[42]Yang Y D, Liu W Q, Hu Y C, et al. One-step synthesis of porous Li_4SiO_4-based adsorbent pellets via graphite moulding method for cyclic CO_2 capture[J]. Chemical Engineering Journal, 2018, 353: 92-99.

[43]Chen S, Dai J, Qin C, et al. Adsorption and desorption equilibrium of Li_4SiO_4-based sorbents for high-temperature CO_2 capture[J]. Chemical Engineering Journal, 2022, 429: 132236.

[44]Zhang Q, Peng D, Zhang S, et al. Behaviors and kinetic models analysis of Li_4SiO_4 under various CO_2 partial pressures[J]. Aiche Journal, 2017, 63 (6): 2153-2164.

[45]Yang Y, Liu W, Hu Y, et al. Novel low cost Li_4SiO_4-based sorbent with naturally occurring wollastonite as Si-source for cyclic CO_2 capture. Chemical Engineering Journal, 2019, 374, 328-337.

[46]Izquierdo M T, Gasquet V, Sansom E, et al. Lithium-based sorbents for high temperature CO_2 capture: Effect of precursor materials and synthesis method. Fuel, 2018, 230: 45-51.

[47]Alcántar-Vázquez B C, Ramírez-Zamora R M. Lithium silicates synthetized from iron and steel slags as high temperature CO_2 adsorbent materials. Adsorption, 2020, 26 (5): 687-699.

[48]Zhang Y, Yu F, Louis B, et al. Scalable synthesis of the lithium silicate-based high-temperature CO_2 sorbent from inexpensive raw material vermiculite. Chemical Engineering Journal, 2018, 349: 562-573.

[49]Olivares-Marín, M. ; Drage, T. C. ; Maroto-Valer, M. M. Novel lithium-based sorbents from fly ashes for CO_2 capture at high temperatures. International Journal of Greenhouse Gas Control, 2010, 4 (4): 623-629.

[50]Yang Y, Cao J, Hu Y, et al. Eutectic doped Li_4SiO_4 adsorbents using the optimal dopants for highly efficient CO_2 removal. Journal of Materials Chemistry A, 2021, 9 (25): 14309-14318.

[51]Ni S, Wang N, Guo X, et al. Li_4SiO_4-based sorbents from expanded perlite for high-temperature CO_2 capture. Chemical Engineering Journal, 2021, 410: 128357.

[52]Fang Y, Zou R, Chen X. High‐temperature CO_2 adsorption over Li_4SiO_4 sorbents derived from different lithium sources. Canadian Journal of Chemical Engineering, 202, 98 (7): 1495-1500.

[53]Bejarano-Peña W D, Alcántar-Vázquez B, Ramírez-Zamora R M. Synthesis and evaluation in the CO_2 capture process of potassium-modified lithium silicates produced from steel metallurgical slags. Materials Research Bulletin, 2021, 141: 111353.

第3章 耐磨损吸附颗粒成型方法与性能评价

粉体吸附材料一般不能满足实际条件下的大规模应用要求，需要进一步对吸附剂进行颗粒成型，最终制备成粒径在几百到几千微米的颗粒。常见的颗粒成型方法包括旋转法[1-3]、挤出法[4,5]、凝胶浇铸法[6]和挤压-滚圆法[7-9]等。其中，挤压-滚圆法是较为常用的规模化造粒方法，操作流程是先用挤压机将糊状材料挤压成长圆柱，再将其切割成小圆柱后利用滚圆机制备成近似球形的吸附颗粒。此方法已广泛应用于制药行业，且操作方便、经济高效。

需注意，颗粒成型过程会引起吸附材料初始多孔结构的致密化，降低材料对于 CO_2 的捕集性能[10]。同时，吸附颗粒在工业应用时会相互碰撞、摩擦；随着运行时间增加，吸附颗粒会逐渐变小，甚至发生破碎，造成吸附材料跑剂而不能重复利用。因此，必须对成型颗粒进行耐磨损性能测试，以确保满足工业应用的基本要求。基于此，本章详细介绍了不同种类粉体吸附剂的颗粒成型与性能调控方法，并对吸附颗粒进行了 CO_2 吸附性能与磨损特性的基础评价，从而为粉体材料的颗粒成型及其工业应用奠定基础。

3.1 有机钙前驱体制备钙基 CO_2 吸附颗粒

机械强度是高温吸附剂需要关注的一个重要性能。流化床具有气固接触良好和传热、传质效率高等特点，是循环碳酸化和煅烧过程中最合适的反应器[11]。但已有的台架和中试试验观察到吸附剂在循环过程中存在磨损现象。Lu 等[12]发现，在常压双循环流化床中 3 次循环后磨损引起的材料损失为 30%，25 次循环后材料质量损失达到 60%。Fennell 等[13]和 Jia 等[14]发现各种石灰石的初始磨损速率较快，但在随后的碳酸化和煅烧循环中，磨损速率显著下降。而用于高温 CO_2 捕集的吸附剂在颗粒成型方面的工作相对有限。Liu 等[15]报道了以 CaO 为核心、黏土为壳层的两步法制备核壳颗粒，但只进行了三个循环的碳酸化和煅烧实验。Manovic 等[16,17]通过筛网挤压石灰石和水泥制备了颗粒，并在机械造粒机上实现了快速与规模化生产。著者也研究了采用双螺杆挤出机制造圆柱状 CO_2 吸附颗粒的物理性能[18]。虽然上述颗粒具有一定的抗磨损能力，但是其 CO_2 吸附能力会迅速衰减。

如前所述，有机钙材料是合成活性高且稳定钙基吸附剂的优良前驱体。此外，挤压法可以将吸附剂制成具有较高强度的颗粒，是一种很有发展潜力的造粒方法。因此，通过结合特定材料与挤压方法，可以获得活性高且耐磨损的钙基 CO_2 吸附颗粒。基于此思路，进行了钙基吸附剂的颗粒成型研究与综合测试,以期获得具有优异综合性能的钙基 CO₂ 吸附颗粒。

3.1.1　原材料和吸附颗粒制备方法

　　原材料包括三种有机钙前驱体:醋酸钙(CA,>99%,Sigma-Aldrich)、乳酸钙(CL,>98%, Aldrich)、葡萄糖酸钙(CG,>98%,Sigma)和源自 Kerneos Aluminate Technologies 的铝酸钙水泥(CE)。铝酸钙水泥作为 CaO 的惰性载体和构建颗粒的黏结剂,其化学组成参见文献[19]。采用分析纯氢氧化钙(CH,>95%,CHEM-SUPPLY)与铝酸钙水泥按照相同的流程制备了参比颗粒。此外,使用 CaCO₃ 含量为 93% 的天然石灰石作为参比吸附剂。

　　吸附颗粒的制备流程如图 3.1 所示,主要包括以下步骤:将定量有机钙前驱体倒入蒸馏水中,溶解 60min;在溶液中加入一定量铝酸钙水泥(CaO:水泥质量比=3:1)并混合 2h;将悬浮液放置在 110℃ 的烤箱中干燥过夜,然后将成型固体研磨成粉末,并在 900℃ 马弗炉中煅烧分解 30min;将粉末状材料与少量水混合,用注射器(出料口直径 1.8mm)将浆液挤出成圆柱状颗粒,并在马弗炉中 900℃ 下煅烧 60min。

　　制备样品命名如下:前两个符号表示钙前驱体,其后的 CE 表示铝酸钙水泥,最后是吸附剂中活性 CaO 的质量分数。例如,CA-CE-75 表示由醋酸钙和铝酸钙水泥制成,且吸附剂中 CaO 质量分数为 75%。部分实验中,将圆柱状颗粒破碎成不同尺寸的小颗粒,然后进行相关测试。

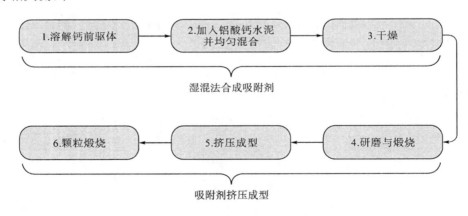

图 3.1　吸附颗粒制备过程示意图

3.1.2　颗粒吸脱附与磨损特性测试

1. CO₂ 吸附/脱附性能测试

　　采用 Cahn 热重分析仪(TGA,型号 121)测试了样本的 CO₂ 吸脱附反应和稳定性能,其中,碳酸化温度为 650℃、CO₂ 浓度为 15%、反应时长为 30min;煅烧温度为 900℃、纯 N₂ 中煅烧 10min。为测试样本的长效 CO₂ 吸附/脱附循环稳定性,对部分吸附剂进行了

200 次碳酸化/煅烧循环，循环过程在 850℃恒温条件下通过改变气体气氛进行，其中碳酸化与煅烧气氛分别为 85mL/min 的 CO_2 和 85mL/min 的 N_2，反应时长均为 5min。此外，进行了苛刻煅烧条件下的测试，其碳酸化和升温条件与典型测试一致，煅烧条件为 100mL/min 纯 CO_2 气流和 920℃恒温 10min。

在实验室小型固定床反应器上进行碳酸化和煅烧循环测试。反应器由一根长 554mm、内径 27mm 的钢管构成，由三温区立式炉进行加热(各温区温度可单独控制)。在钢管中间布置有石英管支撑的石英盘，石英管中装有石英棒以增强传热。高压气瓶供给气体由质量流量控制器精确控制，进入反应器之前在一个单独腔室进行混合。反应器出口，尾气首先经过一个采用循环水冷却的冷凝器，然后进入配备有气室的傅里叶变换红外光谱仪(Nicolet 5700)进行连续在线监测。实验测试时，将约 1.5g 煅烧后的吸附剂装入反应器中，在 780mL/min 的 N_2 气流中以 50℃/min 速度加热至 650℃，通入 138mL/min 的 CO_2 以实现 CO_2 体积分数为 15%，并在此条件下保持 30min 进行碳酸化。随后，关闭 CO_2 气流，以 20℃/min 的加热速度升高温度至 900℃并保持 10min 以完成煅烧过程。根据吸附剂煅烧分解过程中释放的 CO_2 量，可以计算出吸附剂的 CO_2 吸附量。

2. 耐磨损性测试

虽然已有工作对流化床的物料磨损进行了研究，但由于涉及复杂磨损机制[20]，目前尚未形成标准测试方法来评价颗粒的抗磨损性能。此研究中，遵循 Vaux 和 Keairns 提出的磨损机制[21]，考虑了静态机械应力、动态应力、热应力和化学应力四个因素，来评估吸附颗粒的磨损特性。

采用 4505 型 Instron 万能试验机测试单个颗粒的抗压强度来反映其静态机械应力。测试中，将长度为 3mm 的圆柱状颗粒置于两平行钢板间，以 1mm/min 的速度进行挤压直至颗粒破碎。抗压强度定义为最大荷载与颗粒原始横截面积比值。每个样品测试 15 次，取其平均值。使用范德坎普(Vanderkamp)碎脆度测试仪研究动态应力的影响，工作示意图见文献[18]。测试前，将吸附颗粒粉碎成不同大小的颗粒，然后通过筛分测量约 2g 样本的粒度分布。在碎脆度测试仪中旋转 2000r/min 后，再次测量样品的粒度分布，记录结果并进行分析。固定床反应器工作在大气压条件下，通过改变气氛和温度(650℃碳酸化和 900℃煅烧)，进行间歇性试验。通过评估循环反应前后颗粒粒度分布变化，研究热应力和化学应力对颗粒磨损的影响。固定床反应器的运行流程与前述循环反应测试步骤相同。

3.1.3　吸附颗粒形貌与孔结构分析

圆柱状吸附颗粒的横断面如图 3.2 所示。这些颗粒均使用相同注射器制备，具有相同的宏观外形。但是，CH-CE-75 与其他三种有机钙前驱体合成的吸附颗粒在微观形貌和孔隙上存在较大差异。CH-CE-75 内部颗粒尺寸约为 0.5μm，分布均匀。相比而言，CL-CE-75、CG-CE-75 和 CA-CE-75 内部以小颗粒为主，但存在一定的颗粒团聚。这种无定形结构与有机钙前驱体分解为 CaO 过程中大量气体释放有关。试验测试表明，采用的醋酸钙、乳酸钙和葡萄糖酸钙分解过程的质量损失率分别为 2.95%、5.03%和 7.55%，远远高于氢氧化钙的 1.32%。

图 3.2　新鲜 CaO 吸附颗粒的 SEM 图像：(a) CH-CE-75 横截面，(b) CL-CE-75 横截面，(c) CG-CE-75 横截面，(d) CA-CE-75 横截面

表 3.1　CaO 基吸附颗粒的基础物性参数

吸附颗粒	原料	挤压强度/MPa	比表面积/(m^2/g)	孔容/(cm^3/g)	孔径/nm
CH-CE-75	氢氧化钙+铝酸钙水泥	4.21	2.05	0.0027	15.07
CL-CE-75	乳酸钙+铝酸钙水泥	3.90	12.25	0.0206	6.72
CG-CE-75	葡萄糖酸钙+铝酸钙水泥	1.67	25.51	0.0437	6.77
CA-CE-75	醋酸钙+铝酸钙水泥	2.06	4.34	0.0071	6.37
生石灰	石灰石	—	1.43	0.0060	16.48

采用 N$_2$ 等温吸附曲线对新鲜材料的孔隙结构进行了定量表征，如表 3.1 所示。CG-CE-75 的比表面积为 25.51m^2/g，孔容为 0.0437cm^3/g，在所有新鲜材料中最大。三种有机钙前驱体合成吸附颗粒的平均孔径非常接近，小于生石灰和 CH-CE-75。

3.1.4　吸附颗粒 CO_2 吸脱附循环特性

1. 热重平台 CO_2 吸/脱附性能

图 3.3 为样本的 CO_2 吸附量随循环次数的变化情况。可以看出，煅烧石灰石制备的生石灰表现出较高的初始 CO_2 吸附量，约为 0.42g/g。但在随后的循环过程中，CO_2 吸附量迅速下降，20 次循环后仅剩余 0.2g/g。对于合成吸附颗粒，CH-CE-75 在第一个循环中的 CO_2 吸附量为 0.35g/g，低于生石灰。但该颗粒的吸附量损失速率随着循环次数增加而变慢。20 次循环后其 CO_2 吸附量为 0.25g/g，略优于生石灰。由有机钙前驱体和铝酸钙水泥制得的吸附颗粒的循环 CO_2 吸附性能较为突出，尽管初始 CO_2 吸附量与生石灰相似，但第 20 个循环时吸附量要高得多：CA-CE-75、CL-CE-75 和 CG-CE-75 分别为 0.33g/g、0.37g/g 和 0.38g/g，分别比生石灰高 65%、85% 和 90%。

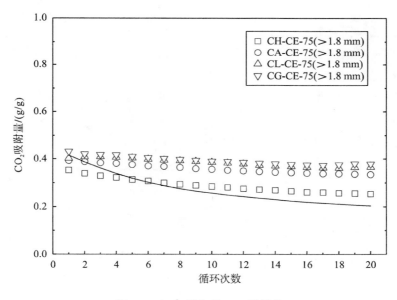

图 3.3　TGA 测定的 CO_2 吸附量

注：实线表示生石灰的 CO_2 吸附性能。900℃、纯 N_2 中煅烧 10min；650℃、15% CO_2 中碳酸化 30min

众所周知，吸附材料结构变化如循环煅烧和碳酸化过程中逐渐烧结所引起的晶粒长大和孔隙堵塞[22]是 CaO 基吸附剂循环失活的主要原因。因此，对样本进行了 20 个煅烧和碳酸化循环前后的表观形貌图像采集和分析，如图 3.4 所示。尽管 CL-CE-75、CG-CE-75 和 CA-CE-75 在反应后出现少量团聚现象，但其在表面形态和颗粒大小上均与未反应状态非常相似。相比而言，循环后和新鲜生石灰[图 3.4(e) 和 (f)]的表观形貌发生了很大变化，主要表现为微观颗粒长大，孔隙表面减少，以及生产较大孔隙。

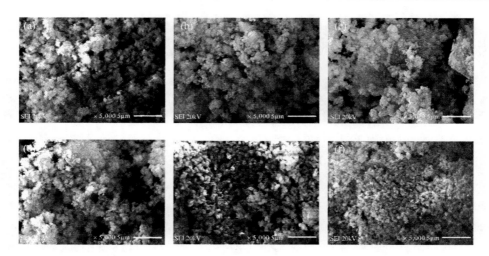

图 3.4　循环后 (a) CH-CE-75，(b) CL-CE-75，(c) CG-CE-75，(d) CA-CE-75，
(e) 生石灰和 (f) 新鲜生石灰的 SEM 图像

当分别测试粒径大于 1.8mm 或小于 0.2mm 的 4 组样本时，发现在此条件下颗粒粒径对循环 CO_2 吸附性能的影响较小，如图 3.5 所示。此外，还对不同粒径影响下的碳酸化反应特性进行了比较。由于工业流化床中吸附颗粒的停留时间一般在 1～3min，因此只有动力学控制的碳酸化阶段才具有实际应用价值，但即使在此阶段，粒径变化引起的 CO_2 吸附差异仍然较小。这一结果与已有工作非常吻合，因此粒径对吸附颗粒反应性能的影响可以忽略，这也被认为是流化床中使用不同粒径吸附材料的潜在优势。

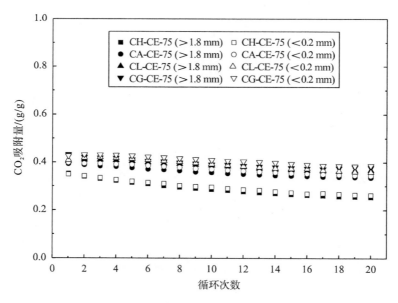

图 3.5　不同尺寸吸附颗粒的 CO_2 吸附量

900℃、纯 N_2 中煅烧 10min；650℃、15% CO_2 中碳酸化 30min

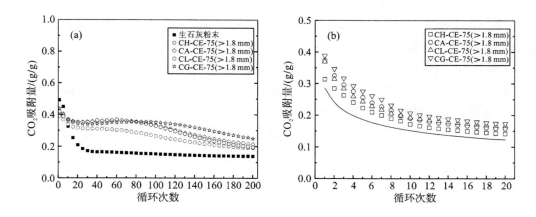

图 3.6 吸附剂在(a)长循环及(b)苛刻煅烧条件下的 CO_2 吸附性能

长循环：反应在 850℃下等温进行，其中纯 N_2 煅烧、纯 CO_2 碳酸化，两者的反应持续时间均为 5min。苛刻煅烧：920℃、纯 CO_2 中煅烧 10min；650℃、15% CO_2 中碳酸化 30min，实线表示生石灰粉末的吸附能力

随后，在 850℃等温条件下对粒径大于 1.8mm 吸附剂的循环稳定性进行了 200 次循环的测试，其中碳酸化阶段采用纯 CO_2，煅烧阶段采用纯 N_2。如图 3.6(a)所示，生石灰粉末的初始 CO_2 吸附量约为 0.49g/g，40 次循环后迅速下降至 0.165g/g，平均衰减率为每个循环 1.7%。有趣的是，在接下来的 160 次循环中，其 CO_2 吸附量基本稳定，仅有 0.026g/g 的略微下降。对粒径大于 1.8mm 的合成吸附颗粒，在整个循环过程中可以观察到不同程度的吸附性能衰减。200 次煅烧和碳酸化循环后，CH-CE-75 的 CO_2 吸附量由 0.39g/g 降低到 0.19g/g。三种由有机钙前驱体合成的吸附颗粒的 CO_2 吸附性能随循环次数的增加表现出相似变化。值得注意的是，在 21~60 次循环范围内，CO_2 吸附量略有增加，这与其他两种吸附材料具有很大不同。200 次循环后，CA-CE-75、CL-CE-75 和 CG-CE-75 的 CO_2 吸附量分别为 0.21g/g、0.20g/g 和 0.25g/g，比生石灰粉末的 CO_2 吸附量分别高出 54%、41% 和 79%。

实际上，煅烧反应器中吸附剂的再生环境为较高的 CO_2 浓度和高于 900℃的温度，而煅烧条件被认为对吸附剂的反应性能具有重要影响。因此，对颗粒在纯 CO_2、920℃苛刻煅烧条件下的循环吸附/脱附性能进行了评价，结果如图 3.6(b)所示。与图 3.3 相比，在苛刻测试条件下，所有材料均表现出低得多的 CO_2 吸附性能，但无论是使用有机钙材料还是氢氧化钙作为钙前驱体的合成颗粒，其 CO_2 捕集值始终高于生石灰，展现出合成颗粒优异的化学性能。

2. 固定床反应器中 CO_2 吸附性能

由于钙循环技术在规模化反应器中的实际应用需要大量吸附剂，因此在实验室小型固定床反应器中进一步评价了合成颗粒的循环性能。对于每个样本，在反应器中装载 1.5g

粒径为 0.2～1.8mm 的吸附颗粒，并在与 TGA 相同的煅烧、碳酸化温度和气氛条件下进行测试。图 3.7 为一个典型碳酸化/煅烧循环的出口 CO_2 浓度曲线，在升温过程中（达到 900℃之前）发生 CO_2 脱附，通过对阴影区域进行数值积分，根据每次吸附过程后释放的 CO_2 量可以计算材料的 CO_2 吸附量。图 3.8 为固定床反应器 7 个碳酸化和煅烧循环的 CO_2 吸附量，并与 TGA 测试结果进行了对比。可以看出，固定床反应器中除 CG-CE-75 的吸附量偏高外，其余吸附颗粒第一次和第二次循环中的吸附量与 TGA 测试结果基本一致。随着循环次数增加，固定床与 TGA 中测得的 CO_2 吸附量差值逐渐增大，并在最后一个循环达到最大。虽然最大偏差仅在 7%～10%范围，但固定床反应器中吸附量损失比 TGA 中略严重。

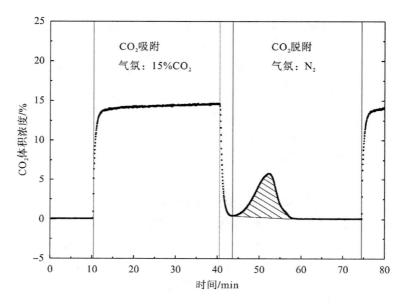

图 3.7   实验室小型固定床反应器中典型碳酸化/煅烧循环过程的出口 CO_2 浓度曲线

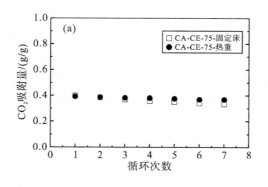
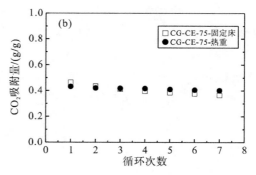

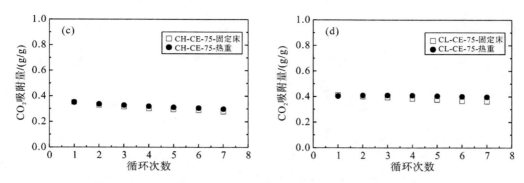

图 3.8 不同吸附颗粒在 TGA 和固定床反应器中 CO_2 吸附性能比较

900℃、纯 N_2 中煅烧 10min；650℃、15% CO_2 中碳酸化 30min

3.1.5 颗粒磨损特性分析

流化床反应器由于良好的气固接触和传热传质特性[23]被认为是实现钙循环工艺的最佳选择。然而，由于反应器中磨损引起的质量损失将导致吸附剂用量显著增加，进而降低系统经济性，所以反应器中吸附材料的磨损是一个需要关注的问题。因此，除了循环反应过程的 CO_2 吸附/脱附性能外，潜在 CaO 吸附剂材料都需要评估其抗磨损性能。

静态机械应力对颗粒的影响以最大挤压强度形式表示，如表 3.1 所示。可以看出，四种合成颗粒的挤压强度处于同一量级，其中 CH-CE-75 的挤压强度最大，为 4.21MPa，其他三种样本的挤压强度稍小。较低的抗压强度可能与有机钙前驱体在热分解过程中释放出大量气体导致造粒前材料结构松散有关。

图 3.9 为碎脆度测试仪测试样本的粒度分布情况。该装置在运行过程中，颗粒之间以及颗粒与碎脆度测试仪轮鼓表面之间会产生强烈磨损，因此可以用于研究动态应力对材料磨损的影响。此外，颗粒在碎脆度测试仪轮鼓半径高度垂直下落到表面时的机械冲击对动力学磨损也有一定贡献。可以看出，CA-CE-75、CL-CE-75 和 CH-CE-75 的质量损失主要集中在 0.6～1.8mm 粒径范围。相比之下，在 0.6～1mm 粒径范围内 CG-CE-75 的质量变化相对较小，而增加质量的大多数为粒径小于 0.2mm 的颗粒。上述结果表明，粒径在 0.2～0.6mm 范围的颗粒在测试条件下具有较好的抗动力学磨损性能。

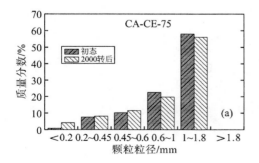
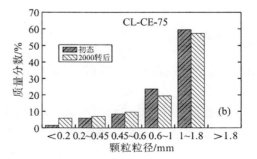

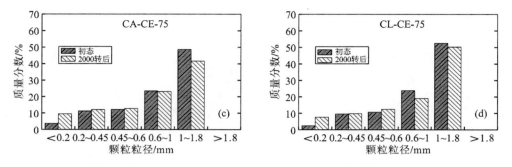

图 3.9　吸附颗粒的初始粒径分布和在碎脆度测试仪中旋转 2000 转后的粒径分布

在固定床反应器中研究了热冲击和化学反应对颗粒磨损的影响，结果如图 3.10 所示。在高温且温度与气氛连续变化的条件下进行 8 次碳酸化/煅烧循环反应前后，粒径分布没有明显变化。应注意到，该测试所有数据均是在颗粒堆积于反应器的静态条件下获得，在此情况下即使产生裂纹，但只要未彻底使颗粒破碎，粒径分布就不会产生明显变化。可以预计，颗粒在流态化状态下运行时，热应力和化学应力引起的磨损将更为明显。

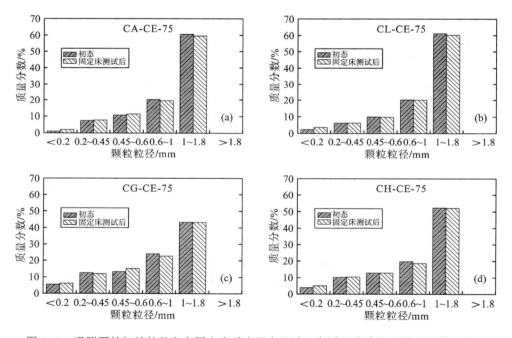

图 3.10　吸附颗粒初始粒径和在固定床反应器中经过 8 个循环碳酸化/煅烧后的粒径分布

3.1.6　吸附颗粒综合性能评估

有机钙材料是合成钙基 CO_2 吸附剂的潜在前驱体，在 CO_2 吸附/脱附循环中具有高反应性和良好的抗烧结性能，部分原因在于前驱体热分解生成 CaO 时释放气体，形成了良好的多孔结构。然而，大量气体的释放会使颗粒非常容易破碎，导致很难使用这些材料直接制造颗粒。于此，提出了一种通过提前释放气体来避免颗粒成型过程中出现这一问题的方法。

制备颗粒在碳酸化和煅烧循环反应中显示出比生石灰粉末高得多的 CO_2 吸附量。虽然初始吸附量类似，但经过 20 次循环后，CA-CE-75、CL-CE-75 和 CG-CE-75 的 CO_2 吸附量分别为 0.33g/g、0.37g/g 和 0.38g/g，比生石灰粉末（0.2g/g）高 65%、85% 和 90%。本书也对这些材料在苛刻煅烧条件下的反应活性以及长效稳定性进行了评价，虽然存在一定的 CO_2 吸附量损失衰减，但合成颗粒仍然表现出优越的 CO_2 吸附性能。此外，粒径在 0.2～1.8mm 范围内时，颗粒大小对循环反应性能影响较小。但是，固定床反应器中的吸附量损失比 TGA 中要略微严重。

根据流化床磨损的四个主要原因：静态机械应力、动态应力、热应力和化学应力，用多种实验仪器测试了颗粒的耐磨特性。所有颗粒均表现出较好的挤压强度，但有机钙前驱体制备颗粒的强度略低于氢氧化钙前驱体合成颗粒。动态应力测试中，质量损失主要集中在粒径大于 0.6mm 的颗粒，破碎后的粒径主要集中在小于 0.2mm 的范围内。此外，在固定床反应器中，循环反应前后的粒径分布没有明显变化，这可能是由于测试是在静态条件下进行，不能完全反映流化条件下由热应力和化学应力引起的磨损。需要注意，本工作中的所有颗粒均是采用注射器制备而成，若使用挤压机则其抗磨性能可以进一步提高，也能够方便地扩大生产规模以用于工业应用。

3.2　黏结剂辅助钙基 CO_2 吸附颗粒成型研究

国内外相关研究发现可通过添加固体黏结剂来提高钙基吸附颗粒的 CO_2 吸附性能和机械强度，以适应长期的吸/脱附循环应用。黏结剂应具备耐高温性，进而充当固体骨架隔离 CaO 或 $CaCO_3$ 颗粒，以防止烧结。同时，黏结剂应能使吸附剂紧密结合，以提高其机械强度。目前，黏结剂以铝酸钙水泥及富含铝、硅的天然矿物（如蒙脱石等）为主，其对钙基吸附颗粒机械性能的改善有限，且对 CO_2 吸附量并无明显提升，甚至可能导致吸附量下降。因此，筛选并研究提高钙基吸附颗粒机械强度和 CO_2 吸附性能的新型黏结剂具有重要意义。

本节筛选了三种磷酸盐 $[AlPO_4$、$Mg_3(PO_4)_2 \cdot 4H_2O$、$Ca_3(PO_4)_2]$ 作为黏结剂，采用 $Ca(OH)_2$ 和聚乙烯（polyethylene, PE）粉末作为氧化钙前驱体和造孔剂，通过挤压-滚圆法制备了钙基吸附颗粒。进一步分别对吸附颗粒的机械和化学吸附性能进行了测试与分析，探究了黏结剂种类、添加量及吸附颗粒制备的预煅烧温度对颗粒的吸附性能及耐磨损性能的影响规律。本节旨在探寻一种适用于钙基吸附颗粒成型的高效黏结剂，并进一步确定颗粒的最佳合成工艺以满足潜在的工业应用要求[24]。

3.2.1　黏结剂与造孔剂热解特性

为了解各种添加剂在吸附颗粒中的潜在作用，测试了黏结剂的热解特性，其质量随温度变化如图 3.11 所示。其中，制备的吸附颗粒样品按照使用黏结剂的标志符号及钙前驱体与黏结剂的质量比命名。例如，由质量占比 60%的 $Ca(OH)_2$、30%的 $AlPO_4$、$Mg_3(PO_4)_2 \cdot 4H_2O$、$Ca_3(PO_4)_2$ 和 10%的 PE 制得的吸附颗粒分别命名为 Ca6Al3、Ca6Mg3、Ca6Ca3。此外，由纯 $Ca(OH)_2$ 制得的吸附颗粒命名为 Ca10，由质量分数 90%的 $Ca(OH)_2$ 和质量分数 10%的 PE 制得的吸附颗粒命名为 Ca9。

从室温以 30℃/min 的速率升至 900℃过程中，PE 在 400℃左右开始分解并很快完成该过程，说明实验选用的造孔剂可以在高温下完全热解从而在吸附颗粒内部形成丰富的孔隙结构。$AlPO_4$ 几乎不分解，由于游离水、结晶水的蒸发，$Ca_3(PO_4)_2$ 保留了原始质量的 96%而 $Mg_3(PO_4)_2 \cdot 4H_2O$ 损失了约 25%的原始质量，说明实验所选用黏结剂的主要成分在高温下不会自行分解，是耐高温的。

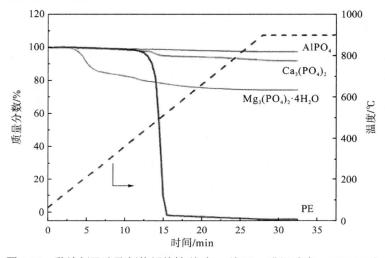

图 3.11　黏结剂及造孔剂热解特性(气氛：纯 N_2；升温速率：30℃/min)

3.2.2　吸附颗粒物相与孔结构分析

为探究添加黏结剂后钙基吸附颗粒的物相组成，从而分析黏结剂对钙基吸附颗粒性能的作用机理，对所有掺杂 30%(质量分数)黏结剂的预煅烧吸附颗粒及纯 $Ca(OH)_2$ 预煅烧吸附颗粒进行了 X 射线衍射相组成分析(XRD)，结果如图 3.12 所示。预煅烧后，测试的所有吸附剂样本中均仍含有一部分 $Ca(OH)_2$，这可能是经煅烧生成的 CaO 与空气中的水蒸气反应又重新生成 $Ca(OH)_2$ 引起的。此外，所有掺杂了磷酸盐黏结剂的吸附颗粒都会生成 $Ca_5(PO_4)_3(OH)$，其莫氏硬度为 5，比 $CaCO_3$ 的莫氏硬度(约为 2)高得多。因此，可以合理地假设生成的物相可以增强钙基吸附颗粒的机械性能。Ca6Al3 中有部分耐高温 $AlPO_4$ 残留，在 Ca6Mg3 中观察到 $Mg_xCa_{1-x}CO_3$，它是白云石的主要成分，熔点为 2300℃，远高于 $CaCO_3$(1339℃)，因此它们被认为是抵抗 $CaCO_3$ 烧结和聚集的有效材料。

为探究添加造孔剂和黏结剂后对钙基吸附颗粒的表面微观结构、孔隙结构造成的影响，用场发射扫描电镜拍摄了 Ca10、Ca6Al3、Ca6Mg3、Ca6Ca3 四个吸附剂样本的表面及断面微观结构，并通过能谱分析仪得到了 Ca6Mg3 吸附颗粒的表面元素分布情况。如图 3.13 所示，在 900℃煅烧后，在 Ca6Al3 和 Ca6Mg3 中可观察到较小且均匀分布的小晶粒，但在 Ca10 和 Ca6Ca3 的表面上存在严重的颗粒烧结和聚集。这主要归因于 Ca6Al3 中残余的部分 $AlPO_4$ 及 Ca6Mg3 通过煅烧生成的 $Mg_xCa_{1-x}CO_3$ 具备较好的抗烧结能力，这也进一步证实了 XRD 分析中所做出的假设。此外，还可以观察到通过机械混合制备的 Ca6Mg3 表面的 Mg 和 Ca 分布比较均匀。为了更加定量地分析吸附颗粒的孔隙结构，对以上四个样本进行了 N_2 吸/脱附测试，获得了其比表面积、孔容与孔径等数据，如表 3.2 所示。在 900℃煅烧后，掺杂了 30%(质量分数)黏结剂的 Ca6Al3、Ca6Mg3、Ca6Ca3 的比表面积都比 Ca10 的大，更重要的是，Ca6Mg3 的孔容为 $0.0507cm^3/g$，是所测样本中最大值，与 Ca10 相比提升了约 22%。四组样本的平均孔径均在 20nm 左右，这属于有利于 CO_2 扩散的介孔范围(20～50nm)[25]。Ca6Mg3 的平均孔径为 23.09nm，为四者中最大值，进一步减小了 CO_2 向吸附颗粒内部扩散的阻力。

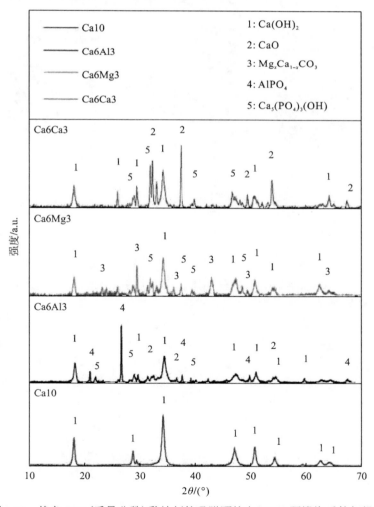

图 3.12　掺杂 30%(质量分数)黏结剂的吸附颗粒在 900℃预煅烧后的相组成

表 3.2 掺杂 30%（质量分数）黏结剂的吸附颗粒在 900℃煅烧后的孔隙结构参数

吸附剂	比表面积/(m²/g)	孔容/(cm³/g)	孔径/nm
Ca10	7.86	0.0415	21.09
Ca6Al3	8.03	0.0435	21.65
Ca6Mg3	8.79	0.0507	23.09
Ca6Ca3	9.04	0.0400	17.67

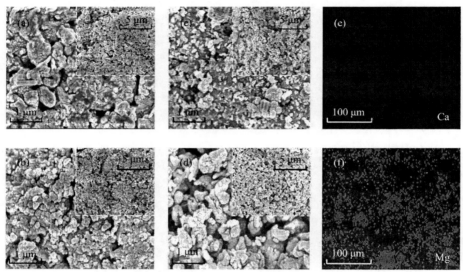

图 3.13 900℃煅烧后(a)Ca10，(b)Ca6Al3，(c)Ca6Mg3，(d)Ca6Ca3 的微观结构及(e)(f)Ca6Mg3 中所有相的 Ca、Mg 元素分布图

3.2.3 黏结剂影响吸附颗粒基础特性

为了探究不同黏结剂对钙基吸附颗粒性能的影响，对通过挤压-滚圆法制备的吸附颗粒的抗压强度、耐磨损性及吸附性能分别进行了测试分析。其中，造孔剂 PE 的质量分数固定为 10%，黏结剂添加质量保持为 30%。

对吸附颗粒机械性能的评估分为抗压强度测试及颗粒冲击破碎测试两部分。首先分别对预煅烧前后两种粒径为 750μm 和 500μm 的颗粒进行了颗粒抗压强度测试，结果如图 3.14 所示。在总体上，粒径为 500μm 的颗粒所表现出的抗压强度要比粒径为 750μm 的颗粒高一些，这与 Chen 等[26]的研究结论一致。接下来的分析主要围绕 500μm 颗粒进行。在颗粒制造中加入 PE 作为造孔剂后，无论是否煅烧，颗粒的抗压性能都会降低。此外，在预煅烧之前，添加 30%（质量分数）黏结剂的吸附颗粒的抗压强度与纯 $Ca(OH)_2$ 颗粒相比没有得到太大改善。然而，在煅烧之后，具备 30%（质量分数）$AlPO_4$ 和 $Ca_3(PO_4)_2$ 的吸附颗粒的抗压强度比纯 $Ca(OH)_2$ 颗粒（3.97MPa）高出约两倍，Ca6Mg3 的抗压强度也高达 6.34MPa。由于预煅烧后颗粒的抗压能力在钙循环应用中更为重要和有意义，因此，这三种磷酸盐被视为可进一步研究的良好黏结剂。

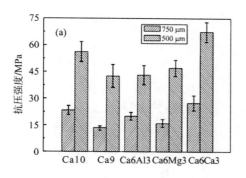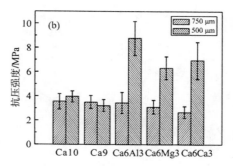

图 3.14　不同吸附颗粒的抗压强度：(a) 煅烧前；(b) 900℃煅烧后

图 3.15 显示了颗粒冲击破碎后吸附颗粒的粒径分布。称量约 500mg 粒径在 500～750μm 的吸附颗粒进行测试，并在测试后收集残留的小颗粒，将其按粒径筛分为六类：500～750μm，375～500μm，250～375μm，187.5～250μm，100～187.5μm 和 <100μm。通过比较颗粒尺寸分布，可以评估不同吸附颗粒的耐磨损性能。与抗压强度测试的结果相似，冲击破碎后 Ca9 在 500～750μm 范围内的颗粒比 Ca10 的略少一些，这表明添加 PE 对颗粒的耐磨损性略有危害，这种危害在预煅烧后表现得更明显。值得注意的是，所有煅烧样本的耐磨损性均比没有预煅烧的样本差。在所有颗粒中，添加黏结剂的颗粒比纯 $Ca(OH)_2$ 颗粒具备更好的抵抗冲击和磨损的能力，经冲击破碎后，Ca6Al3、Ca6Ca3 和 Ca6Mg3 中粒径范围为 500～750μm 的残留颗粒的质量分数分别为 35.83%、29.55% 和 20.65%。相比之下，Ca10 和 Ca9 的分别仅为 20.82% 和 19.38%。本书将测试后粒径小于 187.5μm 的颗粒认为是完全质量损失，基于此，Ca6Mg3、Ca6Ca3 和 Ca6Al3 的完全质量损失率为 9.31%、9.16% 和 13.14%，远低于 Ca10（32.45%）。吸附颗粒机械性能的差异性部分归因于预煅烧后不同的相组成。例如，煅烧后在所有带有磷酸盐黏结剂的颗粒中都会产生

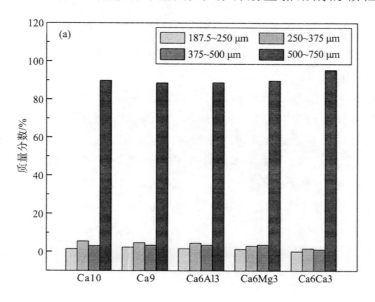

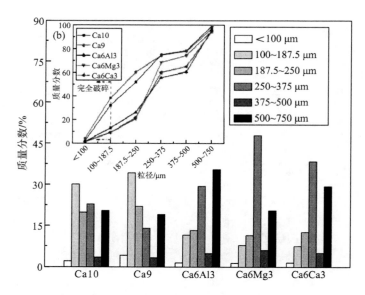

图 3.15　冲击破碎后吸附颗粒的粒径分布 (a) 未煅烧；(b) 900℃煅烧

$Ca_5(PO_4)_3(OH)$，根据莫氏硬度表，这种物质比 $CaCO_3$ 坚硬得多。而 Ca6Mg3 中产生的 $Mg_xCa_{1-x}CO_3$ 很难烧结聚集，其更像是一种"间隔物"，作用就像 Wang 等[27]研究中的 CeO_2 一样，使吸附颗粒略微疏松。此外，Ca6Al3 中残留了一些 $AlPO_4$，表明 Ca6Al3 中的 $Ca_5(PO_4)_3(OH)$ 相对少于 Ca6Ca3 和 Ca6Mg3。因此，与 Ca6Mg3 和 Ca6Ca3 相比，Ca6Al3 的抗冲击和磨损性能较差。

　　图 3.16(a) 绘制了吸附颗粒的 CO_2 吸附量与循环次数的关系图。在第一个循环中，Ca9 表现出最高的 CO_2 吸附量，约为 0.61g/g，而 Ca10 的值为 0.55g/g，这证实了在实验中使用的造孔剂 PE 可以改善吸附剂微观结构，有利于其对 CO_2 的吸附。随着循环次数增加至 25，Ca9 和 Ca10 两样本的 CO_2 吸附量均急剧下降至 0.16g/g 和 0.14g/g，约为初始吸附量的 25%。相反，尽管由于活性 CaO 含量较低，Ca6Mg3 和 Ca6Al3 的初始 CO_2 吸附量较低，分别为 0.35g/g 和 0.32g/g，但在 25 个循环后，它们仍保留了初始容量约 45%的吸附量，即 0.16g/g 和 0.14g/g。这些结果表明，尽管 PE 可以提高 CaO 基吸附剂的初始 CO_2 吸附能力，但诸如 $Mg_3(PO_4)_2$ 之类的黏结剂在维持循环稳定性方面起着更重要的作用。从图 3.16(b) 可以更清楚地看出在第 25 个循环中，Ca6Mg3 的碳酸化转化率 36.55%几乎是 Ca10 碳酸化转化率(19.24%)的两倍。根据上文吸附颗粒基础表征分析可知这是 Ca6Mg3 中存在的 $Mg_xCa_{1-x}CO_3$，而 Ca6Al3 中剩余的熔点高于 1500℃的 $AlPO_4$ 可以充当吸附剂中的"间隔物"，以抵抗 $CaCO_3$ 烧结的结果。而 Ca6Mg3 较大的 BET 比表面积(8.79m²/g)、孔容(0.0507cm³/g)、平均孔径(23.09nm)带来了最优的 CO_2 吸附性能。相反，尽管由于具备最多 1~10nm 范围内的孔结构，Ca6Ca3 的 BET 比表面积为四个样本中最大值，其在所有含黏结剂的吸附剂中显示出最高的初始 CO_2 吸附量，但由于微孔容易堵塞，Ca6Ca3 在循环中的吸附量损失最多。

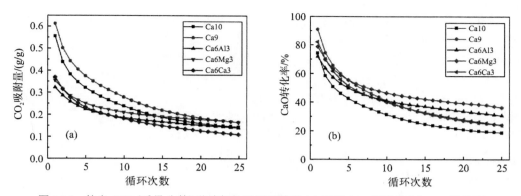

图 3.16　掺杂 30%(质量分数)黏结剂的吸附颗粒的(a)循环 CO_2 吸附量(b)CaO 转化率

测试条件：煅烧在 900℃下 100% N_2 中持续 10min；碳酸化在 650℃下 15% CO_2 中持续 20min

3.2.4　磷酸镁添加量的影响特性

研究表明，添加磷酸盐黏结剂会不同程度地提高钙基吸附颗粒的机械性能及 CO_2 吸附性能，综合两种性能分析，磷酸镁是三种黏结剂中最优的。很多学者提出 CaO 基吸附剂中黏结剂的掺杂量会显著影响其机械和化学性能[4, 28]，因此有必要进一步探索研究磷酸镁的最佳掺杂比。分别选取质量占比 10%～40% 的 $Mg_3(PO_4)_2·4H_2O$ 作为黏结剂、10% 的 PE 作为造孔剂制备钙基吸附颗粒，再分别对其抗压强度、耐磨损性及吸附性能进行了测试分析。

首先测试了含不同比例 $Mg_3(PO_4)_2·4H_2O$ 的吸附颗粒的抗压强度，其结果总结于图 3.17 中。由于粒径为 500μm 的颗粒比粒径为 750μm 的颗粒抗压性能强，主要讨论粒径为 500μm 的颗粒。可以看出无论是否在 900℃下预煅烧，随着 $Mg_3(PO_4)_2·4H_2O$ 掺杂比的增加，吸附颗粒抗压能力逐渐减小。但是，预煅烧后的颗粒下降趋势更为明显。值得注意的是，尽管煅烧后所有粒径为 500μm 的吸附颗粒的抗压强度都比煅烧前要小，但掺有 $Mg_3(PO_4)_2·4H_2O$ 的 500μm 颗粒始终比 Ca10 和 Ca9 具备更强的抗压能力。总之，在预煅烧后，Ca8Mg1 具备最大的抗压强度(12.14MPa)，约为 Ca10 的三倍。

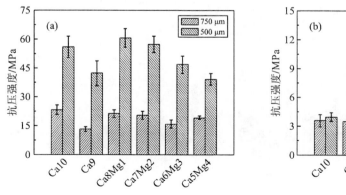
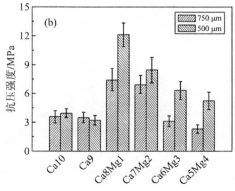

图 3.17　掺杂不同量 $Mg_3(PO_4)_2·4H_2O$ 的吸附颗粒的抗压强度：(a)煅烧前(b)900℃煅烧后

　　图 3.18 展现了颗粒冲击破碎后含不同量 $Mg_3(PO_4)_2·4H_2O$ 的吸附颗粒的粒径分布。可以看出，经过预煅烧后，Ca8Mg1 在冲击破碎后保留了最多粒径为 500～750μm 的颗粒（质量占比 46.74%）。随着 $Mg_3(PO_4)_2·4H_2O$ 的掺杂量增加，该值逐渐减小。然而，与不包含黏结剂的颗粒相比，掺有 $Mg_3(PO_4)_2·4H_2O$ 的吸附颗粒始终表现出更好的抗冲击磨损性。如图 3.18(a) 所示，对于未经煅烧的颗粒，也可以观察到相似但不太明显的结果。此外，冲击破碎后 Ca8Mg1 的完全质量损失率仅为 7.54%，比其他掺杂 $Mg_3(PO_4)_2·4H_2O$ 的样本略少一些，但却远少于 Ca10。原因可能是掺杂的 $Mg_3(PO_4)_2·4H_2O$ 越多，生成的 $Mg_xCa_{1-x}CO_3$ 越多，"间隔"作用越明显，导致 $CaO/CaCO_3$ 不能紧密聚集，颗粒的内部结构会松散得多，因此其抗压和耐磨损的能力变差。

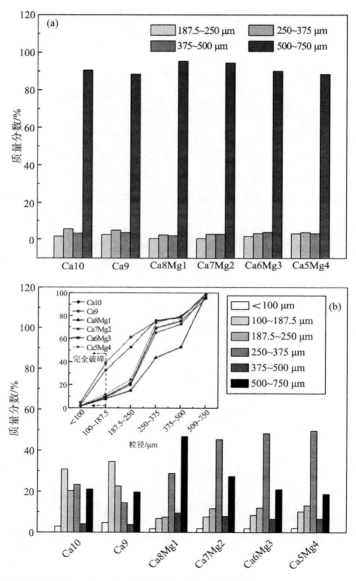

图 3.18　冲击破碎后不同 $Mg_3(PO_4)_2$ 质量比的吸附颗粒的粒径分布：(a) 煅烧前 (b) 900℃煅烧

图 3.19 描绘了不同 $Mg_3(PO_4)_2·4H_2O$ 负载量的吸附颗粒的 CO_2 吸附性能。很明显，在初始阶段，Ca9 具备最强的 CO_2 吸附能力，并且含 $Mg_3(PO_4)_2·4H_2O$ 的吸附剂的吸附性能相对较差，因为活性 CaO 的含量较少。然而，经过 25 个循环后，Ca9 和 Ca10 的 CO_2 吸附能力迅速下降至其初始值的 25% 左右，而含 $Mg_3(PO_4)_2·4H_2O$ 的颗粒仍可保留 45%～50% 的 CO_2 吸附能力。在图 3.19(b) 中可以更清楚地看到吸附颗粒吸附性能的强弱，其中所有使用 $Mg_3(PO_4)_2·4H_2O$ 作为黏结剂的颗粒在 25 个循环后的碳酸化转化率均高达 38%，几乎是 Ca10(19.24%) 的两倍。在所有吸附颗粒中，Ca8Mg1 在第 25 个循环中的 CO_2 吸附量最高，约为 0.23g/g，保留了初始吸附量的 44.3%，其吸附量甚至可以与某些掺杂 Al 基材料制备的 CaO 基粉状吸附剂的吸附量相比[29,30]。测试结果还表明，随着 $Mg_3(PO_4)_2·4H_2O$ 掺杂量的增加，吸附颗粒的 CO_2 吸附稳定性会稍好一些，但它们的吸附量始终较低。原因是当有更多的 $Mg_xCa_{1-x}CO_3$ 作为"间隔物"来抵抗 $CaCO_3$ 的烧结时，吸附 CO_2 的活性 CaO 的含量会减少。该结果与 Qin 等[4] 的研究结果一致。

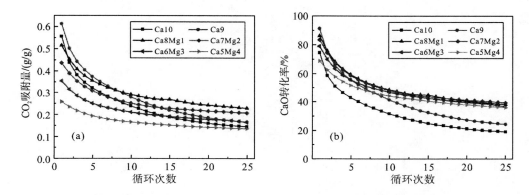

图 3.19　含不同 $Mg_3(PO_4)_2·4H_2O$ 质量的合成吸附剂的 (a) CO_2 吸附量 (b) CaO 转化率

煅烧在 900℃下 100%N_2 中持续 10min；碳酸化在 650℃下 15%CO_2 中持续 20min

3.2.5　预煅烧温度的影响规律

大量研究表明孔结构和晶粒尺寸对 CaO 基吸附剂 CO_2 吸附能力有显著影响[9,26,31-33]，而预煅烧温度被认为是影响孔形成的重要因素。在本节中，选择性能最优的 Ca8Mg1 吸附颗粒在马弗炉中分别于 850℃、900℃和 1000℃煅烧，然后测试这些样品的机械和化学吸附性能。

图 3.20(a) 显示了在不同温度下预煅烧 Ca8Mg1 的抗压强度，同时还测试了 Ca10 和 Ca9 并进行比较。可以看出，在 900℃下预煅烧后，粒径为 500μm 的 Ca8Mg1 的最大抗压强度为 12.14MPa，在 1000℃时为 10.78MPa，在 850℃下为 9.55MPa，远大于 Ca10 和 Ca9 在 900℃下煅烧的抗压强度。

图 3.20(b) 中显示的颗粒冲击破碎实验的结果与抗压强度测试结果趋势一致，其中在 900℃预煅烧后，Ca8Mg1 和 Ca10 的完全质量损失率分别为 7.54% 和 32.45%。Ca8Mg1 在不同的预煅烧温度下的性能变化是煅烧生成的新相 $Ca_5(PO_4)_3(OH)$ 和 $Mg_xCa_{1-x}CO_3$ 平衡作用的结果。900℃ 可能是生成 $Ca_5(PO_4)_3(OH)$ 的最佳温度，同时抑制了 $Mg_xCa_{1-x}CO_3$ 的产

生。具备较高硬度的 Ca$_5$(PO$_4$)$_3$(OH) 有助于提高吸附颗粒的机械性能,而作为"隔离剂",Mg$_x$Ca$_{1-x}$CO$_3$ 过多会导致机械强度的损失。

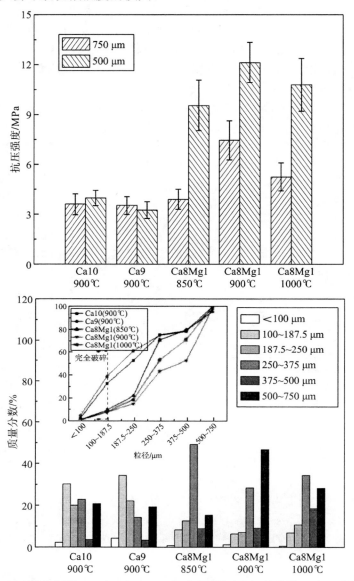

图 3.20　(a) 掺杂 10%(质量分数)Mg$_3$(PO$_4$)$_2$·4H$_2$O 的吸附颗粒在不同预煅烧温度下的抗压强度,(b) 不同预煅烧温度下掺杂 10%(质量分数)Mg$_3$(PO$_4$)$_2$·4H$_2$O 的吸附颗粒冲击破碎后的粒径分布

　　图 3.21 显示了在 850℃、900℃和 1000℃下预煅烧的 Ca8Mg1 的 CO$_2$ 吸附能力以及未进行预煅烧的 Ca10 和 Ca9 的 CO$_2$ 吸附能力。可以看出,尽管较高温度的预煅烧可以在一定程度上导致吸附颗粒初始 CO$_2$ 吸附性能的下降,但经过 25 个循环后,所有 Ca8Mg1 几乎都表现出相同的 CO$_2$ 吸附量(约为 0.2g/g)。在 1000℃下预煅烧的 Ca8Mg1 表现出最低的初始吸附能力可能归因于其相对较小的 BET 比表面积,这是预煅烧温度过高导致 1～

10nm 的微孔烧结堵塞造成的。但是，随着循环次数的增加，所有 Ca8Mg1 在 10～100nm 范围内介孔的孔容达到了相同的值，且该值比 Ca10 和 Ca9 的大，这就导致了初始吸附阶段后 Ca8Mg1 更好的 CO_2 吸附性能。25 次循环后，在 1000℃下预煅烧的 Ca8Mg1 具备略高的 CO_2 吸附量，为 0.2018g/g，约为初始吸附量的 58.5%，但其吸附量略少于未预煅烧的 Ca8Mg1（0.2277g/g）。

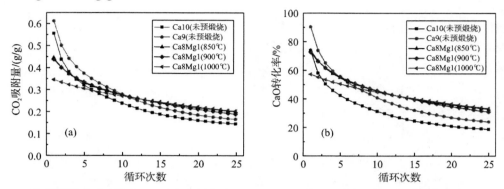

图 3.21　不同预煅烧温度下掺杂 10%（质量分数）$Mg_3(PO_4)_2 \cdot 4H_2O$ 的吸附颗粒的（a）CO_2 吸附量（b）CaO 转化率。

测试条件：煅烧在 900℃下 100% N_2 中持续 10min；碳酸化在 650℃下 15% CO_2 中持续 20min

3.2.6　造孔剂和黏结剂的作用机制

综上所述，造孔剂 PE 提升了 CaO 基吸附颗粒的初始 CO_2 吸附能力，并且通过黏结剂 $Mg_3(PO_4)_2 \cdot 4H_2O$ 在不同温度下的化学演化大大提高了其机械强度和吸附稳定性。如图 3.22 所示，PE 在预煅烧过程中会完全分解，从而在颗粒中形成丰富的孔隙结构，这有利于 CO_2 扩散到颗粒内部，与 CaO 反应。另外，掺杂了 $Mg_3(PO_4)_2 \cdot 4H_2O$ 的吸附颗粒在高温煅烧后会生成两种新相，其中 $Ca_5(PO_4)_3(OH)$ 属于六方晶系，其结构为六方柱体，晶胞包含 10 个 $[Ca]^{2+}$、6 个 $[PO_4]^{3-}$ 和 2 个 $[OH]^-$，其结构和组成使其具备更好的热稳定性和硬度[34]。此外，吸附颗粒的吸附稳定性得到改善主要是因为耐高温 $Mg_xCa_{1-x}CO_3$ 的"间隔"效应。

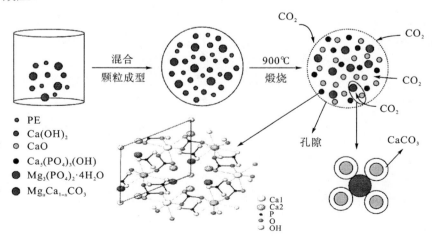

图 3.22　PE 和 $Mg_3(PO_4)_2$ 改性的作用机制示意图

3.3 正硅酸锂基吸附颗粒成型与性能研究

正硅酸锂材料的 CO_2 吸附性能受诸多因素的影响，包括原料的物理化学性能与合成方法等。相关研究表明，未经修饰改性的正硅酸锂材料存在 CO_2 吸附量低及吸脱附动力学特性差的特点。而硅源作为合成正硅酸锂基吸附剂的重要前驱体，对吸附剂的吸附性能有着重要影响。自然界中，富含二氧化硅(SiO_2)或 SiO_2 含量高且易于合成的材料大多可以用作硅源材料，其中，经济性高的硅前驱体有石英、硅藻土、高岭土、飞灰以及稻壳等。同时，挤出-滚圆法是一种简单高效的工业颗粒成型方法，在颗粒成型过程中添加造孔剂，可以提高颗粒的孔隙率、孔容、比表面积，从而改善颗粒的吸附性能。

基于此，本节首先利用硅藻土、市售二氧化硅和气相二氧化硅三种硅前驱体合成了正硅酸锂粉体吸附剂(分别被命名为 K-powder、A-powder、F-powder)，通过挤出-滚圆法进行了吸附剂的颗粒成型，之后选取了高效造孔剂聚乙烯(PE)对制备的 Li_4SiO_4 吸附颗粒进行性能强化(根据 PE 的添加量制备了三种吸附颗粒，分别命名为 0PE-pellet、10PE-pellet、20PE-pellet)。结合匀速升温吸脱附、循环吸脱附测试和材料表征手段，获得了高性能正硅酸锂吸附剂的 CO_2 吸脱附特性和微观结构参数[35]。

3.3.1 粉体正硅酸锂 CO_2 吸附性能

在测试三种粉体 Li_4SiO_4 材料的 CO_2 吸附性能之前，对其进行了 XRD 测试，测试结果如图 3.23(a) 所示。可以看出，Li_4SiO_4 是 K-powder 的主要物相组分，同时伴有微量的 $CaFe_4O_7$ 衍射峰；不同的是，在 A-powder 和 F-powder 中仅检测到 Li_4SiO_4，未检测到其他相的衍射峰。出现此种情况的原因是 K-powder 使用的硅前驱体为矿物硅藻土，其 SiO_2 质量分数约为 80%，除 SiO_2 外还含有少量金属矿物质，在经过合成过程后产生了微量的 $CaFe_4O_7$；而 A-powder 和 F-powder 所用硅前驱体的 SiO_2 纯度为分析级纯度，无其他杂质，所以合成的 A-powder 和 F-powder 相为 Li_4SiO_4。XRD 衍射结果表明这三种吸附剂粉末均具备高纯度的 Li_4SiO_4 相。

根据已报道的正硅酸锂吸附剂研究文献可知，吸附剂的吸附/脱附性能因硅前驱体的不同而存在很大变化。为了确定吸附剂的最佳 CO_2 吸附温度，在 15%CO_2 条件(N_2 平衡)下，对合成的三种粉体吸附剂以 5℃/min 的恒定加热速率从 60℃加热至 800℃，以进行动态吸脱附测试。从图 3.23(b) 可以看到，三种吸附剂在低温区间吸附量很小，A-power 在大约 420℃时开始快速吸附 CO_2，这个温度同时也是 K-powder 的吸附起始点，相比之下，K-powder 的快速吸附温度大约出现在 450℃处。在 CO_2 吸附-脱附动态平衡温度上，K-power 的动态平衡温度出现在约 610℃，而 A-power 和 F-power 出现在约 630℃。相关文献表明，硅藻土中含有的少量其他金属矿物元素，可以一定程度降低吸附剂的吸附/脱附温度。为了进一步确定这三种粉体吸附剂的最佳吸附温度，以 25℃为温度间隔，分别在 550℃、575℃、600℃、625℃和 650℃五个温度点进行了 20 个循环吸/脱附测试。

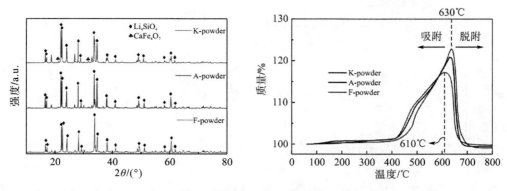

图 3.23　(a)三种合成 Li_4SiO_4 吸附剂粉末的 XRD 图谱及(b)15% CO_2 气氛、5℃/min 匀速升温下的 CO_2 吸附/脱附曲线

在 5 个选定温度下测试了 3 种粉体吸附剂在 20 个循环中的 CO_2 吸/脱附性能,如图 3.24 所示,可以看到这些粉体吸附剂在不同温度下的循环吸脱附性能存在较大差异。图 3.24(a) 显示,K-power 的最大 CO_2 吸附量出现在 575℃,第 1 个循环时最大吸附量为 0.23g/g,并在第 10 个循环达到峰值 0.27g/g,之后,在到第 20 个循环时,吸附量略微下降至 0.26g/g;但是,当等温吸附温度升至 650℃时,吸附量急剧下降到非常低的水平,平均吸附量仅为 0.04g/g。图 3.24(a)还计算了 5 个反应温度下 K-power 在 20 个循环中的 CO_2 总吸附量;同样地,最大吸附量出现在 575℃,最小吸附量出现在 650℃。A-power 的 20 个等温循环吸附性能如图 3.24(b)所示。结果显示,A-power 最佳的 CO_2 吸附曲线出现在 625℃,第 1 个循环吸附起始量为 0.26g/g,在第 2 个循环中增加至 0.31g/g,然后呈现缓慢降低的趋势,至第 20 个循环时为 0.28g/g,不同于其他吸附温度的是,在测试的 20 个循环中,550℃下 A-power 的 CO_2 吸附量呈现持续增长趋势。如图 3.24(c)所示,F-power 的测试结果更加不同,与其他两种粉末吸附剂不同,F-power 在 550℃、575℃、600℃、650℃下的 CO_2 吸附量在 20 个循环中均低于 0.2g/g,并呈现缓慢下降的趋势;另一方面,F-power 在 625℃时表现出优异的循环吸附特性,在第 1 个循环时 F-power 的起始吸附量为 0.28g/g,在第 2 个循环吸附量增长至最大的 0.30g/g,并稳定直至测试的第 20 个循环。在 20 个循环中,平均吸附量达到 Li_4SiO_4 理论吸附最大值(0.37g/g)的 81.1%;此外,F-power 在 625℃下 20 个循环的总吸附量也远高于其他 4 个吸附温度下的总吸附量。

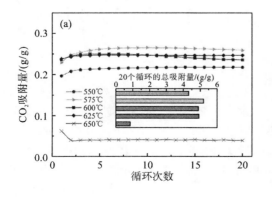

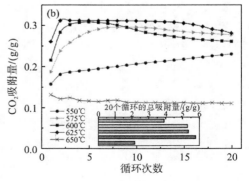

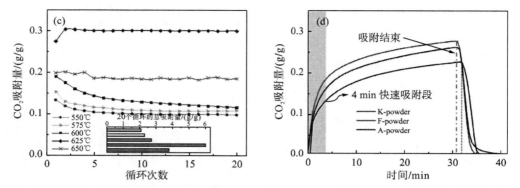

图 3.24　吸附剂的 CO_2 循环吸附能力(a)K-powder，(b)A-powder，(c)F-powder；(d)第 1 个循环中 3 种吸附剂吸脱附曲线对比

　　3 种吸附剂在第 1 个循环中具体的吸附-脱附过程曲线如图 3.24(d)所示。结果表明，所有曲线的吸附过程均由一个大约 4min 的快速 CO_2 吸附段和一个缓慢吸附段组成，分别对应于典型气固反应中的化学反应控制和扩散控制过程[36, 37]。在吸附开始时，CO_2 接触到达吸附剂的表面，吸附反应迅速发生，此后，形成了反应产物层，后续的 CO_2 在与内部吸附剂接触之前必须扩散通过该层，在该层内部的扩散阻力会减慢反应速度，所以一个快速吸附过程完成后接着是相对缓慢的吸附过程；此外，在脱附阶段发现 3 种粉末吸附剂的质量在 4min 内迅速降低至接近起始质量，表明合成的 3 种粉体吸附剂可以在短时间内高效率完全脱附出 CO_2；在吸/脱附过程中，F-powder 表现出高 CO_2 吸附量、最快的吸/脱附速率和最佳的循环稳定性。因此，在后续颗粒成型研究实验时选择 F-powder 作为粉体吸附材料通过挤出-滚圆法制备吸附颗粒。

3.3.2　成型颗粒的 CO_2 吸脱附性能

　　基于挤出-滚圆法制备的颗粒在 40 个循环中的吸附/脱附曲线如图 3.25 所示，图中提供了 F-powder 的吸附性能作为参考。与 F-powder 相比，0PE-pellet 在起始多个循环中表现出较低的 CO_2 吸附性能，这表明造粒过程对吸附颗粒的性能影响是不可忽略的。具体来说，在第 1 个循环中 0PE-pellet 的 CO_2 吸附量仅为 0.02g/g，然后逐渐增加至第 35 个循环的 0.30g/g。当将 PE 用作造孔剂时，这些颗粒的 CO_2 吸附性能明显提高。用 10%PE 改性的颗粒(10PE-pellet)在前 35 个循环中显示出更高的吸附量，并且在第 15 个循环中达到约 0.30g/g 的最大吸附量。特别地，用 20%(质量分数)PE(20PE-pellet)改性的颗粒在第 4个循环中可快速实现约 0.31g/g 的最大吸附量，吸附性能与粉体吸附剂(F-powder)相当，并在整个测试的 40 个循环中保持稳定。

　　为了解这些吸附颗粒的 CO_2 吸附特性，图 3.26 总结了三种颗粒在第 10 个循环的 CO_2 吸附/脱附曲线和吸附速率随时间的变化。可以看到，PE 改性的颗粒均具备一个快速和缓慢的吸附过程，对应于化学反应控制阶段和扩散控制阶段。相比之下，0PE-pellet 的快速反应阶段与扩散控制阶段相近。与 0PE-pellet 相比，10PE-pellet 和 20PE-pellet 具备更强的 CO_2 吸附能力和更快的吸附速率，特别是 20PE-pellet 具备最强的吸附能力(0.31g/g)和最快的吸附速率[0.23g/(g·min)]。上述吸附性能差异表明，造孔剂的改性过程对颗粒的 CO_2吸附性能有很大影响，这可以从颗粒的微观结构的变化中反映出来。

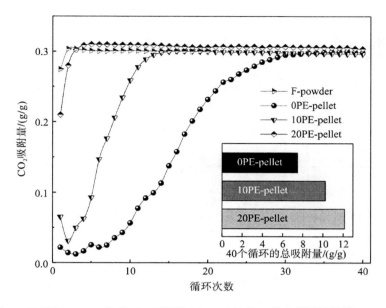

图 3.25　在 625℃和 15% CO_2 条件下，不同比例 PE 改性的三种吸附颗粒的循环 CO_2 吸附性能

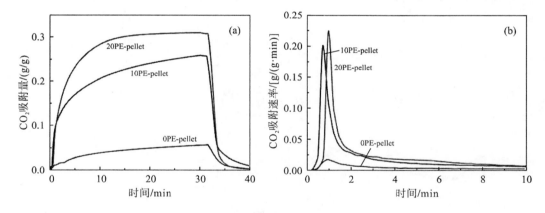

图 3.26　(a) 第 10 个循环中吸附颗粒的 CO_2 吸附/脱附曲线，(b) 相应的吸附速率

3.3.3　吸附颗粒孔结构与形貌特征

通过 N_2 吸附/脱附等温曲线测试了吸附颗粒的结构特性，三种颗粒 BET 表面积、孔容和平均孔径的定量参数如表 3.3 所示。可以看到，0PE-pellet 的比表面积为 0.40m²/g，而 10PE-pellet 和 20PE-pellet 比表面积则增加至 0.45m²/g 和 0.74m²/g；同样地，与 0PE-pellet 的孔容 0.0019cm³/g 相比，20PE-pellet 显示出较大值 0.0031cm³/g，这里应该指出的是，这些颗粒的比表面积和孔容尽管相对偏小，但它们都在文献报道的数值范围内[38-40]，这可能是由于造粒过程中严重的挤压应力作用的结果。图 3.27 (a) ～ (c) 中的 N_2 吸附/脱附等温线表明，这三种吸附颗粒全部属于 IV 型等温线，在 P/P_0=0.5 和 1 之间存在滞后性，表明在颗粒内部存在介孔结构。图 3.27 (d) 描绘了通过 BJH 方法从脱附等温线得出的孔径分布，并且观察到所有的三种颗粒均表现出双峰状分布模式。0PE-pellet 在 3～4nm 范围内的介孔数量非常少，而 10PE-pellet 的峰值明显增加，而 20PE-pellet 在 3～4nm 和 10～30nm 范

围内有较多的微孔和介孔分布，这些可以解释 20PE-pellet 具备更大的比表面积、孔容和更强 CO_2 吸附能力的原因。

表 3.3　不同添加比例 PE 改性的吸附颗粒的微观结构参数

吸附剂	比表面积/(m²/g)	孔容/(cm³/g)	平均孔径/nm
0PE-pellet	0.40	0.0019	18.98
10PE-pellet	0.45	0.0019	16.73
20PE-pellet	0.74	0.0031	16.89

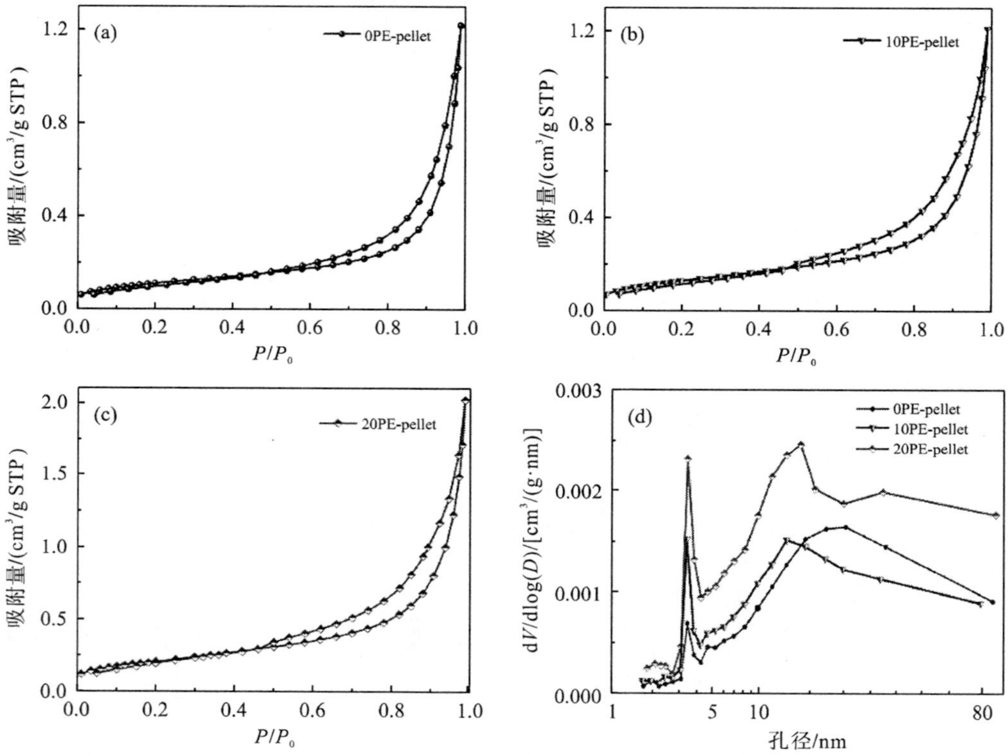

图 3.27　(a) 0PE-pellet，(b) 10PE-pellet，(c) 20PE-pellet 的 N_2 吸附/脱附曲线；(d) 孔径分布

　　为了证明造孔剂改性对吸附颗粒结构的影响，测试了部分颗粒样品的表面微观形态，如图 3.28 所示。图 3.28(a)、(b) 显示了 0PE-pellet 和 20PE-pellet 的横截剖面图像。可以观察到 20PE-pellet 具备多孔表面且孔密度更高，图 3.28(c)、(d) 中进一步放大了截面图像，可以更清晰地看到孔的微观形貌。据文献报道，多孔结构是由于煅烧分解释放出大量气体而引起的[41, 42]。此外，还测试了颗粒经过循环吸附/再生后的微观形貌变化，再生颗粒在 40 个循环后的 SEM 图像如图 3.28(e)～(h) 所示。同样地，可以清晰地看到 20PE-pellet 较 0PE-pellet 在循环后表现出了孔隙更多、孔体积更大的孔结构，其具备相对稳定骨架的高密度孔结构可能归因于在多个 CO_2 循环吸附和脱附过程中颗粒内部 CO_2 的扩散作用[43]。因此，颗粒随着循环次数的增加，其吸附能力不断提升。

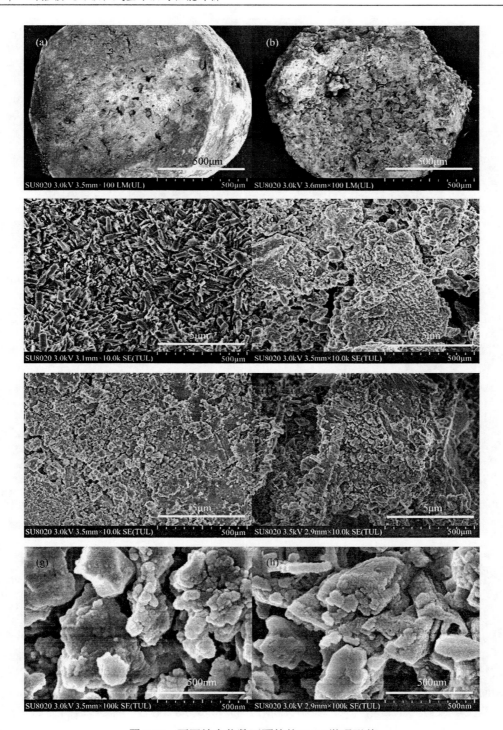

图 3.28　不同放大倍数下颗粒的 SEM 微观形貌

(a)新鲜的 0PE-pellet×100；(b)新鲜的 20PE-pellet×100；(c)新鲜的 0PE-pellet×10000；(d)新鲜的 20PE-pellet×10000；(e)第 40 次循环后的 0PE-pellet×10000；(f)第 40 次循环后的 20PE-pellet×10000；(g)第 40 次循环后的 0PE-pellet×100000；(h)第 40 次循环后的 20PE-pellet×100000

3.3.4　吸附颗粒机械性能评价

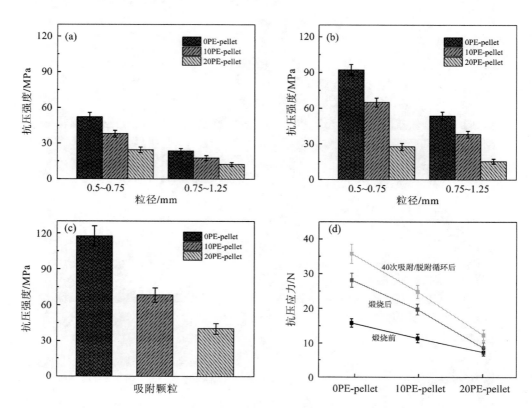

图 3.29　三种吸附颗粒在不同粒径下的抗压强度及抗压应力

(a)煅烧前，(b)煅烧后，(c)粒径 0.5～0.75mm 颗粒 40 次吸附/脱附循环后的抗压强度，以及(d)粒径 0.5～0.75mm
颗粒的抗压应力

机械性能是评估吸附颗粒适应实际工程应用条件的一个重要性能指标。当吸附颗粒用于吸附强化重整(sorption enhanced reforming，SER)制氢系统或流化床反应器中时，由于多次循环吸附/脱附过程中的连续流化和热应力等作用，它们将遭受严重的磨损和碰撞。在恶劣的工作情况下，低强度的颗粒会破碎并被淘析，然后被气流从系统中带出，从而造成吸附剂的极大浪费。为了确保吸附颗粒在实际工程应用中的可行性，分别测试了 0PE-pellet、10PE-pellet 和 20PE-pellet 在煅烧前/后和经过 40 次 CO_2 循环吸/脱附后的机械强度(图 3.29)。可以发现，平均抗压强度和抗压应力按以下顺序排列：0PE-pellet>10PE-pellet>20PE-pellet。具体而言，粒径为 0.5～0.75mm 的 20PE-pellet 在煅烧后具备 8.5N 的抗压应力，在 40 次循环后其抗压应力为 12.5N，分别对应 27.5MPa 和 40.8MPa 的抗压强度，远高于目前文献报道中正硅酸锂吸附颗粒的机械强度数值[56,57]。与 20PE-pellet 相比，0PE-pellet 和 10PE-pellet 的抗压强度更高。这可能是由于造孔剂的添加形成了更为丰富的孔隙结构，这种结构的改变能提升吸附剂的吸附性能，但不利于抗压强度的提升。然而，所有这些测试的结果都远远高于工业流化床反应器实际应用所需的最小阈值(1N)，表明所制备的改性颗粒可以胜任工业运用环境下的抗压强度要求[43]。另一方面，PE 改性的颗粒的抗压强度和抗压应力与粒径有着紧密联系，随着颗粒粒径的增加而呈现逐渐降低的趋势。

此外，还对粒径在 0.5～0.75mm 范围内预煅烧后的吸附颗粒进行了耐磨损测试。在测试过程中，流化风速保持在临界流化速度的 10 倍左右，耐磨损实验持续了 10h，如图 3.30 所示。结果表明，耐磨损性测试结果按以下顺序排序：20PE-pellet<10PE-pellet<0PE-pellet。具体来说，正如图 3.30(a) 所示，经过 10h 的磨损试验，0PE-pellet 在 375～500μm 范围内的质量分数为 0.58%，而 20PE-pellet 表现出最大的质量分数，为 1.01%。选取 375μm 为评价的粒径界限，小于 375μm 的颗粒被视为破碎颗粒，其质量被视为经过耐磨损实验而损失的吸附颗粒质量。经统计，20PE-pellet 经过 10h 耐磨损测试后吸附剂损失的质量为 1.21%，0PE-pellet 对应为 0.58%。对应的 10h 磨损测试内的质量损失速率如图 3.30(b) 所示。可以看出，随着磨损时间的增加，质量损失速率逐渐降低。对于 20PE-pellet，最初 2h 的损耗率为 0.14%/h，而在 10h 后，损耗率迅速降至 0.06%/h。这些结果表明，0PE-pellet 和 PE 改性的颗粒(10PE-pellet 和 20PE-pellet)在空气条件下均具备优异的抗磨损性能，这意味着通过挤出-滚圆法制备的改性 Li_4SiO_4 吸附颗粒具备在流化反应器中正常使用的良好潜力。但是，要想准确获得吸附颗粒在诸如水蒸气和二氧化硫等气相杂质的复合环境作用下的真实耐磨损性能，需要进一步工程测试。

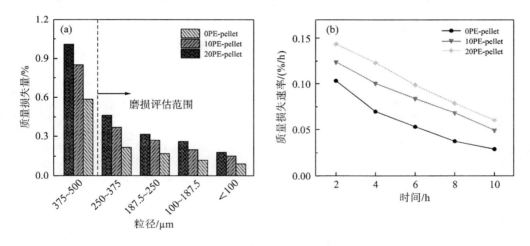

图 3.30　三种吸附颗粒在 10h 流化耐磨损试验中的(a)质量损失量和(b)损失速率

3.3.5　锂基吸附颗粒性能对比分析

为更全面评价本研究，将所做工作与目前相关领域 Li_4SiO_4 基吸附剂循环 CO_2 吸附能力和抗压强度的文献进行了全面比较，对比结果如图 3.31 所示。此外，为方便科学性对比分析，表 3.4 详细列出了图 3.31 所引用文献中每种吸附剂 CO_2 吸附量的特定测试条件。

图 3.31(a) 比较了 F-powder 与文献报道中使用各种方法合成的其他 Li_4SiO_4 粉末的 CO_2 吸附量。结果表明，本工作中所制备的 F-powder 具备良好的 CO_2 吸附性能，最佳 CO_2 吸附量高于 0.3g/g。同时，将改性的 20PE-pellet 与文献报道中的 Li_4SiO_4 颗粒进行比较，所有比较的吸附颗粒均是相应所属文献中性能最好的吸附颗粒，并且它们的 CO_2 吸附能

力都是在相应的最佳吸附温度条件下测试所得。相较于 Li_4SiO_4 吸附颗粒的报道，制备的改性 20PE-pellet 具备最佳的 CO_2 吸附性能，这对后续的 Li_4SiO_4 颗粒的研究和实际应用具备重要指导借鉴意义。此外，图 3.31 还给出了 20PE-pellet 和其他现有 Li_4SiO_4 颗粒的抗压强度对比结果，并在颗粒的几个粒径范围内进行了比较，如图 3.31(b) 所示。显然，制备的 20PE-pellet 具备更高的抗压强度，这意味着本研究获得的改性 Li_4SiO_4 颗粒具备优异、出众的机械性能[41, 44]。

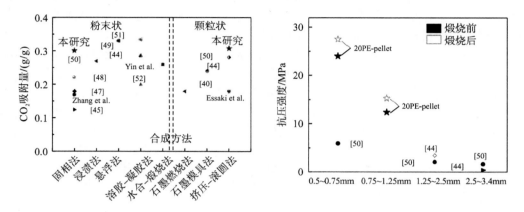

图 3.31　通过不同方法合成的 Li_4SiO_4 基吸附剂的性能比较

(a) CO_2 吸附能力，(b) 吸附颗粒的抗压强度

表 3.4　图 3.31 中所列吸附剂粉末及颗粒的 CO_2 吸附能力的具体测试条件

合成方法	吸附段 CO_2 浓度/%	吸附时间 /min	吸附温度 /℃	循环次数	最高/末次循环吸附量 /(g/g)	文献
粉末状						
	15	30	625	20	0.31/0.301	本研究
	100	30	650	22	0.211/0.125	[45]
固相法	100	30	650	20	0.17/0.17	[46]
	4	30	580	25	0.18/0.18	[47]
	100	200	575	10	0.244/0.222	[48]
浸渍法	50	20	700	15	0.341/0.331	[49]
悬浮法	15	30	550	100	0.31/0.27	[50]
	100	20	665	10	0.34/0.335	[51]
溶胶-凝胶法	100	15	680	15	0.29/0.286	[44]
	100	—	700	10	0.325/0.2	[52]
水合-煅烧法	100	15	680	15	0.28/0.26	[39]
颗粒状						
石墨燃烧法	4	20	580	20	0.183/0.07	[40]
石墨模具法	15	30	550	50	0.22/0.22	[44]
挤压-滚圆法	15	30	550	70	0.295/0.282	[50]

续表

合成方法	吸附段 CO_2 浓度/%	吸附时间 /min	吸附温度 /℃	循环 次数	最高/末次循环吸附量 /(g/g)	文献
粉末状						
	15	30	625	40	0.311/0.305	本研究

3.4 本章小结

在获得高性能粉体 CO_2 吸附材料后，本章进一步研究了吸附材料颗粒成型与性能评价方法。通过对有机钙前驱体和水泥挤压制备、磷酸盐黏结剂改性钙基吸附颗粒以及不同硅前驱体与 PE 改性 Li_4SiO_4 颗粒的深入研究，提出了针对高温 CO_2 粉体吸附材料的高活性、高机械强度颗粒成型工艺。具体小结如下：

(1)采用有机钙前驱体和铝酸钙水泥通过挤压法实现了 CaO 基吸附颗粒成型，并基于热重分析仪和实验室小型固定床反应器测试了颗粒的反应活性和循环稳定性。经过 20 个典型的碳酸化和煅烧循环，所有合成颗粒均显示出良好的 CO_2 吸附性能，吸附量最佳值为 0.38g/g，比粉状生石灰高约 90%。此外，结合不同技术综合评价了吸附颗粒的磨损特性。研究发现，使用有机钙前驱体的合成颗粒和以无机氢氧化钙作为前驱体的颗粒具备相同的磨损行为。该研究工作为开发同时具备优良物理和化学性能的 CaO 基吸附颗粒进行高效 CO_2 捕集奠定了基础。

(2)提出了黏结剂辅助钙基吸附颗粒成型方法，综合评价了颗粒的 CO_2 吸脱附及磨损特性，得到了高效钙基吸附颗粒规模化制备工艺。研究结果表明：①磷酸铝、磷酸钙、磷酸镁三种磷酸盐黏结剂均能较大程度提升钙基吸附颗粒的机械强度，对吸附颗粒机械性能提升大小次序是：磷酸铝>磷酸钙>磷酸镁。但与纯 $Ca(OH)_2$ 吸附颗粒相比，只有磷酸镁能有效提高吸附颗粒的 CO_2 吸附性能。综合吸附颗粒机械性能和化学吸附性能的对比分析表明，磷酸镁是三者中最优的黏结剂。②黏结剂掺杂量对吸附颗粒性能的影响的实验结果表明，磷酸镁的最佳掺杂质量为 10%，且随掺杂量的增加，吸附颗粒机械和吸附性能均下降，CO_2 吸附稳定性略有增强。③预煅烧温度会对吸附颗粒的孔隙结构造成显著影响，当预煅烧温度为 900℃时，吸附颗粒的机械性能最佳，而 1000℃是最有利于提升吸附颗粒 CO_2 吸附性能的预煅烧温度，但其吸附性能略低于未经预煅烧的吸附颗粒。

(3)筛选三种不同硅前驱体制备了 Li_4SiO_4 粉体吸附剂，测试了所制备粉体 Li_4SiO_4 吸附剂的 CO_2 匀速升温吸/脱附性能和循环吸/脱附性能，获得了性能最佳的粉体 Li_4SiO_4 吸附剂。以此为基础，使用不同比例负载量的造孔剂 PE 对 Li_4SiO_4 颗粒进行改性，系统研究了颗粒的 CO_2 吸附性能和机械性能，并与文献报道中的 Li_4SiO_4 吸附剂粉体/颗粒进行吸/脱附性能和机械性能比较。可以得到以下主要结论：①在三种硅前驱体(硅藻土、市售二氧化硅、气相二氧化硅)中，由气相二氧化硅制备的粉体 Li_4SiO_4 吸附剂(F-powder)具备最佳的 CO_2 吸附性能和循环稳定性，其最大吸附量为 0.31g/g，吸附性能在测试的 20 个循环吸/脱附中具备良好的循环稳定性。②20%PE 是对 Li_4SiO_4 改性的最佳 PE 负载量，负载了 PE 造孔剂后颗粒孔隙结构得到明显改善，吸附性能获得很大提升，并在 40 个循环吸/脱附测试中保持稳定，无明显下降。③造孔剂的添加会降低颗粒的机械性能，且添加量越多机械性能降低程度越大。

参 考 文 献

[1]Sun J, Liu W, Hu Y, et al. Structurally improved, core-in-shell, CaO-based sorbent pellets for CO_2 capture[J]. Energy & Fuels, 2015, 29(10): 6636-6644.

[2]Erans M, Beisheim T, Manovic V, et al. Effect of SO_2 and steam on CO_2 capture performance of biomass-templated calcium aluminate pellets[J]. Faraday Discussions, 2016, 192: 97-111.

[3]Su C, Duan L, Donat F, et al. From waste to high value utilization of spent bleaching clay in synthesizing high-performance calcium-based sorbent for CO_2 capture[J]. Applied Energy, 2018, 210: 117-126.

[4]Qin C, Yin J, Hui A, et al. Performance of extruded particles from calcium hydroxide and cement for CO_2 capture[J]. Energy & Fuels, 2012, 26(1): 154-161.

[5]Manovic V, Anthony E J. CaO-based pellets supported by calcium aluminate cements for high-temperature CO_2 capture[J]. Environmental Science & Technology, 2009, 43(18): 7117-7122.

[6]Hu Y, Liu W, Peng Y, et al. One-step synthesis of highly efficient CaO-based CO_2 sorbent pellets via gel-casting technique[J]. Fuel Processing Technology, 2017, 160: 70-77.

[7]Sun J, Liu W, Hu Y, et al. Enhanced performance of extruded–spheronized carbide slag pellets for high temperature CO_2 capture[J]. Chemical Engineering Journal, 2016, 285: 293-303.

[8]Broda M, Manovic V, Anthony E J, et al. Effect of pelletization and addition of steam on the cyclic performance of carbon-templated, CaO-based CO_2 sorbents[J]. Environmental Science & Technology, 2014, 48(9): 5322-5328.

[9]Sun J, Liu W, Wang W, et al. CO_2 sorption enhancement of extruded-spheronized CaO-based pellets by sacrificial biomass templating technique[J]. Energy & Fuels, 2016, 30(11): 9605-9612.

[10]Ridha F N, Wu Y, Manovic V, et al. Enhanced CO_2 capture by biomass-templated $Ca(OH)_2$-based pellets[J]. Chemical Engineering Journal, 2015, 274: 69-75.

[11]Symonds R, Lu D Y, Manovic V, et al. pilot-scale study of CO_2 capture by CaO-based sorbents in the presence of steam and SO_2[J]. Industrial & Engineering Chemistry Research, 2012, 51(21): 7177-7184.

[12]Lu D Y, Hughes R W, Anthony E J. Ca-based sorbent looping combustion for CO_2 capture in pilot-scale dual fluidized beds[J]. Fuel Processing Technology, 2008, 89(12): 1386-1395.

[13]Fennell P, S, Pacciani R, Dennis J S, et al. The effects of repeated cycles of calcination and carbonation on a variety of different limestones, as measured in a hot fluidized bed of sand[J]. Energy & Fuels, 2007, 21(4): 2072-2081.

[14]Jia L, Hughes R, Lu D, et al. Attrition of calcining limestones in circulating fluidized-bed systems[J]. Industrial & Engineering Chemistry Research, 2007, 46(15): 5199-5209.

[15]Liu F J, Chou K S, Huang Y K. A novel method to make regenerable core-shell calcium-based sorbents[J]. Journal of Environmental Management, 2006, 79(1): 51-56.

[16]Manovic V, Anthony E J. Long-term behavior of CaO-based pellets supported by calcium aluminate cements in a long series of CO_2 Capture Cycles[J]. Industrial & Engineering Chemistry Research, 2009, 48(19): 8906-8912.

[17]Wu Y, Manovic V, He I, et al. Modified lime-based pellet sorbents for high-temperature CO_2 capture: Reactivity and attrition behavior[J]. Fuel, 2012, 96: 454-461.

[18]Qin C, Yin J, Hui A, et al. Performance of extruded particles from calcium hydroxide and cement for CO_2 capture[J]. Energy & Fuels, 2012, 26(1): 154-161.

[19]Qin C, Liu W, An H, et al. Fabrication of CaO-based sorbents for CO_2 capture by a mixing method[J]. Environmental Science & Technology, 2012, 46(3): 1932-1939.

[20]Wolff E H, Gerritsen A W, Verheijen P J T, et al. Attrition of an aluminate-based synthetic sorbent for regenerative sulphur capture from flue gas in a fluidised bed[J]. Powder Technology, 1993, 76(1): 47-55.

[21] Vaux W G, Keairns D L. Particle attrition in fluid-bed processes[M]//Fluidization. Springer, Boston, MA, 1980: 437-444.

[22]Alvarez D, Abanades J C. Pore-size and shape effects on the recarbonation performance of calcium oxide submitted to repeated calcination/recarbonation cycles[J]. Energy & Fuels, 2005, 19(1): 270-278.

[23]Fan L S, Zeng L, Wang W, et al. Chemical looping processes for CO_2 capture and carbonaceous fuel conversion-prospect and opportunity[J]. Energy & Environmental Science, 2012, 5(6): 7254-7280.

[24]皮帅. 适于钙循环的 CO_2 吸附剂颗粒配方优化及串行流化床气固流动特性研究[D]. 重庆：重庆大学, 2020.

[25]Hughes R W, Lu D Y, Anthony E, et al. Improved long-term conversion of limestone-derived sorbents for in situ capture of CO_2 in a fluidized bed combustor[J]. Industrial & Engineering Chemistry Research, 2004, 43(18): 5529–5539.

[26]Chen H, Zhao C, Yang Y. Enhancement of attrition resistance and cyclic CO_2 capture of calcium-based sorbent pellets[J]. Fuel Processing Technology, 2013, 116: 116-122.

[27]Wang S, Fan S, Fan L, et al. Effect of cerium oxide doping on the performance of CaO-based sorbents during calcium looping cycles[J]. Environmental Science & Technology, 2015, 49(8): 5021-5027.

[28]Sun J, Liang C, Wang W, et al. Screening of naturally Al/Si-based mineral binders to modify CaO-based pellets for CO_2 capture[J]. Energy & Fuels, 2017, 31(12): 14070-14078.

[29]Radfarnia H R, Iliuta M C. Metal oxide-stabilized calcium oxide CO_2 sorbent for multicycle operation[J]. Chemical Engineering Journal, 2013, 232: 280-289.

[30]Broda M, Kierzkowska A M, Mueller C R. Influence of the calcination and carbonation conditions on the CO uptake of synthetic Ca-based CO sorbents. [J]. Environmental Science & Technology, 2012, 46(19): 10849-10856.

[31]Ridha F N, Manovic V, Macchi A, et al. High-temperature CO_2 capture cycles for CaO-based pellets with kaolin-based binders[J]. International Journal of Greenhouse Gas Control, 2012, 6: 164-170.

[32]Wang S, Shen H, Fan S, et al. Enhanced CO_2 adsorption capacity and stability using CaO-based adsorbents treated by hydration[J].

Aiche Journal, 2013, 59(10): 3586-3593.

[33]Akgsornpeak A, Witoon T, Mungcharoen T, et al. Development of synthetic CaO sorbents via CTAB-assisted sol-gel method for CO_2 capture at high temperature[J]. Chemical Engineering Journal, 2014, 237: 189-198.

[34]Chi G, Yang Z. Evaluation model of scientific development based on circulating revision[J]. Systems Engineering-Theory & Practice, 2009, 29(11): 31-45.

[35]马龙. 吸附强化重整用高效 Li_4SiO_4 基 CO_2 吸附剂的构建与环境适用性研究[D]. 重庆：重庆大学, 2020.

[36]Bretado M E, Velderrain V G, DL Gutiérrez, et al. A new synthesis route to Li_4SiO_4 as CO_2 catalytic/sorbent[J]. Catalysis Today, 2005, 107-108: 863-867.

[37]Hu Y, Liu W, Yang Y, et al. CO_2 capture by Li_4SiO_4 sorbents and their applications: Current developments and new trends[J]. Chemical Engineering Journal, 2019, 359: 604-625.

[38]Seggiani M, Puccini M, Vitolo S. High-temperature and low concentration CO_2 sorption on Li_4SiO_4 based sorbents: Study of the used silica and doping method effects[J]. International Journal of Greenhouse Gas Control, 2011, 5(4): 741-748.

[39]Gauer C, Heschel W. Doped lithium orthosilicate for absorption of carbon dioxide[J]. Journal of Materials Science, 2006, 41(8): 2405-2409.

[40]Seggiani M, Stefanelli E, Puccini M, et al. CO_2 sorption / desorption performance study on K_2CO_3-doped Li_4SiO_4 - based pellets[J]. Chemical Engineering Journal, 2018, 339: 51-60.

[41]Hu Y, Qu M, Li H, et al. Porous extruded-spheronized Li_4SiO_4 pellets for cyclic CO_2 capture[J]. Fuel, 2019, 236: 1043-1049.

[42]Diaz-Silvarrey L S, Zhang K, Phan A N. Monomer recovery through advanced pyrolysis of waste high density polyethylene (HDPE)[J]. Green Chemistry, 2018, 208: 1813-1823.

[43]Shulman A, Cleverstam E, Mattisson T, et al. Manganese/iron, manganese/nickel, and manganese/silicon oxides used in chemical-looping with oxygen uncoupling (CLOU) for combustion of methane[J]. Energy & Fuels, 2009, 23(10): 5269-5275.

[44]Yang Y, Liu W, Hu Y, et al. One-step synthesis of porous Li_4SiO_4-based adsorbent pellets via graphite moulding method for cyclic CO_2 capture[J]. Chemical Engineering Journal, 2018, 353: 92-99.

[45]Wang J, Zhang T, Yang Y, et al. Unexpected highly reversible lithium silicates based CO_2 sorbents derived from sediment of Dianchi Lake[J]. Energy & Fuels, 2019, 33: 1734-1744.

[46]Zhang Y, Yu F, Louis B, et al. Scalable synthesis of the lithium silicate-based high-temperature CO_2 sorbent from inexpensive raw material vermiculite[J]. Chemical Engineering Journal, 2018, 349: 562-573.

[47]Seggiani M, Puccini M, Vitolo S. Alkali promoted lithium orthosilicate for CO_2 capture at high temperature and low concentration[J]. International Journal of Greenhouse Gas Control, 2013, 17: 25-31.

[48]Zhang S, Zhang Q, Wang H, et al. Absorption behaviors study on doped Li_4SiO_4 under a humidified atmosphere with low CO_2 concentration[J]. International Journal of Hydrogen Energy, 2014, 39(31): 17913-17920.

[49]Kato M, Essaki K, Yoshikawa S, et al. Reproducibility of CO_2 absorption and emission for cylindrical pellet type lithium orthosilicate[J]. Journal of the Ceramic Society of Japan Supplement, 2004, 112: S1338-S1340.

[50]Hu Y, Liu W, Yang Y, et al. Synthesis of highly efficient, structurally improved Li_4SiO_4 sorbents for high-temperature CO_2 capture[J]. Ceramics International, 2018, 44: 16668-16677.

[51]Wang K, Zhou Z, Zhao P, et al. Synthesis of a highly efficient Li_4SiO_4 ceramic modified with a gluconic acid-based carbon coating for high-temperature CO_2 capture[J]. Applied Energy, 2016, 183: 1418-1427.

[52]Subha P V, Nair B N, Mohamed A P, et al. Morphologically and compositionally tuned lithium silicate nanorods as high-performance carbon dioxide sorbents[J]. Journal of Materials Chemistry A, 2016, 4(43): 16928-16935.

第4章 CO₂吸/脱附反应热力学与动力学

碳酸化与煅烧反应器中吸附材料与 CO_2 间的吸附或脱附反应属于典型非催化气固反应，而掌握反应过程的动力学特性对于反应器设计与过程优化至关重要。目前，国内外对于钙基吸附材料在理想气氛下的碳酸化/煅烧再生反应动力学及过程行为研究较为透彻，但针对杂质气体 SO_2 作用下的碳酸化反应动力学及其反应行为还有待进一步探究。同时，对于锂基吸附材料的 CO_2 吸/脱附反应热力学与动力学特性研究还非常匮乏。基于此，本章深入探究了锂基吸附材料在 CO_2 吸/脱附过程中的反应热力学与动力学基础特性及其定量描述方法，并从反应动力学角度揭示了 SO_2 杂质对于碳酸化反应的影响规律。

4.1 正硅酸锂吸/脱附 CO_2 热力学平衡边界

Li_4SiO_4 具有良好的 CO_2 吸/脱附反应速率与循环性能，但是对于 Li_4SiO_4 吸/脱附平衡边界(即热力学平衡的温度-压力边界)尚缺乏精确的描述。根据热力学平衡定律，固定的 CO_2 分压对应一个平衡温度，其表达式可由吉布斯自由能最小化定律推出。然而，实际反应的平衡边界与理论边界有所不同。例如，Zhang 等[1]发现 K 掺杂对平衡边界存在影响，且掺杂量越高，平衡温度越高。Kaniwa 等[2]发现 CO_2 分压为 0.086atm、0.022atm、0.0074atm 时，实际平衡温度高于理论值。

基于此，深入探究了 Li_4SiO_4 吸/脱附 CO_2 的平衡边界，以及 Si 前驱体与掺杂金属对该边界的影响特性。首先，利用不同 Si 前驱体制备 Li_4SiO_4 吸附剂，分别掺杂 Ce/Fe/Na/K 并调控 K 掺杂量，利用热重分析仪测试各吸附剂在不同 CO_2 分压下的平衡温度。进一步，分析了各因素对平衡边界的影响特性，并通过对实验得到的平衡数据进行热力学计算获得了正硅酸锂吸/脱附 CO_2 热力学平衡边界的表达式。

4.1.1 吸附剂制备与性能测试

使用的化学品主要用作硅前驱体、锂前驱体、金属掺杂物等。其中，硅前驱体有硅藻土、SiO_2(纯度 99.99%，2μm)，气相 SiO_2(纳米颗粒，比表面积 150m²/g)，正硅酸乙酯(tetraethoxysilane，TEOS)。锂前驱体有碳酸锂、硝酸锂。金属掺杂物包括碳酸钾、碳酸钠、六水合硝酸铈、九水合硝酸铁。此外，溶胶-凝胶法制备吸附剂使用了柠檬酸($C_6H_8O_7$，分析纯)与乙醇(C_2H_5OH)。

Li_4SiO_4 吸附剂通过固相法和溶胶-凝胶法制备。在固相法制备过程中，首先以摩尔比

2.05：1 称取 Li_2CO_3 与 SiO_2，通过球磨机以 400r/min 均匀混合 65min；然后将均匀混合的前驱体放入马弗炉，在 750℃ 下煅烧 6h；最后将煅烧好的样品用研钵研磨至微米级颗粒。根据硅前驱体的不同，将气相 SiO_2 制成的样品标记为 SF，市售 SiO_2 标记为 SA，硅藻土标记为 SK。在溶胶-凝胶法制备过程中，以摩尔比 12：3：4 称取 $LiNO_3$、TEOS、$C_6H_8O_7$ 共 15g，并溶于 100mL 乙醇溶液（50%）中；随后将溶液置于 90℃ 水浴锅中搅拌加热 3h；将得到的凝胶状物质放入干燥箱中干燥，最后在马弗炉中 800℃ 煅烧 6h。将得到的蓬松状 Li_4SiO_4 样品标记为 Sol-gel。

对固相法制备的 Li_4SiO_4 样品进行金属掺杂改性，通过 $Ce(NO_3)_3 \cdot 6H_2O$、$Fe(NO_3)_3 \cdot 9H_2O$ 与锂前驱体、硅前驱体直接混合实现 Ce/Fe 掺杂，摩尔比 Li：X=4.1：0.1，X 为 Ce/Fe；同样地，通过混合 Na_2CO_3/K_2CO_3 与 SF 完成 Na/K 掺杂，并以 400r/min 机械混合 65min。金属掺杂后得到的样品以统一规则命名，以 SF10Ce 为例，其中 SF 表示以气相 SiO_2 为硅前驱体制备的吸附剂样品，10 表示 Ce 的摩尔掺杂比（Ce：Li=10：410）。

为获得 Li_4SiO_4 吸/脱附 CO_2 的热力学平衡边界，通过热重分析仪（TGA-209-F3，NETZSCH）进行程序升温下的吸/脱附测试。将约 10mg 样品加载至热重坩埚中，在 N_2 与 CO_2 混合气氛中，以 5℃/min 升温速率从室温升至 900℃。尽管该过程为动态升温过程，但由于升温速率很慢，可将测试曲线的最高点视为吸/脱附反应平衡点[2]。为研究 CO_2 分压的影响，总流量保持 100mL/min 不变，调整 CO_2 与 N_2 流量比，实现 CO_2 体积流量分数分别为 5%、10%、20% 和 50%。所有的热重测试都在扣除空坩埚基线的基础上进行。

4.1.2　热力学计算方法

根据吉布斯自由能定律计算 Li_4SiO_4 吸附剂的热力学平衡边界：

$$\Delta G = \Delta G^\circ + RT \ln(\gamma P_{CO_2}) = \Delta G^\circ + RT \ln P_{CO_2} \tag{4.1}$$

式中，ΔG 代表吉布斯自由能，J；ΔG° 代表标准状态下的自由能变化，J；P_{CO_2} 代表 CO_2 分压，atm；γ 代表逸出系数，数值为 1；R 为通用气体常数；T 为温度。

根据吉布斯自由能最小化原理，平衡状态下 $\Delta G = 0$，得

$$\Delta G^\circ = -RT \ln P_{CO_2} = \Delta H^\circ - T \Delta S^\circ \tag{4.2}$$

$$\ln P_{CO_2} = -\frac{\Delta H^\circ}{R} \frac{1}{T} + \frac{\Delta S^\circ}{R} \tag{4.3}$$

式（4.3）给出了 CO_2 分压与平衡温度的关系式。根据热力学软件 FactSage 的理论计算，纯 Li_4SiO_4 吸附 CO_2 的 ΔH°（焓）与 ΔS° 熵分别为 119.84kJ/mol 与 122.8kJ/mol。

4.1.3　锂基吸附剂物相特征分析

对合成的一部分 Li_4SiO_4 吸附剂进行 XRD 表征得到晶相组成，结果如图 4.1。样品 SF 只检测到主峰 Li_4SiO_4，而样品 SK 则检测到少数 Li_2SiO_3 与 Li_2CO_3 杂峰，这与硅藻土中的

杂质有关[3, 4]。表 4.1 表明硅藻土除含 SiO_2 外，还有 Al_2O_3、Fe_2O_3 等其他金属氧化物。对于掺杂 Ce/Fe 的 Li_4SiO_4 吸附剂，分别检测到少量 CeO_2/$LiFeO_2$ 峰。

对于掺 K/Na 的吸附剂，并未发现含 K/Na 元素的晶体，而是检测到 Li_2SiO_3 与 Li_2CO_3，猜测原因在于含 K/Na 物质的质量分数过低。计算发现，SF10Na/SF10K 样品的 Na_2CO_3/K_2CO_3 质量分数分别为 4.2% 与 5.5%，超出了 XRD 检测最低极限。此外，因机械掺杂 K/Na 的样品都经过了 65min 的高速球磨，在旋转、挤压、破碎过程中也可能产生副产物 Li_2SiO_3 与 Li_2CO_3[5]。

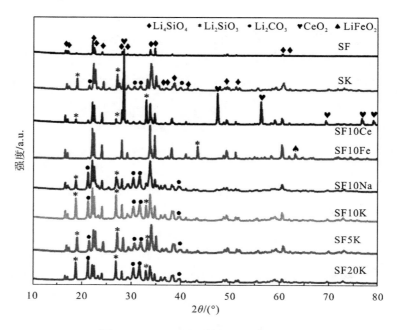

图 4.1 Li_4SiO_4 吸附剂的 XRD 测试图

表 4.1   硅藻土的 XRF 测试结果

成分	SiO_2	Al_2O_3	Na_2O	Fe_2O_3	K_2O	MgO	CaO	TiO_2	其他
质量分数/%	93.62	2.24	1.70	1.19	0.46	0.28	0.25	0.14	0.12

4.1.4   各因素影响下吸脱附平衡特性

1. Si 前驱体对锂基材料吸附/脱附平衡影响

本研究通过热重测试得到质量曲线的最高点，从而确定 Li_4SiO_4 吸/脱附 CO_2 的平衡点。为获得准确的平衡数据，首先需要排除外扩散(样品加载质量)与内扩散(样品颗粒大小)的影响。图 4.2(a)表明，当样品加载质量分别为 10mg、15mg、20mg 时，平衡温度为 653℃、653℃、654℃，等升温速率下的吸脱附曲线非常接近。因此在样品质量为 10~20mg 时，外扩散对平衡测试的影响可以忽略不计。在此基础上进一步消除内扩散的影响：固定样品加载量为 10mg，分别选取颗粒直径范围为 74～106μm，106～180μm，180～380μm 的样品进行测试［图 4.2（b）］。结果表明，大颗粒样品的最高吸附量最低，三种颗粒尺寸样品的吸/脱附平衡温度保持一致。综上，在接下来的吸附/脱附平衡测试中，选取 Li₄SiO₄ 吸附剂粒径范围为 74～106μm，加载量为 10mg。

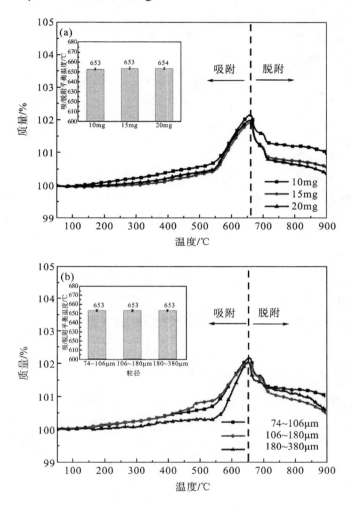

图 4.2　20%（体积分数）CO₂ 下，SF 样品的（a）质量与（b）粒径对 CO₂ 吸附/脱附平衡的影响

图 4.3 为 SF、SA、SK 与 Sol-gel 样品在 CO₂ 体积分数分别为 5%、10%、20%、50% 下的等升温吸/脱附曲线，及理论计算与实验测试得出的平衡温度与 CO₂ 分压的关系曲线。所有样品测试曲线存在相似变化规律，即随着 CO₂ 分压升高，吸附量增大，平衡温度升高。主要区别在于，当 P_{CO_2} 固定时，SK 与 Sol-gel 样品的吸附量高于 SF 与 SA 样品，且低浓度 CO₂ 下 SK 样品的吸附优势更加明显。已有研究表明，溶胶-凝胶法制备的样品具有更高的比表面积，而以硅藻土为前驱体制备的吸附剂含有少量金属杂质，都能提高 CO₂ 吸附能力。

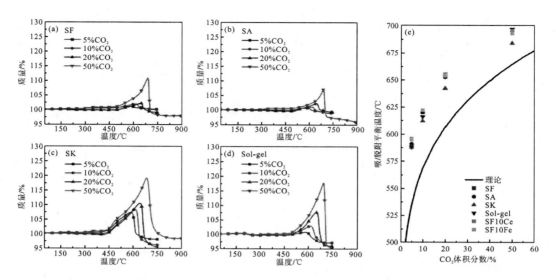

图 4.3　不同 CO_2 分压下，样品 (a) SF，(b) SA，(c) SK，(d) Sol-gel 的等升温吸/脱附曲线及 (e) 实验与计算平衡边界

　　图 4.3(e) 为四种吸附剂样品热力学平衡边界的实验与理论计算结果。从图中可以看出，在固定 CO_2 分压下，实验测得的平衡温度比理论值高 30～60℃，而这一差值随 CO_2 分压的增大而缩小。同时，在同一 CO_2 分压下，SK 样品比其他样品的平衡温度更低，且这一差值随 CO_2 分压的增大而增大。根据表 4.1 的 XRF 测试结果，硅藻土中含有多种类的金属氧化物可能影响样品的 CO_2 吸/脱附过程，从而降低平衡温度。

2. 金属掺杂物对锂基材料吸/脱附平衡影响

　　在 CO_2 体积分数为 5%～20% 时，掺杂 Ce/Fe/Na/K 的吸附剂的平衡边界与 SF 样品非常接近。从图 4.4(a)～(d) 可以观察到，随着 CO_2 平衡分压升高，各曲线的最高点向右上方移动，且金属掺杂 (尤其是 Na/K 掺杂) 能显著提高吸附量。但 SF10Na 与 SF10K 样品在 CO_2 体积分数为 50% 时吸/脱附反应的规律有所不同：首先在低温段 (<300℃) 有缓慢的增重；其次，对比不掺杂金属的样品 SF，其平衡温度明显更低。

　　低温段的增重现象是由于 Li_2SiO_3 吸附 CO_2，反应方程如式 (4.4)，该反应在已有文献中也有提及。图 4.1 的 XRD 测试结果表明 SF10Na 与 SF10K 样品中确实含有 Li_2SiO_3。据此推测，随着温度升高至 500～900℃，式 (4.4) 的产物 Li_2CO_3 与 SiO_2 可能反应生成 Li_4SiO_4。因此，在曲线的最高点附近不仅有 Li_4SiO_4 吸附 CO_2，也可能存在 Li_2CO_3 与 SiO_2 合成 Li_4SiO_4。此时，最高点对应的温度不再代表 CO_2 吸/脱附的平衡温度。这也可以解释图 4.4(e) 中在 50% CO_2 下，SF10Na 与 SF10K 样品的平衡温度明显低于 SF10Ce 与 SF10Fe 样品。

$$Li_2SiO_3 + CO_2 \longrightarrow Li_2CO_3 + SiO_2 \tag{4.4}$$

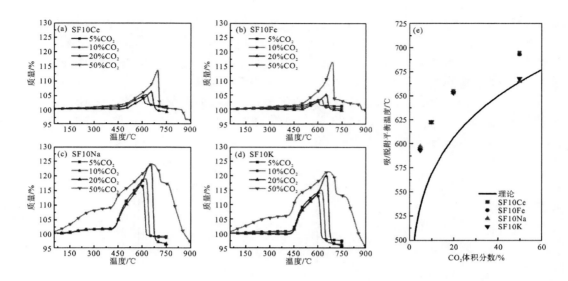

图 4.4　不同 CO_2 分压下，样品 (a) SF10Ce，(b) SF10Fe，(c) SF10Na，(d) SF10K 的等升温吸/脱附曲线及 (e) 实验与计算平衡边界

3. K 掺杂量对锂基材料吸附/脱附平衡影响

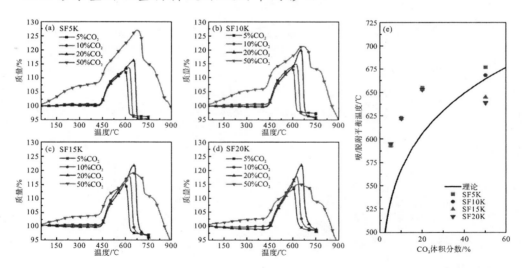

图 4.5　不同 CO_2 分压下，样品 (a) SF5K，(b) SF10K，(c) SF15K，(d) SF20K 的等升温吸/脱附曲线及 (e) 实验与计算平衡边界

　　研究表明，适量掺杂 K_2CO_3 将有效提高 Li_4SiO_4 吸附 CO_2 的能力，因此有必要探究不同 K 掺杂量对吸/脱附热力学平衡的影响。图 4.5(a)~(d) 的曲线变化规律与图 4.4(c)、(d) 类似。在 CO_2 体积分数为 5%~20% 时，不同 K 掺杂量样品的平衡温度与 SF 样品十分接近。然而，在 50% CO_2 下，各样品的 CO_2 吸附能力、平衡温度均随 K 掺杂量增加而下降。

　　为探究该现象的原因,进行了样品表征与相变分析。图 4.6 为 SF 与 SF10K 样品吸/脱附 50% CO_2 前后的分析图。从 N_2 吸/脱附实验看出,样品均属于 IUPAC III 型与 H3 滞后回路,说明样品无孔或有少量微孔。图 4.6(a) 的孔径分布图表明吸/脱附前后,SF 与 SF10K 样品的主要孔径尺寸<5nm。图 4.6(b) 表明在吸/脱附之后,SF 样品的比表面积从 1.638 m^2/g 增至 2.963 m^2/g,而 SF10K 样品的比表面积则从 3.331 m^2/g 降至 1.983 m^2/g,说明 SF10K 样品经历吸/脱附后发生了颗粒聚集。图 4.7 的相变图表明,在 500℃ 以上形成 Li_2CO_3-K_2CO_3 共熔物,在 675℃ 以上形成 Li_2SiO_3-K_2CO_3 共熔物。因此,可以推断掺杂 K 将率先促进 Li_2CO_3 与 SiO_2 合成 Li_4SiO_4 的反应。

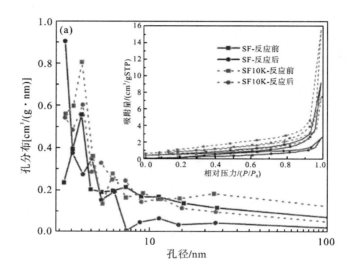

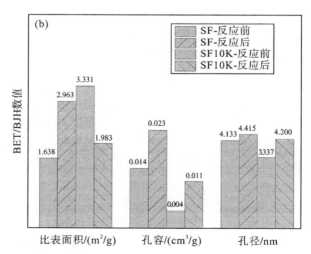

图 4.6　在 50%CO_2 下,SF 与 SF10K 样品吸/脱附 CO_2 前后的 BET/BJH 测试结果:(a)孔径分布与 N_2 等温吸/脱附曲线,(b)微观结构参数

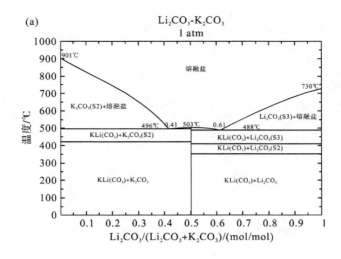

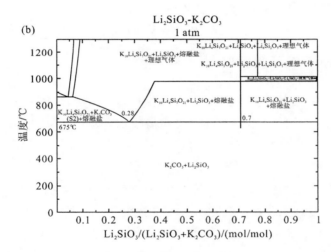

图 4.7 FactSage 软件计算的热力学相变图 (a) Li_2CO_3-K_2CO_3 及 (b) Li_2SiO_3-K_2CO_3

　　基于上述结果，图 4.8 给出了掺杂 K 掺杂吸附剂吸/脱附 CO_2 过程示意图，其中，吸附剂主要包含 Li_4SiO_4、K_2CO_3、Li_2SiO_3 与 Li_2CO_3。图 4.8(b) 中，K_2CO_3、Li_2SiO_3 与 Li_2CO_3 杂质打乱了 Li_4SiO_4 原本的有序排布。温度较低时，Li_2SiO_3 缓慢吸附 CO_2 并生成了少量 Li_2CO_3 与 SiO_2，当温度达到 500℃或 675℃时，Li_2CO_3 或 Li_2SiO_3 将与 K_2CO_3 形成共熔物，晶体共熔现象将促进 Li_2CO_3 与 SiO_2 在 500~900℃时反应生成 Li_4SiO_4。新生成的 Li_4SiO_4 逐渐填充间隙，并与样品中原本存在的 Li_4SiO_4 聚集成团。Li_2CO_3 与 SiO_2 合成 Li_4SiO_4 的副反应最终降低了样品的吸附能力与吸/脱附平衡温度。

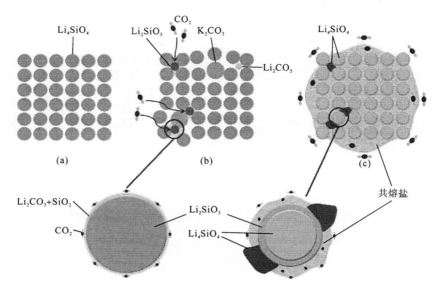

图 4.8　掺杂 K_2CO_3 的 Li_4SiO_4 吸附剂吸附 CO_2 图示：(a)掺杂前，(b)掺杂后缓慢吸附 CO_2，(c)高温吸附/脱附 CO_2

4.1.5　热力学分析与平衡关联式

　　进一步，对实验数据进行了拟合，以获得 Li_4SiO_4 吸附剂的实验热力学平衡边界。图 4.9(a)、(c)、(e)给出了不同硅前驱体、金属掺杂、K 掺杂量的 Li_4SiO_4 吸附剂平衡边界拟合结果。同时以热力学软件计算的理论平衡边界作为参照。可以看出，各种吸附剂的实验平衡边界非常接近，且均高于理论值。此外，图 4.9(b)、(d)、(f)给出了 $\ln P_{CO_2}$ 与 $1/T$ 的线性关系图，焓变(ΔH)与熵变(ΔS)分别通过斜率"b"与截距"a"的大小来反映。需要说明的是，K/Na 掺杂的样品在 CO_2 体积分数为 50%时的平衡边界并未包含在内，根据前面的分析，此时实验曲线的最高点不能准确代表吸/脱附平衡点。

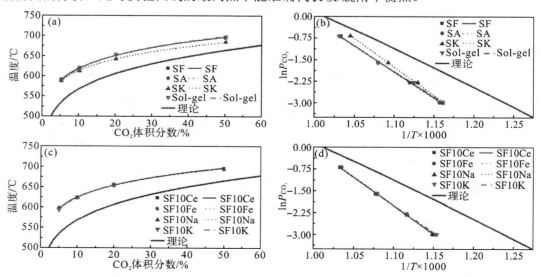

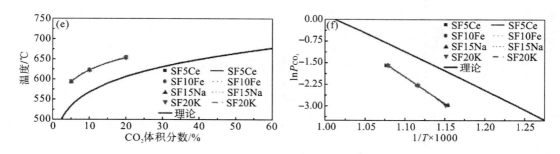

图 4.9 根据热力学定律拟合的实验数据图

对应图 4.9(b)、(d)、(f) 的拟合曲线,表 4.2 列出了各曲线的拟合参数值。理论计算的 ΔH 与 ΔS 分别为 119.84 kJ/mol 与 122.80J/(mol·K),而实验数据拟合所得的 ΔH 与 ΔS 更高,其范围分别为 144.74~165.49kJ/mol 与 143.32~165.47J/(mol·K)。对比不同硅前驱体样品,SK 的 ΔH 与 ΔS 高于 SF、SA 与 Sol-gel。掺杂了金属 Ce/Fe/Na/K 的样品(掺杂金属的摩尔含量都为 0.1),其 ΔH 与 ΔS 十分接近,均高于不掺杂样品 SF。而对于掺杂金属 K 含量不断增大的样品,ΔH 与 ΔS 呈现增大趋势。因此,可以得出结论,掺杂不同的金属及提高同一种金属的掺杂量都将小幅提高 ΔH 与 ΔS。最后将所有样品数据统一拟合,可以得到 ΔH 与 ΔS 分别为 155.70 kJ/mol 与 154.80J/(mol·K),得到 CO_2 分压与对应平衡温度的数学表达式如式(4.5)。

$$\ln P_{CO_2}(\text{atm}) = -\frac{18727.45}{T(\text{K})} + 18.52 \tag{4.5}$$

表 4.2　热力学拟合的计算参数

参数	a	b	$\Delta H/(\text{kJ/mol})$	$\Delta S/[\text{J/(mol·K)}]$	R^2
理论值	14.8	-14.4	119.84	122.80	0.9982
SF	17.8	-17.9	148.86	147.73	0.9977
SA	18.3	-18.4	153.18	152.32	0.9992
SK	19.8	-19.6	163.05	164.75	0.9983
Sol-gel	17.2	-17.4	144.74	143.32	0.9977
SF10Ce	19.3	-19.4	160.88	160.32	0.9984
SF10Fe	19.5	-19.5	162.50	162.28	0.9986
SF10Na	19.9	-19.9	165.49	165.47	0.9961
SF10K	18.4	-18.5	153.99	152.84	0.9993
SF5K	17.8	-18.0	149.35	147.61	0.9994
SF15K	18.4	-18.5	154.04	152.97	1
SF20K	19.1	-19.2	159.65	159.10	0.9991
综合	18.6	-18.7	155.70	154.80	0.9954

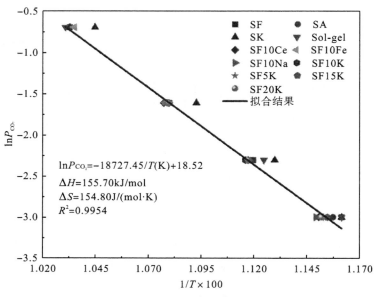

图 4.10　所有实验平衡数据点的拟合

　　通过热力学分析,提出了 Li_4SiO_4 吸附剂吸/脱附 CO_2 的热力学平衡边界的实验表达式。值得一提的是,该表达式是通过对颗粒大小为 74~106 μm 的吸附剂进行实验得到的,使用细颗粒的目的是得到本征平衡边界,还可以更有效地观察低浓度 CO_2 下的平衡边界。但在实际的工业应用中[6, 7],如此细小的颗粒不能被直接使用,否则其强烈的颗粒间引力将导致烧结、窜流或堵塞。在工业上为解决这一问题,可采用的方法有小颗粒辅以额外技术如声辅助流态化技术[8, 9],或者造粒技术,如挤压-滚圆法[10]等。

4.2　锂基吸附剂脱附再生动力学特性研究

　　相关研究表明,在低 CO_2 浓度[11]或存在 H_2S/SO_2 等杂质气体[12-16]的情况下,锂基材料的 CO_2 脱附过程将明显受到反应动力学的限制。目前,对于 Li_4SiO_4 脱附再生过程的动力学研究较为匮乏[17-19],尽管部分研究对 Li_4SiO_4 的再生动力学拟合效果良好,但其脱附反应过程均为理想化的纯 N_2 气氛。考虑到 CO_2 捕集的实际情况,CO_2 气氛下的 Li_4SiO_4 再生动力学特性更符合实际工业应用状况。

　　Li_4SiO_4 碳酸化后脱附再生的速率较快,被认为由 Li_4SiO_4 晶体的形成和生长所控制[18]。因此,核壳模型如收缩核模型、阿夫拉米·埃罗费夫(Avrami-Erofeev)模型和幂律模型适用于其再生动力学。收缩核模型具有清晰的机理基础[20],考虑了外部传质阻力、产物层扩散阻力和化学反应阻力[17, 21],但该模型的求解过程较为烦琐。Avrami-Erofeev 模型通过指数 n 的大小来区分化学反应控制阶段和扩散反应控制阶段,但其参数缺乏清晰的物理含义[17]。幂律模型被广泛用于气固反应动力学分析,能够较好地拟合实验数据[22, 23],且不同指数的幂律模型之间可进行快速比较。

　　基于此，本节采用幂律模型对 Li_4SiO_4 吸附剂的再生动力学进行深入研究。首先，探明了不同反应温度与 CO_2 浓度下的 Li_4SiO_4 再生过程特性，并通过 XRD、BET-BJH、SEM-EDS 等表征手段及热重测试，对固相法制备的纯 Li_4SiO_4 和 K_2CO_3 掺杂的 Li_4SiO_4 进行表征分析与循环性能测试，通过分析初始反应速率得到 CO_2 分压的反应级数和表观活化能。最后，采用幂律模型拟合脱附再生曲线，获得反应常数与本征活化能。

4.2.1　吸附剂制备与基础特性

　　以 Li_2CO_3、SiO_2 和金属掺杂剂 K_2CO_3 为原料，通过典型固相法合成了 Li_4SiO_4 基吸附剂。合成吸附剂过程如下：按摩尔比 Li：Si=4.1：1 称量 Li/Si 前驱体，其中 Li 稍过量主要考虑 Li_2CO_3 可能在高温下升华。随后将 Li/Si 前驱体与氧化锆球磨珠混合，在行星式球磨机（XQM-2）中以 400 r/min 的速度混合 65 min（顺时针旋转 10 min，间隔 1min，然后反向旋转 10 min，依此循环 3 次）。接下来将均匀混合的原料置于马弗炉中，750℃恒温煅烧 6h。最后将得到的块状 Li_4SiO_4 进行研磨与筛分，获得 Li_4SiO_4 粉末。对于掺 K_2CO_3 的 Li_4SiO_4，唯一的区别在于原始摩尔配比为 Li：Si：K=4.1：1：0.1，经过上述球磨、煅烧、研磨、筛分得到 $K-Li_4SiO_4$ 粉末。

　　对制备的 Li_4SiO_4 和 $K-Li_4SiO_4$ 样品进行 XRD、BET-BJH、SEM-EDS 表征测试和循环吸/脱附测试。从图 4.11（a）的 XRD 图可以看出，样品 Li_4SiO_4 和 $K-Li_4SiO_4$ 的主峰都为 Li_4SiO_4（PDF#76-1085[24]），另有少量 Li_2SiO_3 和 Li_2CO_3 的峰，推测原因为前驱体中锂过量或样品制备好后吸附少量环境 CO_2。图 4.11（b）中两种吸附剂的 N_2 等温线均存在 H3 型滞后环，表明片状颗粒聚集形成了缝状孔隙[25]。图 4.11（c）对比了两个样品的比表面积、孔容和孔径，发现纯 Li_4SiO_4 的孔容和孔径略大于 $K-Li_4SiO_4$，但前者比表面积更小。从图 4.11（d）可以看出，两种样品的大部分孔径范围为 3～5nm。

　　图 4.12 为 Li_4SiO_4 和 $K-Li_4SiO_4$ 的微观形貌。两种样品都由不规则的颗粒组成，而后者的表面更粗糙，并倾向于团聚。EDS 图中 Si 元素均匀分布。在 $K-Li_4SiO_4$ 样品中 K 元素均匀分散，说明 K 被均匀掺杂进样品中。图 4.13 为 Li_4SiO_4 基吸附剂吸/脱附 CO_2 的曲线。与吸附过程类似，脱附过程也分为快速反应阶段和缓慢扩散阶段，可采用与吸附动力学类似的研究方法。$K-Li_4SiO_4$（约 0.2g/g）比纯 Li_4SiO_4（约 0.04g/g）具有更大的吸附量。

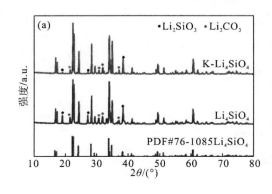

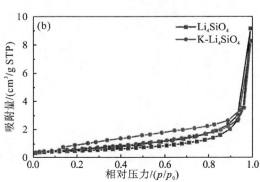

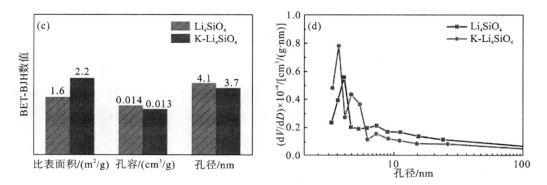

图4.11 吸附剂的物理化学特性：（a）XRD，（b）N_2 等温吸/脱附曲线，

（c）比表面积、孔容和孔径大小，（d）孔径分布

图4.12 SEM 形貌和 EDS 图谱：（a）、（b）Li_4SiO_4；（c）、（d）K-Li_4SiO_4

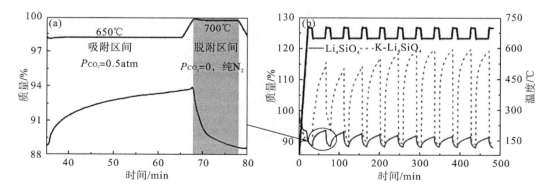

图4.13 （a）Li_4SiO_4 单次吸/脱附曲线，（b）10次循环吸/脱附曲线；吸附条件均为650℃、50%CO_2、30min，

脱附条件均为700℃、纯 N_2、10min

4.2.2 脱附基础特征及动力学方程

首先通过初始表观反应速率的阿伦尼乌斯定律得到表观反应特性，主要参考 CaO 基吸附剂的再生，初始表观反应速率与 $(P_{eq} - P_{CO_2})^n$ 成正比。因此，Li_4SiO_4 基吸附剂再生动力学的表达式如式(4.6)所示，CO_2 理论平衡压力由式(4.7)计算得到。

$$-r_A = \frac{dX}{dt}\bigg|_{t \to 0} = k_0 \cdot \exp(\frac{-E_a}{RT}) \cdot (P_{eq} - P_{CO_2})^n \tag{4.6}$$

$$\ln \frac{P_{eq}}{10132.5} = \frac{-14414.24}{T} + 14.77 \tag{4.7}$$

式中，r_A 为反应速率，s^{-1}；X 为反应转化率，%；k_0 为频率因子，Pa^n/s；R 为通用气体常数；n 为反应级数；T 为反应温度，K。

图 4.13 根据初始线性阶段的斜率随 CO_2 压力变化的规律，得到反应级数[式(4.6)中的 n]，反映出 CO_2 分压对脱附速率的影响。图 4.14(a)、(d)为碳酸化后的 Li_4SiO_4 和 K-Li_4SiO_4 在700℃，0~0.5atmCO_2 下的脱附散点图。结果表明，当 CO_2 分压低于 30% 时，200 s 内 Li_4SiO_4 的再生转化率达 0.8 以上，当 CO_2 分压达到 0.4atm~0.5atm 时，脱附速率显著降低。该现象在 K-Li_4SiO_4 再生中更为明显，表明 CO_2 分压对 Li_4SiO_4 基吸附剂的再生速率影响较大。为获得脱附速率和 CO_2 分压间的数学关系[式(4.6)]首先需确定 CO_2 初始脱附反应速率。

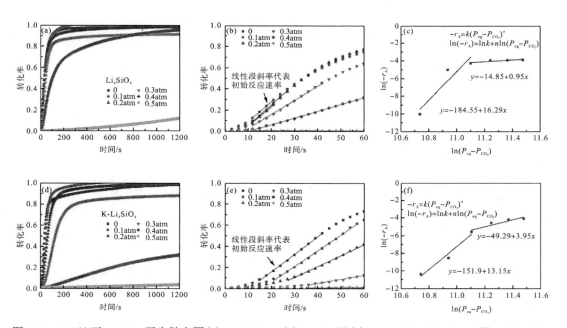

图 4.14　700℃下 Li_4SiO_4 再生散点图(a)0~1200s，(b)0~60s 及(c) $\ln(-r_A)$ - $\ln(P_{eq} - P_{CO_2})$ 图；K-Li_4SiO_4 再生散点图(d)0~1200s，(e)0~60s 及(f) $\ln(-r_A)$ - $\ln(P_{eq} - P_{CO_2})$ 图

图 4.14(b)、(e)截取散点图 0～60s 的线性段进行分析。由于热重测试时气氛的改变，散点图上存在先导期。线性段的起点不在坐标原点，其选择取决于先导期的长短。线性段的斜率即为初始反应速率。值得注意的是，Li$_4$SiO$_4$ 在低 CO$_2$ 分压(0～20%)再生的线性段斜率变化很小，但随 CO$_2$ 分压升至 30%、40% 和 50%，斜率明显随之减小。而对于 K-Li$_4$SiO$_4$，斜率随 CO$_2$ 分压增加而连续减小。图 4.14(c)、(f)通过 $\ln(-r_A)$-$\ln(P_{eq}-P_{CO_2})$ 散点图的线性拟合，计算了 CO$_2$ 分压的反应级数。结果表明，Li$_4$SiO$_4$ 和 K-Li$_4$SiO$_4$ 对 0～30% CO$_2$ 的反应级数分别为 1 和 4，对 30%～50%CO$_2$ 的反应级数分别为 16 和 13。类似地，Sun 等[26]也指出当 CO$_2$ 分压($P_{eq}-P_{CO_2}$)大于 10kPa 时，CaO 的碳酸化速率与 CO$_2$ 分压存在分级的线性关系。

图 4.15(a)、(d)为 Li$_4$SiO$_4$ 和 K-Li$_4$SiO$_4$ 再生的实验转化率-时间图，再生温度范围 625～725℃，气体氛围纯 N$_2$。可以看出，两种吸附剂的再生曲线有相似的变化趋势，即随着温度的升高，初始反应速率变大，快速段和慢速段之间的拐点出现更早。从最终转化率来看，Li$_4$SiO$_4$ 的再生温度越高，最终转化率越大，而 K-Li$_4$SiO$_4$ 再生则无此规律。此外，725℃的 Li$_4$SiO$_4$ 再生反应曲线明显在转化率为 0.6 左右处发生转折，然后经过长时间缓慢增长到接近 1。类似现象在 K-Li$_4$SiO$_4$ 再生过程也出现了。Qi 等[18]认为 Li$_4$SiO$_4$ 在 725℃下再生的过程，最初由化学反应控制，然后进入扩散控制。由于 K$_2$CO$_3$ 掺杂剂可以在较低的温度(约 500℃)下与 Li$_2$CO$_3$ 熔融形成液态共晶混合物[5, 11]，故 K-Li$_4$SiO$_4$ 在 625～725℃温度范围的再生将受到熔融物影响。其结果是由快慢反应阶段的转折点对应的温度不断降低。

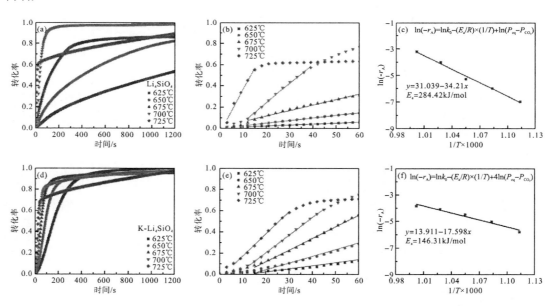

图 4.15 纯 N$_2$ 下 Li$_4$SiO$_4$ 再生散点图(a)0～1200s，(b)0～60s 及(c) $\ln(-r_A)$-$1/T$ 图；K-Li$_4$SiO$_4$ 再生散点图(d)0～1200s，(e)0～60s 及(f) $\ln(-r_A)$-$1/T$ 图

图 4.15(b)、(e)截取散点图 0～60s 的线性段进行分析以获得表观反应速率。同样两种吸附剂存在先导期，且脱附温度越高，先导时间越短。显然 Li_4SiO_4 和 $K-Li_4SiO_4$ 再生的表观反应速率都随温度的升高而增加。根据阿伦尼乌斯方程，这种与温度变化高度相关的特性可通过线性拟合描述，拟合直线的斜率与表观活化能成正比，如图 4.15(c)、(f)所示。结果表明，Li_4SiO_4 和 $K-Li_4SiO_4$ 的表观活化能分别为 284.42 kJ/mol 和 146.31 kJ/mol，说明 K_2CO_3 掺杂能有效降低 Li_4SiO_4 基吸附剂再生的活化能。最后，Li_4SiO_4 和 $K-Li_4SiO_4$ 的再生速率和温度及 CO_2 压力的关系可用式(4.8)～式(4.11)表示。

对 Li_4SiO_4：

当 $6654.41\,Pa < P_{eq} - P_{CO_2} \leqslant 9694.16\,Pa$，

$$-r_A = 3.12 \times 10^9 \times (P_{eq} - P_{CO_2})\exp(-34210/T) \tag{4.8}$$

当 $4627.91\,Pa \leqslant P_{eq} - P_{CO_2} \leqslant 6654.41\,Pa$，

$$-r_A = 4.96 \times 10^{-51} \times (P_{eq} - P_{CO_2})^{16}\exp(-34210/T) \tag{4.9}$$

对 $K-Li_4SiO_4$：

当 $6654.41\,Pa < P_{eq} - P_{CO_2} \leqslant 9694.16\,Pa$，

$$-r_A = 1.25 \times 10^{-10} \times (P_{eq} - P_{CO_2})^4\exp(-17598/T) \tag{4.10}$$

当 $4627.91\,Pa \leqslant P_{eq} - P_{CO_2} \leqslant 6654.41\,Pa$，

$$-r_A = 1.65 \times 10^{-46} \times (P_{eq} - P_{CO_2})^{13}\exp(-17598/T) \tag{4.11}$$

4.2.3　本征反应的幂律模型拟合

进一步，通过整体反应曲线的幂律模型拟合得到脱附反应的本征反应特性。采用公式(4.12)所示的数学反应模型来拟合 CO_2 脱附过程，其中 k 为反应速率常数(s^{-1})：

$$\frac{dX}{dt} = k \cdot F(X) \cdot \left(P_{eq} - P_{CO_2}\right)^n \tag{4.12}$$

值得注意的是，不同的 $F(X)$ 表达式对应不同的气固反应动力学模型。例如，幂律模型的表达式为 $F(X) = (1-X)^m$，m 作为经验参数，在 0 到 10 之间变化[18]。已有研究表明，m 还可以当作一个形状因子，它随颗粒的几何形状或反应级数而改变[27]。根据 CaO 碳酸化和煅烧的动力学研究，当气固反应受化学反应控制时常用 $m=2/3$，受扩散反应控制时常用 $m=4/3$ [23]。

幂律模型包含一系列动力学表达式，根据晶粒的几何形状，经验参数 m 可为 2/3、1/2 或 0[27]。有的研究以 m 作为反应级数，可从 0 变化到 10[18,28]不等。由于选取不同的 m 值将产生不同的拟合精度，幂律模型通常被视为半经验模型。值得注意的是，$m=2/3$ 常被用于描述 CaO 基吸附剂的碳酸化/煅烧反应动力学[22, 23]，而 $m=2$ 能很好地拟合 Li_4SiO_4 基吸附剂的吸附动力学[29]。通过对不同经验参数(m)的幂律公式拟合结果的比较，发现 $m=4/3$ 对实验结果的拟合精度最高。本节将给出详细的拟合曲线及其动力学参数。

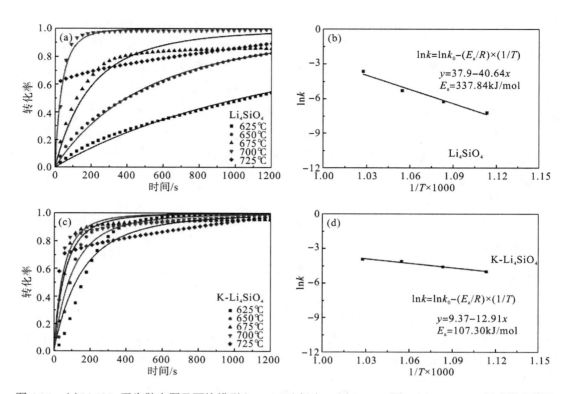

图 4.16 （a）Li_4SiO_4 再生散点图及幂律模型（$m=4/3$）拟合，（b）$\ln k$-$1/T$ 图；（c）K-Li_4SiO_4 再生散点图及幂律模型（$m=4/3$）拟合，（d）$\ln k$-$1/T$ 图

表 4.3　采用幂律模型（$m=4/3$）拟合的 Li_4SiO_4 和 K-Li_4SiO_4 在纯 N_2 中的再生参数

吸附剂	温度/℃	n	$k/(Pa^n/s)$	R^2	$E_a/(kJ/mol)$
Li_4SiO_4	625	1	7.79×10^{-8}	0.9973	
	650	1	2.03×10^{-7}	0.9977	
	675	1	5.25×10^{-7}	0.9506	337.84
	700	1	2.77×10^{-6}	0.9711	
	725	1	5.85×10^{-7}	0.7768	—
K-Li_4SiO_4	625	4	7.32×10^{-19}	0.9772	
	650	4	1.10×10^{-18}	0.9559	
	675	4	1.78×10^{-18}	0.9444	107.30
	700	4	2.13×10^{-18}	0.9366	
	725	4	1.24×10^{-18}	0.8107	—

　　图 4.16（a）、（c）中曲线代表了 0～1200 s 的实验数据点的拟合结果，拟合得到的参数如表 4.3 所示。值得注意的是，几乎所有拟合曲线都具有较高的 R^2 值，这表明 $m=4/3$ 的幂律模型对实验数据具有良好的拟合性。唯一的例外是 725℃下的散点图，在转化率仅为

$0.6\sim0.7$ 时出现了转折,拟合曲线的 R^2 值偏低。前述提到,这种情况很可能是由 K_2CO_3 与 Li_2CO_3 发生结晶共融引起的。此外从 4.2.2 节的结果可以看出,Li_4SiO_4 和 $K-Li_4SiO_4$ 在纯 N_2 中的反应级数 n 分别为 1 和 4。这也导致了两种吸附剂的再生反应速率常数 k 相差很大,如表 4.3 所示。在两种情况下,k 都随着温度升高$(625\sim700℃)$而增加,表现出强烈的温度依赖性。

根据阿伦尼乌斯方程对 $\ln k$ 与 $1/T$ 的散点图进行线性拟合,如图 4.16(b)、(d)所示。结果表明,Li_4SiO_4 和 $K-Li_4SiO_4$ 再生的本征活化能分别为 337.84 kJ/mol 和 107.30kJ/mol。在前人的研究中,收缩核模型和 Avrami-Erofeev 模型得到的纯 Li_4SiO_4 再生的活化能分别为 236.9 kJ/mol [17]、357 kJ/mol [18],本研究的结果介于其间。不同研究所得的活化能大小存在差异,原因可能在于使用的吸附剂中存在其他杂质及选用不同模型。

4.3　硫酸化作用下的碳酸化反应动力学研究

钙循环 CO_2 捕集技术可以应用于大型固定碳排放源(如化石燃料电厂、水泥厂、纸浆厂等)进行 CO_2 气体的捕集。相关研究表明,在钙循环过程中的 CO_2 吸附阶段,工业烟气中的微量 SO_2 气体会不可避免地引起硫酸化副反应,降低钙基材料的 CO_2 吸附性能,且随着循环次数增多,硫酸化的负面影响将逐渐加剧。针对新鲜钙基吸附剂的首次碳酸化反应,国内外学者采用收缩核模型、晶粒模型、随机孔模型、表观动力学模型等,获得了碳酸化反应的基础动力学规律。但是,硫酸化反应的发生及硫酸钙产物的积累会持续影响后续钙循环过程中的碳酸化反应,但是其动力学特性还有待进一步研究。

基于上述问题,本节研究了生石灰在硫酸化作用下的循环 CO_2 吸附反应动力学,重点考察了硫酸化作用下碳酸化/煅烧循环过程中的碳酸化反应动力学变化规律,采用表观动力学模型和 3-D 扩散模型进行了碳酸化的气固反应动力学分析[30]。

4.3.1　硫酸化影响 CO_2 吸/脱附循环特性

首先,对样本 L 进行了 XRF 测试,其化学成分见表 4.4。本节研究了硫酸化对多次循环中碳酸化阶段的影响。为了最大限度减小外部和内部扩散的影响,采用不同的样品质量和颗粒粒径进行了碳酸化预试验,测试结果如图 4.17。从图中可以看出,当样品装载量小于等于 10 mg 时,碳酸化转化曲线几乎不受外部扩散的影响,粒径范围在 $75\sim100$ μm 的吸附剂受内扩散的影响最小。因此,使用粒径范围为 $75\sim100$ μm 的 10 mg 样品进行以下循环煅烧/碳酸化性能试验和动力学研究。

表 4.4　样本 L 各化学成分质量分数(%)

CaO	SiO_2	MgO	Al_2O_3	Fe_2O_3	K_2O	Na_2O	TiO_2	SO_3	MnO	P_2O_5	ZnO
86.56	6.17	2.73	2.32	1.06	0.37	0.30	0.18	0.17	0.05	0.04	0.01

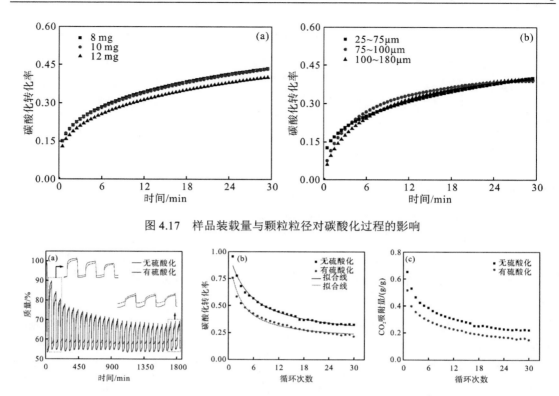

图 4.17　样品装载量与颗粒粒径对碳酸化过程的影响

图 4.18　石灰石在重复多次煅烧/碳酸化循环中的质量变化，碳酸化转化率及 CO_2 吸附量

在煅烧/碳酸化循环过程中的碳酸化反应阶段，有/无硫酸化作用下的吸附剂循环性能如图 4.18 所示。图 4.18(a) 表明，每次煅烧反应结束时，经历过硫酸化的吸附剂的质量大于没有经历过硫酸化的吸附剂的质量，这是因为碳酸化过程中有 $CaSO_4$ 产物的形成，且 $CaSO_4$ 在煅烧过程中具备稳定性，导致随着循环的进行，$CaSO_4$ 产物不断在吸附剂中累积，而又因为产物 $CaSO_4$ 的摩尔质量远大于反应物 CaO 的摩尔质量，所以出现了图中描述的现象。图 4.18(b) 描述了经历 30 次煅烧/碳酸化循环的吸附剂，在每个循环中碳酸化反应的转化率。可见，碳酸化过程中 SO_2 的存在降低了吸附剂的碳酸化转化率。吸附剂在循环过程中的转化衰变可由 Grasa 和 Abanades[31] 提出的式 (4.13) 预测：

$$X_n = \frac{1}{\dfrac{1}{1-X_r} + a \times N} + X_r \tag{4.13}$$

式中，X_r 是残余转化率；N 是循环次数；a 是失活常数。如图 4.18(b) 所示，式 (4.13) 与实验数据吻合良好(无硫酸化作用下的碳酸化过程：$X_r=0.200$，$a=0.243$；有硫酸化作用下的碳酸化过程：$X_r=0.178$，$a=0.500$)。从拟合得到的参数中可以看出，在多次煅烧/碳酸化循环期间，硫酸化会导致较低的残余转化率和较高的失活常数。图 4.18(c) 描述了循环过程中，有/无硫酸化作用下吸附剂对 CO_2 吸附量的变化。在碳酸化阶段，SO_2 存在会导致吸附剂 CO_2 捕集性能显著降低。例如，在第一个循环中，CO_2 吸附量减少了 0.14g，在第 30

个循环中则减少了 0.07g。

4.3.2　吸附剂的基础理化性质

从图 4.19(a)可以看出，由双温区固定床反应器制备的样品 LS5、LS15 和 LS30 中 $CaSO_4$ 的摩尔分数分别为 0.25、0.47 和 0.58。图 4.19(b)中的 XRD 图谱表明，碳酸化过程中存在 SO_2 的情况下，随着循环次数的增加，$CaSO_4$ 的含量增加，CaO 的含量减少。除此之外，两个样品都含有 SiO_2，在 LS30 中还检测到了 $CaSO_3$ 相。

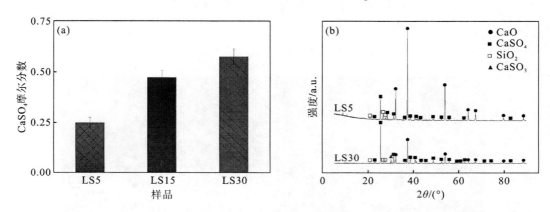

图 4.19　(a)样品 LS5、LS15 和 LS30 中 $CaSO_4$ 的含量，(b)样品 LS5 和 LS30 的 XRD 衍射图谱

新鲜吸附剂(L)和历经多次循环后样品的比表面积、孔容和孔径分布情况如图 4.20 所示。可以看出，比表面积随着煅烧/碳酸化循环次数的增加而减小。尽管样品 LS5 的比表面积略高于 L5，但在硫酸化作用下，经历更多循环的样品(LS15 和 LS30)的比表面积低于 L15 和 L30。图 4.20(b)展示了七个样品的孔容，可以观察到此参数随着循环次数的增加而减少。样品的实测孔径分布如图 4.20(c)、(d)所示。结果表明，样品 L 的孔径主要分布在 3～10nm 和 26～100nm。循环次数增加后，在 3～10nm 和 26～100nm 的孔隙逐渐变小，其中，分布在 26～100nm 的孔隙明显减少。与吸附剂 L 相比，由于硫酸化作用样品中有 $CaSO_4$ 产物的累积，孔径逐渐变小的同时，孔径分布也向较小的孔径方向移动。

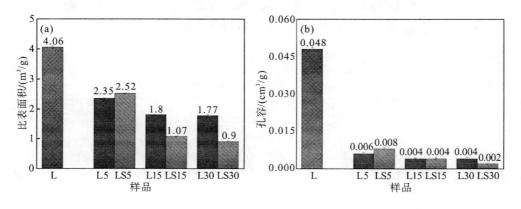

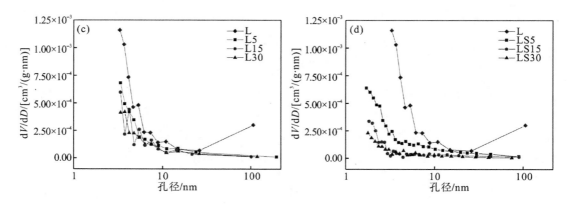

图 4.20　样品的比表面积、孔容和孔径分布

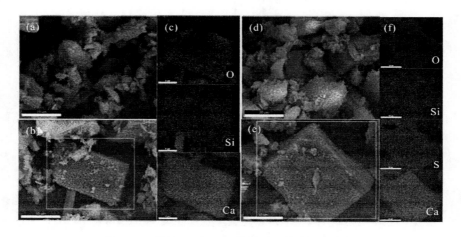

图 4.21　样品 L5 和 LS5 的表面形貌及元素分布

为了获得有/无硫酸化作用下，经过煅烧/碳酸化循环后样品的形态和元素分布，测得 L5 和 LS5 的 SEM-EDS 图像（图 4.21）。如图 4.21(a)、(d) 所示，在相同的放大倍数下，样品 LS5 中的晶粒形状和分布与 L5 非常相似，尽管前者存在 $CaSO_4$。图 4.21(b)、(e) 是样品 L5 和 LS5 中一个区域的图像，图 4.21(c)、(f) 分别对应于区域的 EDS 面扫描分析。结果显示，只有 LS5 样品中含有硫元素，两个样本中硫和钙都有很好的分散性，在 L5 和 LS5 中都检测到了硅的成分，这与 XRF 和 XRD 的测试结果一致。

4.3.3　新鲜吸附剂碳酸化反应动力学

本章选用表观动力学模型[32]和 3-D 扩散模型[32]分别模拟了碳酸化反应过程中的化学反应控制阶段和扩散控制阶段，转化率(X)和反应时间(t)之间的关系如下：

表观动力学模型：

$$1-\left(1-X\right)^{1/3}=k_c t \tag{4.14}$$

3-D 扩散模型：

$$\frac{1}{X} = \frac{1}{k_d} \cdot \frac{1}{t} + \frac{1}{k_d b} \tag{4.15}$$

式中，k_c 和 k_d 分别是化学反应控制和扩散控制阶段的反应速率常数，它们可以进一步用阿伦尼乌斯方程中的指数前因子（A_c 和 A_d）和活化能（E_c 和 E_d）表示。

为了确定新鲜吸附剂 L 在碳酸化过程中的动力学参数，通过改变碳酸化过程的反应温度来进行探究，如图 4.22（a）所示。新鲜吸附剂的碳酸化转化率随温度的升高而变大。当反应温度为 873K 时，反应进行 30min 后，碳酸化转化率达到 15%，当反应温度升高至 973K 时，最终转化率达到了 40%。图 4.22（b）、（c）表明，在两个反应阶段分别使用上述模型的拟合结果与实验数据吻合良好，表明表观动力学模型和 3-D 扩散模型可以用来分析碳酸化过程的反应动力学。根据图 4.22（b）、（c）中拟合线段的线性斜率可以计算两个阶段的反应速率常数，计算结果见表 4.5。可知，反应速率常数随温度的升高而变大，慢速反应段的速率常数比快速反应段低 2～3 个数量级。如图 4.22（d）所示，两个阶段的活化能根据阿伦尼乌斯方程计算得到，所得数据汇总在表 4.5 中。化学反应控制阶段和扩散控制阶段的活化能分别为 45.98kJ/mol 和 146.39kJ/mol。

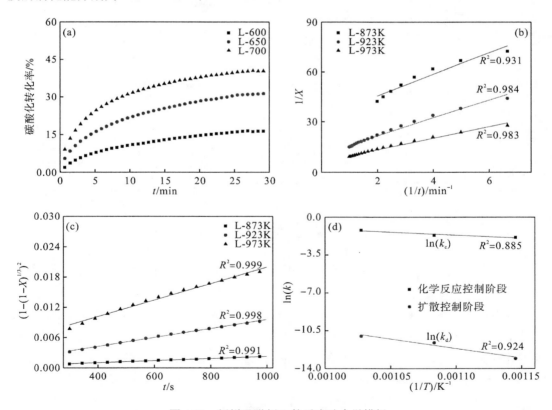

图 4.22　新鲜吸附剂 L 的反应动力学模拟

表 4.5   不同碳酸化温度下样品 L 的反应速率常数和活化能

k_c/s^{-1}			k_d/s^{-1}			E_c/(kJ/mol)	E_d/(kJ/mol)
873K	923K	973K	873K	923K	973K		
2.55×10^{-3}	3.13×10^{-3}	4.91×10^{-3}	2.09×10^{-6}	8.85×10^{-6}	1.64×10^{-5}	45.98	146.39

4.3.4 循环材料的碳酸化反应动力学

通过改变反应温度，研究了经历多次煅烧/碳酸化循环反应后，在硫酸化作用下，样品(L5、L15、L30、LS5、LS15 和 LS30)的碳酸化反应动力学，结果如图 4.23 所示。在 873～973K 温度范围内，随着温度的不断提升，碳酸化转化率随之变快。从图中还可观察到，在相同的循环次数下，经过硫酸化作用的样品的碳酸化转化率低于未发生硫酸化反应的样品。

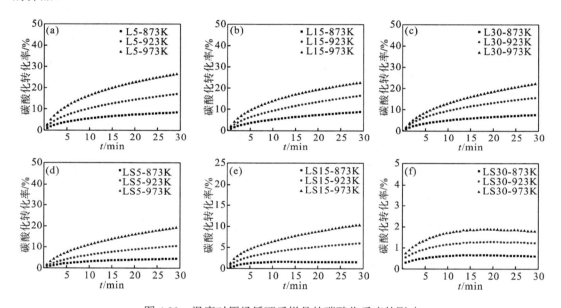

图 4.23   温度对历经循环后样品的碳酸化反应的影响

使用表观动力学模型对样品碳酸化过程快速反应阶段的曲线拟合见图 4.24。反应速率常数即为拟合线的斜率，相应的活化能拟合如图 4.24(d)、(h)所示。为便于比较，反应速率常数和活化能的计算结果列于表 4.6 和表 4.7。从表 4.6 中可看到，快速反应阶段的反应速率常数受温度影响，温度越高，反应速率越大；随着煅烧/碳酸化循环次数的增加，反应速率逐渐降低。在相同循环次数下，硫酸化反应的存在会导致反应速率常数降低。表 4.7 中，循环次数越多，化学反应控制阶段的活化能也越大。而对于经历相同循环次数的吸附剂来说，受到硫酸化作用后，活化能会高于未经历硫酸化反应的样品。例如，经过 30 次循环后，吸附剂 L30 的 E_c 为 81.95kJ/mol，LS30 的 E_c 为 103.46kJ/mol。上述结果表明，硫酸化阻碍了吸附剂在后续吸附过程中的快速反应阶段的反应。

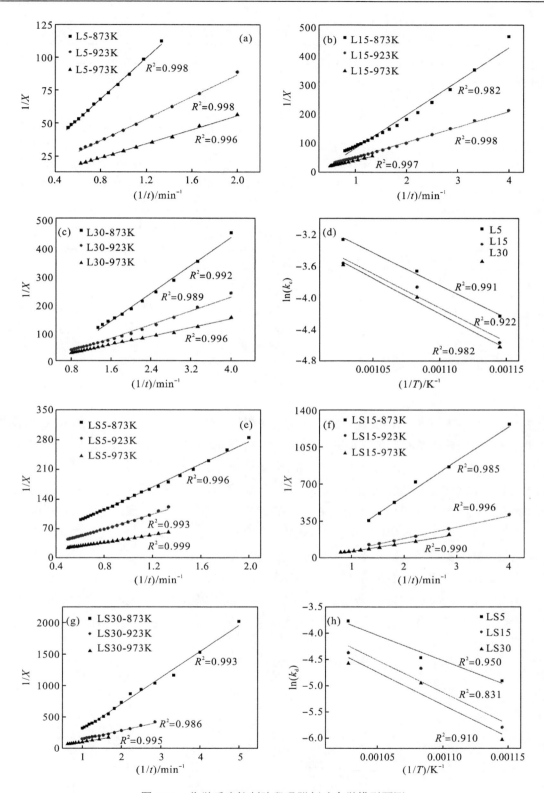

图 4.24　化学反应控制阶段吸附剂动力学模型预测

表 4.6　不同碳酸化温度下样品的反应速率常数

样本	k_c/s^{-1}			k_d/s^{-1}		
	873K	923K	973K	873K	923K	973K
L	2.55×10^{-3}	3.13×10^{-3}	4.91×10^{-3}	2.09×10^{-6}	8.85×10^{-6}	1.64×10^{-5}
L5	2.13×10^{-4}	3.98×10^{-4}	6.21×10^{-4}	5.30×10^{-7}	2.21×10^{-6}	5.89×10^{-6}
L15	1.46×10^{-4}	3.20×10^{-4}	4.45×10^{-4}	4.34×10^{-7}	1.97×10^{-6}	3.89×10^{-6}
L30	1.37×10^{-4}	2.77×10^{-4}	4.36×10^{-4}	5.62×10^{-7}	1.87×10^{-6}	4.26×10^{-6}
LS5	1.24×10^{-4}	1.92×10^{-4}	3.85×10^{-4}	1.50×10^{-7}	8.05×10^{-7}	2.82×10^{-6}
LS15	5.05×10^{-5}	1.56×10^{-4}	2.10×10^{-4}	3.51×10^{-8}	2.59×10^{-7}	6.46×10^{-7}
LS30	4.02×10^{-5}	1.19×10^{-4}	1.72×10^{-4}	2.39×10^{-8}	1.17×10^{-7}	2.52×10^{-7}

表 4.7　不同条件下碳酸化反应的活化能

样本	$E_c/(kJ/mol)$	$E_d/(kJ/mol)$
L	45.98	146.39
L5	75.81	170.40
L15	79.04	155.83
L30	81.95	143.41
LS5	79.88	207.43
LS15	101.59	206.80
LS30	103.46	167.12

图 4.25 描述了慢速碳酸化反应阶段的动力学计算情况，表 4.6 和表 4.7 分别总结了计算得到的反应速率常数和活化能的结果。在慢速反应阶段，反应速率常数随温度升高而增大，经过循环后，反应速率常数的值比新鲜吸附剂低 0~2 个数量级。多次循环后，样品的活化能比新鲜吸附剂的活化能高，这是由于循环后样品中的介孔和大孔损失。据报道，扩散控制阶段的反应很大程度上受孔结构的影响[32]。然而，经过多次循环后，样品的活化能逐渐降低，这可能是孔结构和产物层共同作用的结果。具体来说，经过多次循环后的样品与新鲜吸附剂相比，其孔结构不利于碳酸化，但是，在碳酸化过程的快速反应阶段形成的产物层由于吸附剂的吸附量的损失而变薄，此现象会使慢速反应阶段的扩散阻力变小。由此来看，历经循环后的吸附剂慢速阶段的活化能降低是孔结构与产物层共同作用下的结果。从计算结果中还可看出，经过相同次数循环后，有硫酸化作用的样品的活化能高于无硫酸化作用的样品。

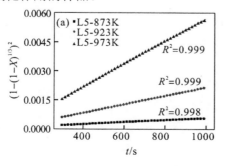
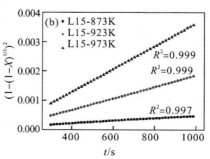

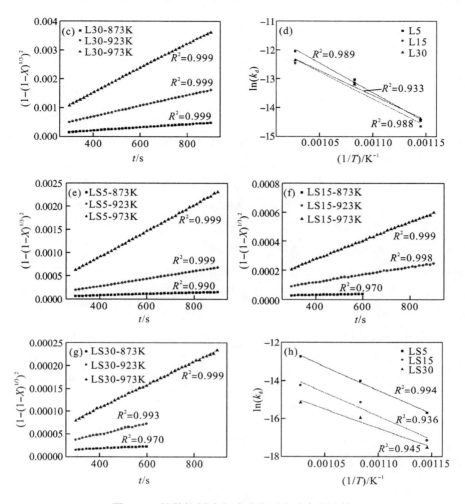

图 4.25 扩散控制阶段碳酸化反应动力学计算

4.4 本 章 小 结

本章从高温 CO_2 吸附剂的碳酸化/再生热力学与动力学特性出发，考察了正硅酸锂吸/脱附 CO_2 热力学平衡边界、锂基吸附剂脱附再生动力学、硫酸化作用下的钙基吸附剂碳酸化反应动力学特性，获得了高温 CO_2 吸附材料的碳酸化/再生反应机制，可以为高温 CO_2 吸附过程优化与反应床体设计提供有效的理论指导。主要工作小结如下：

（1）正硅酸锂吸/脱附 CO_2 过程的热力学平衡边界十分关键，但尚缺乏相对准确的数学关系式进行定量描述。基于此，实验合成了源自不同硅前驱体的 Li_4SiO_4 吸附剂，结合 Ce/Fe/Na/K 金属掺杂进行了修饰改性，并通过热重分析仪测试了 CO_2 分压为 0.05～0.5 atm 范围的热力学平衡边界。结果表明，平衡温度较理论值高 30～60℃，且不同 Si 前驱体与掺杂 Ce/Fe 对平衡边界影响很小。但是，掺杂 K/Na 的吸附剂在 0.5 atm CO_2 的平衡温度显著低于未掺杂吸附剂，且掺杂量越多，平衡温度越低，这主要是由于 500～750℃发生了 Li_4SiO_4 再生与碳酸盐共熔。进一步，通过热力学定律拟合实验数据，得到了 Li_4SiO_4 吸/脱附 CO_2 的平衡边界表达式。

(2) 开展了典型 Li_4SiO_4 和 $K-Li_4SiO_4$ 的脱附再生实验研究，在 CO_2 体积分数为 0～50%，温度 625～725℃的条件下，首次揭示了再生速率对于 CO_2 分压的依赖关系，获得了较为准确的再生速率表达式。结果表明，反应级数 n 出现分级，Li_4SiO_4 和 $K-Li_4SiO_4$ 再生的表观活化能分别为 284.42kJ/mol 和 146.31kJ/mol。此外，利用 $m=4/3$ 的幂律模型拟合了等温脱附过程的转化率-时间关系曲线，揭示了脱附反应的本征动力学特性。

(3) 研究了硫酸化对吸/脱附循环过程中碳酸化反应动力学的影响规律，通过制备经历不同煅烧/碳酸化循环次数的吸附剂，采用表观动力学模型和 3-D 扩散模型对吸附过程的化学反应控制阶段和扩散控制阶段进行了动力学模拟。结果表明：①随着煅烧/碳酸化循环次数的增加，无论有/无硫酸化作用发生，化学反应控制阶段的反应速率常数均会降低。②在快速反应和慢速反应阶段，经过多次循环后，吸附剂的反应速率常数比新鲜吸附剂的反应速率常数小 0～2 个数量级。③多次循环后，样品在两个反应阶段的活化能均高于新鲜吸附剂。其中，快速反应阶段的活化能随循环次数增加而增加，而慢速反应阶段的活化能随之降低，这是由于孔结构与扩散控制共同作用的结果。④吸附剂中 $CaSO_4$ 的存在会进一步降低碳酸化反应的反应速率常数，同时会增加两个反应阶段的活化能。

参 考 文 献

[1] Zhang S, Qi Z, Chen S, et al. Self-activation mechanism investigations on large K_2CO_3-doped Li_4SiO_4 sorbent particles[J]. Industrial & Engineering Chemistry Research, 2015, 54(29): 7292-7300.

[2] Kaniwa S, Yoshino M, Niwa E, et al. Analysis of chemical reaction between Li_4SiO_4 and CO_2 by thermogravimetry under various CO_2 partial pressures—Clarification of CO_2 partial pressure and temperature region of CO_2 absorption or desorption[J]. Materials Research Bulletin, 2017, 94: 134-139.

[3] Wang K, Zhao P, Guo X, et al. High temperature capture of CO_2 on Li_4SiO_4-based sorbents from biomass ashes[J]. Environmental Progress & Sustainable Energy, 2015, 34(2): 526-532.

[4] Zhao M, Fan H L, Yan Feng, et al. Kinetic analysis for cyclic CO_2 capture using lithium orthosilicate sorbents derived from different silicon precursors[J]. Dalton Trans, 2018, 47(27): 9038-9050.

[5] Yang X W, Liu W Q, Sun J, et al. Alkali-doped lithium orthosilicate sorbents for carbon dioxide capture[J]. ChemSusChem, 2016, 917: 2480-2487.

[6] Pröll T, Schöny G, Sprachmann G, et al. Introduction and evaluation of a double loop staged fluidized bed system for post-combustion CO_2 capture using solid sorbents in a continuous temperature swing adsorption process[J]. Chemical Engineering Science, 2016, 141: 166-174.

[7] Schöny G, Dietrich F, Fuchs J, et al. A multi-stage fluidized bed system for continuous CO_2 capture by means of temperature swing

adsorption-First results from bench scale experiments[J]. Powder Technology, 2017, 316: 519-527.

[8]Raganati F, Chirone R, Ammendola P. Calcium-looping for thermochemical energy storage in concentrating solar power applications: Evaluation of the effect of acoustic perturbation on the fluidized bed carbonation[J]. Chemical Engineering Journal, 2020, 392: 123658.

[9]Raganati F, Ammendola P. Sound-assisted fluidization for temperature swing adsorption and calcium looping: A review[J]. Materials, 2021, 14(3): 672.

[10]Ma L, Qin C, Pi S, et al. Fabrication of efficient and stable Li_4SiO_4-based sorbent pellets via extrusion-spheronization for cyclic CO_2 capture[J]. Chemical Engineering Journal, 2020, 379: 122385.

[11]Stefanelli E, Puccini M, Vitolo S, et al. CO_2 sorption kinetic study and modeling on doped-Li_4SiO_4 under different temperatures and CO_2 partial pressures[J]. Chemical Engineering Journal, 379: 122307.

[12]Ma L, Chen S Z, Qin C L, et al. Understanding the effect of H_2S on the capture of CO_2 using K-doped Li_4SiO_4 sorbent[J]. Fuel, 2021, 283: 119364

[13]Zhang S, Zhang Q, Wang H, et al. Absorption behaviors study on doped Li_4SiO_4 under a humidified atmosphere with low CO_2 concentration[J]. International Journal of Hydrogen Energy, 2014 39(31): 17913-17920.

[14]Pacciani R, Torres J, Solsona P, et al. Influence of the concentration of CO_2 and SO_2 on the absorption of CO_2 by a lithium orthosilicate-based absorbent[J]. Environmental Science & Technology, 2011, 45(16): 7083-7088.

[15]Qin C L, He D L, Zhang Z H, et al. The consecutive calcination/sulfation in calcium looping for CO_2 capture: Particle modeling and behaviour investigation[J]. Chemical Engineering Journal, 2018, 334: 2238-2249.

[16]He D, Ou Z, Qin C, et al. Understanding the catalytic acceleration effect of steam on $CaCO_3$ decomposition by density function theory[J]. Chemical Engineering Journal, 379: 122348.

[17]Amorim S M, Domenico M D, Dantas T L, et al. Lithium orthosilicate for CO_2 capture with high regeneration capacity: Kinetic study and modeling of carbonation and decarbonation reactions[J]. Chemical Engineering Journal, 2016, 283: 388-396.

[18]Qi Z, Han D, Yang L, et al. Analysis of CO_2 sorption/desorption kinetic behaviors and reaction mechanisms on Li_4SiO_4[J]. Aiche Journal, 2013, 59(3): 901-911.

[19]Quddus M R, Chowdhury M, Lasa H D. Non-isothermal kinetic study of CO_2 sorption and desorption using a fluidizable Li_4SiO_4[J]. Chemical Engineering Journal, 2015, 260: 347-356.

[20]Vallace A, Brooks S, Coe C, et al. Kinetic model for CO_2 capture by lithium silicates[J]. The Journal of Physical Chemistry C, 2020, 12437: 20506-20515.

[21]López Ortiz A, Bretado M E, Velderrain V G, et al. Experimental and modeling kinetic study of the CO_2 absorption by Li_4SiO_4[J]. International Journal of Hydrogen Energy, 2014, 39(29): 16656-16666.

[22]Kyaw K, Kanamori M, Matsuda H, et al. Study of carbonation reactions of Ca-Mg oxides for high temperature energy storage and heat transformation[J]. Journal of Chemical Engineering of Japan, 1996, 29(1): 112-118.

[23]Fan F, Li Z S, Cai N S. Experiment and modeling of CO_2 capture from flue gases at high temperature in a fluidized bed reactor with ca-based sorbents[J]. Energy & Fuels, 2008, 23(1): 207-216.

[24]Zheng J, Yang Z, He Z J, et al. In situ formed $LiNi_{0.8}Co_{0.15}Al_{0.05}O_2$@$Li_4SiO_4$ composite cathode material with high rate capability and long cycling stability for lithium-ion batteries[J]. Nano Energy, 2018, 53: 613-621.

[25]Kruk M, Jaroniec M. Gas adsorption characterization of ordered organic-inorganic nanocomposite materials[J]. Chemistry of Materials, 2001, 13(10): 3169-3183.

[26]Sun P, Grace J R, Lim C J, et al. Determination of intrinsic rate constants of the $CaO-CO_2$ reaction[J]. Chemical Engineering Science, 2008, 63(1): 47-56.

[27]Bhatia S K, Perlmutter D D. A random pore model for fluid-solid reactions: I. Isothermal, kinetic control[J]. Aiche Journal, 1980, 263: 379-386.

[28]Ishida, M, Wen C. Y. Comparison of zone-reaction model and unreacted-core shrinking model in solid—gas reactions—I isothermal analysis[J]. Chemical Engineering Science, 1971, 26 (7): 1031-1041.

[29]Rusten H K, E Ochoa-Fernández, Lindborg H, et al. Hydrogen production by sorption-enhanced steam methane reforming using lithium oxides as CO_2-acceptor[J]. Industrial & Engineering Chemistry Research, 2017, 46 (25): 8729-8737.

[30]陈苏苏. 硫酸化作用下钙循环气固反应动力学与 CO_2 吸附全过程模拟研究[D]. 重庆：重庆大学, 2021.

[31]Grasa G S, Abanades J C. CO_2 capture capacity of CaO in long series of carbonation/calcination cycles[J]. Industrial & Engineering Chemistry Research, 2006, 45 (26): 8846-8851.

[32]Guo B H, Wang Y L, Guo J N, et al. Experiment and kinetic model study on modified potassium-based CO_2 adsorbent[J]. Chemical Engineering Journal, 2020, 399: 125849.

第 5 章 CO_2捕集过程杂质影响与作用机制

化石燃料中普遍含有灰分、水分及硫分并随着烟气进入碳酸化反应器。另一方面，为实现再生反应器中 CO_2 高浓度分离，强吸热的脱附再生反应一般由煤的富氧燃烧提供热量[1]，但煤的富氧燃烧会产生煤灰、水蒸气(体积占比 6%～12%)、SO_2(500～3000ppm)、未消耗的 O_2(体积占比 3%～5%)和多种微量酸性气体[2]，从而对于吸附材料的 CO_2 吸/脱附特性产生较为明显的影响。基于此，本章详细介绍了 CO_2 捕集过程中典型气/固杂质对于钙基吸附材料的影响规律及其作用机理，通过实验测试、数值模拟与量化计算对于吸/脱附过程中的碳酸化/硫酸化竞争行为、水蒸气催化作用以及煤灰的影响规律进行了深入分析，可以为基于高温吸附原理的 CO_2 捕集技术应用提供重要指导。

5.1 吸附过程碳酸化/硫酸化竞争反应数值模拟

吸附过程中的碳酸化与硫酸化竞争是 CO_2 吸附技术中的一个重要问题。碳酸化或硫酸化反应为气固反应，反应过程可分为两个阶段[3]。第一阶段由化学反应控制，因为吸附颗粒的多孔性质，CO_2 或 SO_2 与新鲜的 CaO 晶粒反应。在此过程中，由于产物($CaCO_3$ 或 $CaSO_4$)的摩尔体积大于反应物(CaO)，吸附颗粒内的晶粒尺寸就会变大。因此，吸附颗粒孔隙率急剧下降，颗粒内 CO_2 和 SO_2 分子的扩散系数急剧下降。逐渐地，反应进入扩散控制的第二阶段。产物层($CaCO_3$ 或 $CaSO_4$)的形成阻碍了反应物气体扩散到反应界面，所以第二阶段是一个缓慢的反应过程。

当碳酸化和硫酸化同时发生时，气固反应过程将变得更加复杂，其中，涉及两种反应的动力学、颗粒结构变化、热/质传递和气体组分扩散。因此，研究颗粒尺度下 CO_2 捕集过程中的碳酸化/硫酸化竞争反应具有重要意义。同时，吸附颗粒大小、晶粒粒径、孔隙率等的差异也会影响吸附剂在反应过程中的性能。考虑到上述问题很难通过实验进行探究，本节基于变晶粒粒径颗粒原理，构建了一个耦合复杂化学反应、结构演变与热/质传递的单颗粒数值模型来描述同时碳酸化/硫酸化这一过程，并使用建立的颗粒模型研究了硫酸化作用下，反应条件和吸附剂物理参数对于碳酸化/硫酸化并行反应竞争的影响规律[4]。

5.1.1 单颗粒耦合模型构建方法

本工作所用模型是在变晶粒粒径模型(changing grain size model，CGSM)基础上发展而来的。CGSM 已被用于研究许多反应，包括碳酸化过程[3]、硫酸化过程[3]、还原和氧化过程[3]。如图 5.1 所示，该模型认为球形多孔 CaO 颗粒由无数相同尺寸的无孔晶粒组成。

气体可以通过孔隙和产物层扩散与 CaO 晶粒发生反应,且由于产物与反应物的摩尔体积不同,晶粒尺寸随着反应的进行也会发生变化。本模型还假设反应过程中 CaO 颗粒的大小恒定。

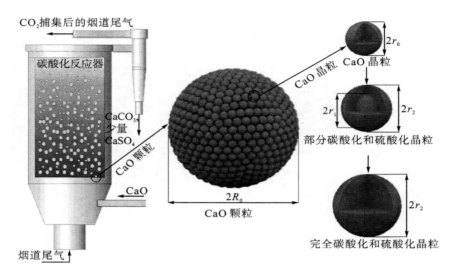

图 5.1　碳酸化反应器内碳酸化/硫酸化过程多孔 CaO 颗粒内晶粒变化示意图

在模型中,认为碳酸化反应级数与 CO_2 分压有关[3],CaO 与 SO_2 的反应与 SO_2 浓度有关,为一级反应[5]。气体通过颗粒内部孔隙的扩散是扩散系数和颗粒结构的函数。对于每个 CaO 晶粒来说,CO_2 通过产物层的扩散率是颗粒转化的函数[3],产物层的 SO_2 扩散率与温度有关[3]。此外,模型中还考虑了颗粒周围的对流/辐射换热以及颗粒内部的热传导。需要注意的是,该模型没有考虑过程中蒸汽的影响,因为蒸汽主要改变了吸附剂的微观结构[3],而微观结构已经包含在模型的初始设置中。

1. 传质方程

考虑化学反应和扩散传质,颗粒内气体"i"浓度的控制方程如下:

$$\frac{\partial C_i}{\partial t} = \frac{1}{R^2}\frac{\partial}{\partial R}\left(D_{\mathrm{e},i}R^2\frac{\partial C_i}{\partial R}\right) - r_i \tag{5.1}$$

初始条件和边界条件如下:

$$C_i(R,t) = C_{0,i}, \quad t = 0 \tag{5.2}$$

$$\left.\frac{\partial C_i}{\partial R}\right|_{R=0} = 0, \quad t \geqslant 0 \tag{5.3}$$

$$-D_{\mathrm{e},i}\left.\frac{\partial C_i}{\partial R}\right|_{R=R_0} = k_{\mathrm{g},i}\left(C_{\mathrm{s},i} - C_{\mathrm{b},i}\right), \quad t \geqslant 0 \tag{5.4}$$

外部传质系数 $k_{\mathrm{g},i}$ 与舍伍德数有关:

$$Sh = \frac{2k_{g,i}R_0}{D_{m,i}} = 2 + 0.6 Re^{1/2} Sc^{1/3} \tag{5.5}$$

式中，R_0 为 CaO 颗粒初始粒径；Re 为雷诺数；Sc 为斯密特；$D_{m,i}$ 为气体 i 的分子扩散系数。

2. 反应动力学方程

碳酸化和硫酸化的反应速率用以下方程式计算：

$$r_{car} = \omega_{car} S_{0,CaO} \left(\frac{r_1}{r_{0,CaO}} \right)^2 \tag{5.6}$$

$$\omega_{car} = \frac{k_{car}\left(C_{CO_2} - C_{eq,CO_2} \right)}{1 + \frac{k_{car}}{D_{s,CO_2}} r_1 \left(1 - \left(\frac{r_1}{r_2} \right) \right)} \tag{5.7}$$

$$r_{sul} = \omega_{sul} S_{0,CaO} \left(\frac{r_1}{r_{0,CaO}} \right)^2 \tag{5.8}$$

$$\omega_{sul} = \frac{k_{sul} C_{SO_2}}{1 + \frac{k_{sul}}{D_{s,SO_2}} r_1 \left(1 - \left(\frac{r_1}{r_2} \right) \right)} \tag{5.9}$$

式中，ω_{car} 为 CaO 碳酸化表面反应速率；ω_{sul} 为 CaO 硫酸化表面反应速率；C_{CO_2} 为颗粒内部的 CO_2 气体浓度；C_{SO_2} 为颗粒内部的 SO_2 气体浓度；C_{eq,CO_2} 为 CO_2 气体平衡浓度；k_{car} 为 CaO 碳酸化反应速率常数；k_{sul} 为 CaO 硫酸化反应速率常数；D_{s,CO_2} 为 CO_2 气体通过产物层的扩散系数；D_{s,SO_2} 为 SO_2 气体通过产物层的扩散系数；$S_{0,CaO}$ 为 CaO 初始比表面积；r_1 为未反应 CaO 的晶粒粒径；r_2 为覆有 $CaCO_3$ 和 $CaSO_4$ 产物的晶粒粒径；$r_{0,CaO}$ 为固体 CaO 的初始晶粒粒径。

碳化反应速率常数 k_{car} 根据 CO_2 平衡浓度和颗粒内 CO_2 浓度计算[3]：
当 $0 < P_{CO_2} - P_{eq,CO_2} \leqslant 10\,\mathrm{kPa}$ 时，

$$k_{car} = 1.67 \times 10^{-4} \exp\left(-\frac{29000}{R_{gas}T} \right) \times \left(C_{CO_2} - C_{eq,CO_2} \right) \times \frac{R_{gas}T}{1000} \times V_{n,CaO} \tag{5.10}$$

当 $P_{CO_2} - P_{eq,CO_2} > 10\,\mathrm{kPa}$ 时，

$$k_{car} = 1.67 \times 10^{-3} \exp\left(-\frac{29000}{R_{gas}T} \right) \times V_{n,CaO} \tag{5.11}$$

CO_2 通过产物层的扩散系数定义为[3]

$$D_{s,CO_2} = D_{s,CO_2} \times \exp\left(-aX_{w,CaO} \right) \tag{5.12}$$

硫酸化反应速率常数是温度的函数[3]：

$$k_{sul} = 0.01 \exp\left(-\frac{42000}{R_{gas}T} \right) \tag{5.13}$$

SO_2 通过产物层扩散系数为[3]

$$D_{s,SO_2} = 6.71 \times 10^{-6} \times \exp\left(-\frac{83140}{R_{gas}T}\right) \tag{5.14}$$

CO_2 的平衡浓度由 Baker[6] 提出的方程得出：

$$C_{eq,CO_2} = 101325 \times \frac{10^{\left(7.079 - \frac{8308}{T}\right)}}{R_{gas}T} \tag{5.15}$$

固体 "j" 的初始比表面积由下式定义：

$$S_{0,j} = \frac{3(1-\varepsilon_0)}{r_{0,j}} x_{0,j} \tag{5.16}$$

3. 结构和化学组分变化

未反应晶粒尺寸计算公式如下：

$$\frac{dr_1}{dt} = -(\omega_{car} + \omega_{sul})V_{n,CaO} \tag{5.17}$$

上述方程的初始条件是：$r_1 = r_0$。

晶粒尺寸 r_2 与未反应尺寸 r_1 之间的关系由以下表达式定义：

$$n_{CaCO_3}V_{n,CaCO_3} + n_{CaSO_4}V_{n,CaSO_4} = \frac{4}{3}\pi\left(r_2^3 - r_1^3\right) \tag{5.18}$$

产品层由以下方程式计算：

$$\frac{dn_{CaCO_3}}{dt} = 4\pi r_1^2 \omega_{car} \tag{5.19}$$

$$\frac{dn_{CaSO_4}}{dt} = 4\pi r_1^2 \omega_{sul} \tag{5.20}$$

结合式 (5.17) ～式 (5.20)，可得出以下表示晶粒尺寸 r_2 的方程式：

$$\frac{dr_2}{dt} = \frac{r_1^2}{r_2^2}\left[\omega_{car}\left(V_{n,CaCO_3} - V_{n,CaO}\right) + \omega_{sul}\left(V_{n,CaSO_4} - V_{n,CaO}\right)\right] \tag{5.21}$$

气体 "i" 的有效扩散系数是由颗粒孔隙度确定的：

$$D_{e,i} = \left(D_{m,i}^{-1} + D_{K,i}^{-1}\right)^{-1}\varepsilon^2 \tag{5.22}$$

颗粒孔隙率在反应过程中发生变化，计算如下：

$$\varepsilon = \varepsilon_0 - (1-\varepsilon_0)\left[\left(Z_{car}-1\right)X_{CaCO_3} + \left(Z_{sul}-1\right)X_{CaSO_4}\right]x_{0,CaO} \tag{5.23}$$

式中，$Z_{car} = \dfrac{V_{n,CaCO_3}}{V_{n,CaO}}$，$Z_{sul} = \dfrac{V_{n,CaSO_4}}{V_{n,CaO}}$。

根据维尔克 (Wilke) 方程，计算了混合气体中气体 "i" 的分子扩散系数

$$D_{\text{m},i} = \frac{1 - y_i}{\displaystyle\sum_{l=1,l\neq i}^{n} \frac{y_l}{D_{\text{m},(i,l)}}} \tag{5.24}$$

其中，$D_{\text{m},(i,l)}$表示气体"i"在气体"l"中的分子扩散率，并使用方程[7]计算：

$$D_{\text{m},(i,l)} = \frac{3.2\times10^{-4} T^{1.75} \left(M_i^{-1} + M_l^{-1}\right)^{0.5}}{P\left[\left(\sum v\right)_i^{1/3} + \left(\sum v\right)_l^{1/3}\right]^2} \tag{5.25}$$

努森扩散系数计算如下：

$$D_{\text{K},i} = \frac{6.135\varepsilon}{S_e} \sqrt{\frac{T}{M_i}} \tag{5.26}$$

颗粒的比表面积由下式确定：

$$S_e = S_{0,\text{CaO}} \left(\frac{r_2}{r_{0,\text{CaO}}}\right)^2 + S_{\text{inert}} \tag{5.27}$$

任一时刻，在不同颗粒位置，颗粒内部固体组分的局部转化都有所不同，其计算公式如下：

$$X_{\text{CaO}}\left(R,t\right) = \frac{r_1^3}{r_{0,\text{CaO}}^3}$$

$$X_{\text{CaCO}_3}\left(R,t\right) = \frac{r_{0,\text{CaO}}^3 Z_{\text{sul}} + r_1^3\left(1 - Z_{\text{sul}}\right) - r_2^3}{r_{0,\text{CaO}}^3\left(Z_{\text{sul}} - Z_{\text{car}}\right)} \tag{5.28}$$

$$X_{\text{CaSO}_4}\left(R,t\right) = \frac{r_{0,\text{CaO}}^3 Z_{\text{car}} + r_1^3\left(1 - Z_{\text{car}}\right) - r_2^3}{r_{0,\text{CaO}}^3\left(Z_{\text{car}} - Z_{\text{sul}}\right)}$$

在整个颗粒中，固体成分在任一时刻的平均转化率使用以下方程式计算：

$$X_{\text{w,CaO}}\left(t\right) = \frac{3}{R_0^3}\int_0^{R_0} R^2 X_{\text{CaO}}\left(R,t\right)\mathrm{d}R$$

$$X_{\text{w,CaCO}_3}\left(t\right) = \frac{3}{R_0^3}\int_0^{R_0} R^2 X_{\text{CaCO}_3}\left(R,t\right)\mathrm{d}R \tag{5.29}$$

$$X_{\text{w,CaSO}_4}\left(t\right) = \frac{3}{R_0^3}\int_0^{R_0} R^2 X_{\text{CaSO}_4}\left(R,t\right)\mathrm{d}R$$

4. 传热方程

单一颗粒的非稳态传热方程为

$$\overline{\rho c_{\text{p}}} \frac{\partial T}{\partial t} = \frac{1}{R^2}\frac{\partial}{\partial R}\left(\lambda_{\text{ef}} R^2 \frac{\partial T}{\partial R}\right) - r_{\text{car}}\Delta H_{\text{car}} - r_{\text{sul}}\Delta H_{\text{sul}} \tag{5.30}$$

初始条件和边界条件如下：

$$T = T_0, \quad t = 0 \tag{5.31}$$

$$\left.\frac{\partial T}{\partial R}\right|_{R=0} = 0, \quad t \geqslant 0 \tag{5.32}$$

$$\lambda_{\text{ef}} \frac{\partial T}{\partial R}\bigg|_{R=R_0} = h_{\text{c}}\left(T_{\text{b}} - T_{\text{s}}\right) + e\sigma\left(T_{\text{b}}^4 - T_{\text{s}}^4\right), \quad t \geqslant 0 \tag{5.33}$$

式(5.33)中的对流换热系数计算公式如下：

$$h_{\text{c}} = \frac{Nu\lambda_{\text{g}}}{2R_0} \tag{5.34}$$

其中，式(5.34)中的努赛尔数由以下方程式得出：

$$Nu = 2 + 0.6Re^{0.5}Pr^{0.33} \tag{5.35}$$

颗粒的有效导热系数取决于固体和气体的导热系数和孔隙率，计算如下：

$$\lambda_{\text{ef}} = \frac{1}{3}\left[\varepsilon\lambda_{\text{g}} + (1-\varepsilon)\lambda_{\text{s}}\right] + \frac{2}{3}\left[\frac{\varepsilon}{\lambda_{\text{g}}} + \frac{1-\varepsilon}{\lambda_{\text{s}}}\right]^{-1} \tag{5.36}$$

固体内部的导热系数由下式计算：

$$\lambda_{\text{s}} = \frac{1}{\sum \dfrac{f_{\text{v},j}}{\lambda_{\text{s},j}}} \tag{5.37}$$

颗粒内气体的热导系数由下式计算：

$$\lambda_{\text{g}} = \sum_{i=1}^{n} \frac{y_i \lambda_{\text{g},i}}{\sum\limits_{l=1}^{n} y_l A_{il}} \tag{5.38}$$

其中，

$$A_{il} = \frac{\left[1 + \left(\dfrac{\mu_i}{\mu_l}\right)^{0.5}\left(\dfrac{M_i}{M_l}\right)^{0.25}\right]^2}{8^{0.5}\left[1 + \left(\dfrac{M_i}{M_l}\right)\right]^{0.5}} \tag{5.39}$$

有效热容定义为

$$\overline{\rho c_{\text{p}}} = (1-\varepsilon)\rho_{\text{s}}c_{\text{p,s}} + \varepsilon\rho_{\text{g}}c_{\text{p,g}} \tag{5.40}$$

5.1.2   吸附剂参数测定与模型验证

为了验证颗粒模型的准确性，使用热重分析仪(TGA)进行了三组实验测试，固体吸附剂使用天津大茂化学试剂厂生产的纯 $CaCO_3$ 颗粒。在热重分析实验和表征测试之前，均对 $CaCO_3$ 颗粒进行了筛分，筛分尺寸为 $0.08\sim0.1\text{mm}$。

根据 BET 和 BJH 方法，CaO 样品的比表面积为 $9.10\text{m}^2/\text{g}$，平均孔径为 53.37nm，孔体积为 $0.13\text{cm}^3/\text{g}$。图 5.2(a) 显示了样品的孔径分布(pore size distribation，PSD)，该分布是使用 BJH 模型从氮气等温线的脱附分支导出的。可以看出，大多数孔径在 $25\sim100\text{nm}$ 的范围内，比文献[3]中的范围稍大，这是因为本研究采用纯 $CaCO_3$ 代替含有杂质的石灰石或白云石作为氧化钙的前驱体。图 5.2(b) 中 CaO 的压汞孔隙测定曲线描述了注入汞体积与孔径之间的关系。结果表明，颗粒内部大部分孔隙在 $25\sim100\text{nm}$ 范围内，与 N_2 吸/脱附等温线的结果基本一致。600～1300nm 范围内的孔径被认为是氧化钙颗粒间空隙。此外，CaO 的孔隙率与汞的侵入量有直接关系，测得的 CaO 孔隙率为 0.71。

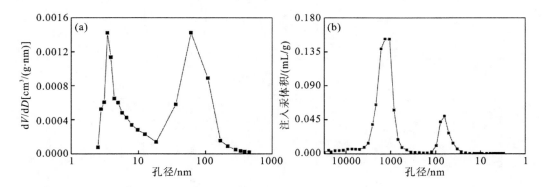

图 5.2　CaO 样品在 BJH 曲线和压汞孔隙率曲线中的孔径分布

在 MATLAB 平台上采用有限体积法(finite volame method，FVM)对耦合方程组进行了数值求解。求解前，为兼顾计算速度和精度，进行了网格无关性验证，最终选取时间步长 0.01s 和空间网格数 1000 进行数值求解。

首先，使用模型分别模拟了单独碳酸化、单独硫酸化过程。如图 5.3(a)、(b)所示，模拟和实验得到的 $CaCO_3$ 或 $CaSO_4$ 的摩尔分数随时间的变化几乎相同，因此该模型可以很好地描述单独碳酸化或硫酸化的过程。需要注意的是，由于时间限制，在单独硫酸化过程中没有完全反映出快速反应和缓慢反应两个阶段。之后，模拟了同时碳酸化/硫酸化过程，模拟结果与实验结果吻合良好，如图 5.3(c)所示。模拟结果与实验结果的高度一致性表明，所建立的模型可以用来研究钙循环系统碳酸化反应器内的并行碳酸化/硫酸化过程。

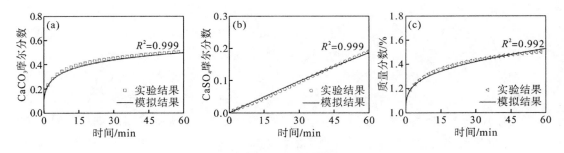

图 5.3　实验结果与模拟结果的比较

5.1.3　并行碳酸化/硫酸化颗粒基础行为

为了全面了解并行反应过程中的颗粒行为，利用建立好的模型模拟了典型反应条件下一些关键参数的变化情况，结果如图 5.4 所示。

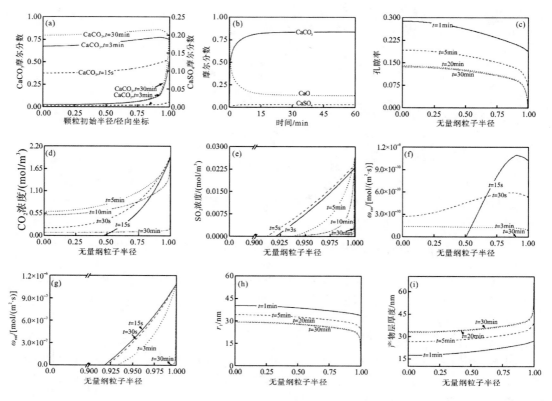

图 5.4　并行碳酸化/硫酸化行为

图 5.4(a)描述了并行碳酸化/硫酸化过程中 $CaCO_3$ 和 $CaSO_4$ 的径向分布。可以看出，随着时间的推移，产物的形成速度减慢。例如，在 CaO 颗粒的中心，需要 15s 才能生成局部摩尔分数为 0.36 的 $CaCO_3$，但几乎需要 3min 才生成局部摩尔分数为 0.67 的 $CaCO_3$。从空间分布上看，颗粒中心与颗粒边缘处相比，转化率较低。很明显，在反应开始 15s 后，由于颗粒径向方向的 CO_2 气体浓度不同，颗粒核心处 $CaCO_3$ 的摩尔分数为 0.36，而颗粒表面处则为 0.5。同样地，硫酸化反应在颗粒的外部进行得更快，这与文献[3]中报告的未反应核模式一致。值得一提的是，图 5.4(a)中反应进行 3min 后，$CaCO_3$ 曲线出现一个峰值，可以推断是硫酸化和碳酸化反应竞争的结果，由于颗粒外侧硫酸化反应进行程度较高，所以碳酸化反应变弱，导致颗粒外侧生成的 $CaCO_3$ 含量呈现降低趋势。

图 5.4(b)为固体含量随时间的变化。结果表明，碳酸化和硫酸化过程均呈先快后慢的变化趋势，即两个反应都由化学反应控制的快速反应阶段和扩散控制的慢速反应阶段构成。

图 5.4(c)显示了并行反应过程中孔隙率在颗粒内部的径向分布。从颗粒核心处到表面，孔隙率逐渐下降，这也在图 5.4(a)中得到证实。由于硫酸化反应的未反应核模式，在 0.9～1 的无量纲粒子半径范围内，孔隙率急剧下降。从图 5.4(c)中还可以看出，孔隙率的减小速度随着时间的推移而减慢。例如，在颗粒中心，孔隙率从 0.5 降低到 0.29 需要 60 s，而将孔隙率从 0.14 降低到 0.13 几乎需要 10 min。很明显，初始快速反应阶段，颗粒孔隙

率迅速降低，在扩散控制阶段，孔隙率缓慢下降。

图 5.4(d)、(e) 为颗粒内 CO$_2$ 和 SO$_2$ 的浓度分布情况。在反应诱导期，CO$_2$ 浓度梯度较高，然后在大约 5min 内其浓度在颗粒内部迅速增加并达到峰值。由于这一阶段有过量的 CO$_2$ 气体参与碳酸化反应，故此阶段反应受到化学反应控制。随着反应的进行，产物 CaCO$_3$ 和 CaSO$_4$ 的生成阻碍了反应气体的扩散，碳酸化反应进入慢速阶段。反应进行 30min 后，CO$_2$ 浓度逐渐降低并接近恒定值，表明此时碳酸化反应几乎停止，如图 5.4(f) 所示。由于 SO$_2$ 气体浓度低、在颗粒内扩散受到抑制的双重作用，硫酸化反应为未反应核模式，即硫酸化反应主要发生在 0.9～1.0 的无量纲粒子半径范围内，如图 5.4(g) 所示。

图 5.4(h) 描述了颗粒内部未反应的 CaO 晶粒的半径变化情况，其变化情况与图 5.4(c) 中孔隙率的变化趋势一致，靠近颗粒核心处的晶粒半径的减小速度小于远离颗粒核心处的晶粒半径减小速度。此外，随着时间的推移，晶粒的尺寸减小速度变慢。比如，反应进行 20min 时，颗粒内部的晶粒半径与反应进行 30min 后的晶粒半径几乎相同，这意味着反应几乎在此期间停止。图 5.4(i) 描述了 CaCO$_3$-CaSO$_4$ 产物层厚度的变化，结果表明从颗粒表面到内部，产物层呈现变薄的趋势，此趋势符合图 5.4(h) 中未反应 CaO 晶粒的变化情况。

5.1.4　反应工况影响碳酸化/硫酸化特性

1. 反应温度的影响

图 5.5(a) 是在碳酸化反应的合理温度范围内[8]，固体产物的数值研究。结果表明，反应动力学主导快速反应阶段，而高温促进了此初始阶段。反应经过 30min 后，碳酸化反应在 948K 的温度下达到最大转化率，这意味着最佳碳酸化温度在 948K 左右，这一模拟结果与之前的研究[3]一致。

通过模拟研究结果还可以观察到，较高的温度也有利于硫酸化的快速反应阶段，这可以从图 5.5(c)、(d) 的体积、表面反应速率得出结论。然而，经过快速反应阶段后，随着温度的升高，CaSO$_4$ 的含量略有下降，其最终摩尔分数在 923K 的温度下为 0.03，在 973K 时为 0.02。这一现象可由以下说法解释：根据式 (5.8)，硫酸化反应的体积反应速率由表面反应速率和比表面积共同决定。虽然高温可以一直提升表面反应速率，但由于初期较快的反应会导致未反应的 CaO 颗粒比表面积变小。在这种情况下，随着温度的升高，硫酸化的体积反应速率受到限制。虽然表面反应速率变大，但是比表面积减小，在这两种作用机制的共同影响下，在硫酸化反应的慢速反应阶段，高温会使其体积反应速率降低。

图 5.5(b) 显示，颗粒温度在最初几秒钟内迅速上升，然后下降到与碳酸化反应器内温度一致。例如，当反应器温度处在 973K 时，颗粒温度在 3s 内达到最高值 1090K，但在 15s 后降至略高于 973K 的温度，并持续、缓慢降至 973K 直至反应结束。这也表明了反应过程中存在一个快速反应阶段和一个由扩散控制的缓慢反应阶段。

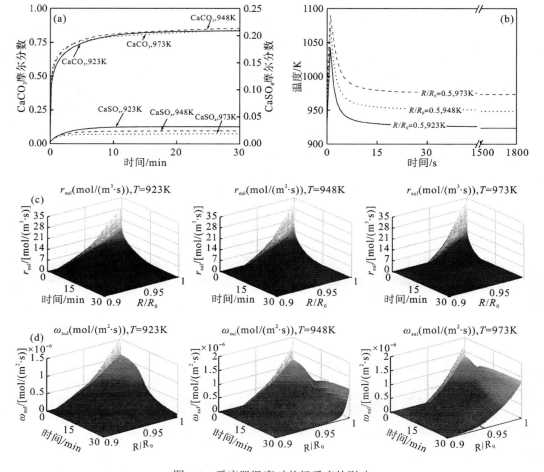

图 5.5　反应器温度对并行反应的影响

2. CO_2/SO_2 体积分数的影响

本书还研究了 CO_2 或 SO_2 体积分数[9]对并行反应的影响。图 5.6(a) 表明，增加 SO_2 浓度会加快硫酸化反应速率，并提高 $CaSO_4$ 的最终产量。而 SO_2 浓度越高，$CaCO_3$ 产物的含量就越低。值得注意的是，碳酸化反应依然是这一并行反应过程的主导反应，尽管碳酸化反应过程在一定程度上受到了抑制，这也可以从图 5.6(b) 中看出，即碳酸化是主要反应，硫酸化是次要反应。这也就解释了图 5.6(d) 中 CaO 的最终总转化率随着 SO_2 浓度的升高而下降的原因。

图 5.6(c)、(d) 展示了 CO_2 浓度对 $CaCO_3$ 摩尔分数随时间的变化情况和对 CaO 最终转化率的影响。结果表明，CO_2 浓度从 15% 提高到 25% 时，CaO 最终转化率从 86% 提高到 92%。具体来说，$CaCO_3$ 摩尔分数从 83% 提高到 90%，但是 $CaSO_4$ 的摩尔分数从 3% 降低到 2.4%。这些趋势与之前报道的实验结果一致[10]。同样，由于碳酸化反应为主导反应，CaO 总转化率也随着 $CaCO_3$ 含量的升高而增大。

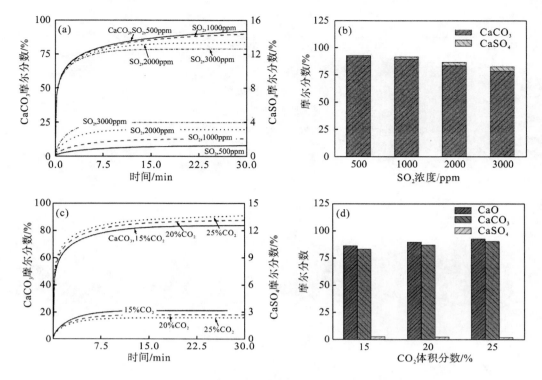

图 5.6　SO₂ 与 CO₂ 浓度对并行反应的影响

5.1.5　颗粒参数影响碳酸化/硫酸化特性

1. 吸附颗粒粒径的影响

与反应条件相比，颗粒物性对反应过程的影响不易通过实验来进行研究，故通过数值模拟，探究了吸附剂初始颗粒粒径、晶粒粒径及孔隙率对反应过程的影响。

本书研究了 CaO 颗粒粒径（0.17～0.54mm）对并行反应的影响[3]。图 5.7(a) 说明较大的初始晶粒粒径会导致 CaO 最终转化率略低。例如，随着粒径从 0.17mm 增加到 0.54mm，CaCO₃ 摩尔分数从 89% 下降到 82% 左右，CaSO₄ 摩尔分数从 7.5% 下降到 3.1%。众所周知，气体在颗粒内部的扩散在反应中起着至关重要的作用，颗粒越大，气体从颗粒表面到核心的扩散阻力越大，CaO 转化率越低。类似地，从图 5.7(b) 中看出，随着颗粒粒径的增加，颗粒核心和表面处的 CaCO₃ 含量的差异变大。此外，如图 5.7(c) 所示，SO₂ 穿透颗粒的距离随着颗粒尺寸的增大而逐渐减小。

2. 吸附剂晶粒粒径的影响

晶粒大小决定了反应界面，并对反应过程有显著影响[3]。在本节中，参考文献[11]中晶粒粒径范围，研究了晶粒粒径（100～400nm）对并行反应的影响。图 5.8(a) 显示，当 CaO 晶粒从 100nm 增加到 400nm 时，CaCO₃ 的摩尔分数从 83% 显著下降到 63%，这与传统的理解一致，即较小的晶粒尺寸有利于反应的进行。

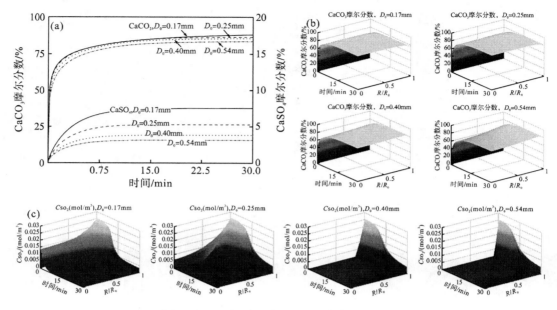

图 5.7　CaO 初始颗粒粒径对并行反应的影响

　　有趣的是，较大的 CaO 晶粒导致 $CaSO_4$ 的最终产量增加。数值模拟结果表明，当 CaO 晶粒为 100nm 时，反应进行 30min 后，只有 3.1% 的 CaO 转化为 $CaSO_4$。当 CaO 晶粒为 400nm 时，约有 10.7% 的 CaO 转化为 $CaSO_4$。图 5.8(b) 表明，在快速反应阶段，较小晶粒尺寸的吸附剂，其在硫酸化过程中的体积反应速率较快。其原因在于，较小的晶粒尺寸会提供更多的反应界面[根据式(5.7)、式(5.8)及式(5.16)]，而此时 CaO 颗粒的碳酸化和硫酸化的表面反应速率与晶粒尺寸无关，故保持不变，又知，快速反应导致孔隙率降低，产物层变得更厚[如图 5.8(c)所示]。因此，CO_2 和 SO_2 通过颗粒内部和产物层的扩散会受到更大的障碍，故随着反应的进行，较小晶粒的并行反应速度变慢。而这种现象在硫酸化反应中更为明显，如图 5.8(b)所示，随着 CaO 晶粒从 100nm 增加到 400nm，硫酸化反应向颗粒的更深区域蔓延。根据式(5.25)和式(5.26)，这可能是由 SO_2 的有效扩散系数比 CO_2 小，且 SO_2 浓度比 CO_2 浓度低得多造成的。

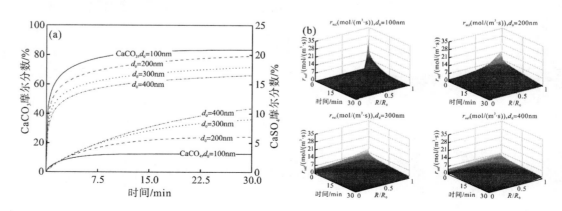

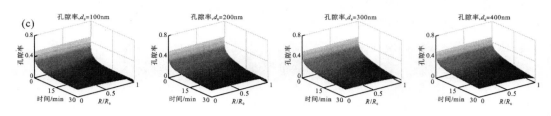

图 5.8　初始 CaO 晶粒粒径对并行反应的影响

3. 吸附剂孔隙率的影响

据报道，孔隙率的优化有利于平衡吸附剂的耐磨性和 CO_2 吸附量[3]，故研究了孔隙率对并行反应的影响。图 5.9(a) 显示了孔隙率从 0.5 到 0.65 变化时固体产物 $CaCO_3$ 和 $CaSO_4$ 的生成情况。结果表明，随着孔隙率从 0.5 增加到 0.65，$CaSO_4$ 的最终摩尔分数增加了 14.1 个百分点。相比之下，初始孔隙率为 0.55 的颗粒，$CaCO_3$ 的最终含量最高，孔隙率继续增加会导致碳酸化转化率略有降低。这些结果表明，当孔隙率大于 0.55 时，硫酸化比碳酸化反应更有竞争力，即碳酸化反应阻力更大。图 5.9(b) 显示了颗粒内未反应的 CaO 的半径，说明当孔隙率变大时，颗粒中的 CaO 含量变少，并行反应程度更高。

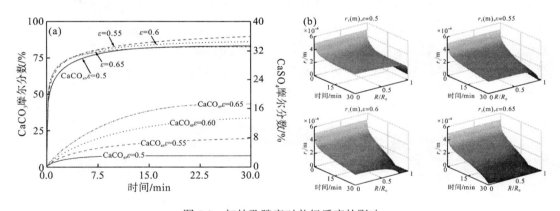

图 5.9　初始孔隙率对并行反应的影响

5.2　水蒸气加速吸附剂分解再生特性与机理

对于富氧燃煤供热的再生反应器，燃烧产物中水蒸气体积分数在 5%～20%，而水蒸气将对钙基材料的吸/脱附特性产生明显的影响。相关研究表明，水蒸气能大幅加快吸附剂分解再生反应的进行。基于该实验现象，国内外学者提出了可能的两方面原因：一、水蒸气改变了吸附剂再生过程中的化学气氛，影响了分解反应的传热/传质过程；二、水蒸气具备催化加速 $CaCO_3$ 表面分解反应的作用。Yin 等[12]利用数值模拟方法计算了水蒸气存在对 $CaCO_3$ 分解反应中传热/传质过程的影响。结果表明，水蒸气会在一定程度上影响 $CaCO_3$ 分解反应中传热/传质，但该效应相对有限。此外，对于水蒸气催化加速 $CaCO_3$ 表面分解反应的假想尚未有相关研究报道并验证。因此，本节首先通过实验明确了水蒸气加速 $CaCO_3$ 分解反应的作用规律，进一步基于密度泛函理论，利用量子化学模拟软件，从原子层面对水蒸气加速 $CaCO_3$ 分解反应的机理进行了详细阐述与分析[13]。

5.2.1　实验系统与测试过程

水蒸气在高温下将对吸附剂的再生特性产生明显的影响，首先通过改变水蒸气浓度考察了水蒸气在高温下对吸附剂再生特性的影响规律。为保证水蒸气与吸附剂间的充分作用，利用流化床-烟气分析仪系统进行测试和数据采集。本工作选取的吸附剂是产地为中国山东省的天然石灰石(L)，其元素组成如表 5.1 所示。为确保天然石灰石颗粒在流化床反应器中的充分流态化，实验前利用球磨机将天然石灰石碾磨并筛选出粒径 0.1～0.3mm 的颗粒，而通入气体的流量在预实验中进行了选取，实验中通入流化床反应器中的气体流量为 1.7L/min。实验中，将大约 2g 粒径为 0.1～0.3mm 的天然石灰石颗粒放置于流化床反应器中的石英砂薄片上，在 900℃高温下煅烧 2h 以保证天然石灰石的完全分解，之后通入体积占比 15%CO_2 和 85%N_2 的混合气体进行 30min 的碳酸化反应。在吸附剂完全吸附 CO_2 后，以 10℃/min 的升温速率将流化床反应器中的温度由 650℃升至 900℃，升温过程中同样以 1.7L/min 的气体流量通入水蒸气和氮气，其中水蒸气浓度分别为 5%、10%和 15%。水蒸气的形成通过注射泵均匀注入水，之后经加热带 150℃加热形成水蒸气后随氮气引入流化床反应器中。吸附剂的分解速率利用烟气分析仪测试反应器排出尾气中的 CO_2 浓度计算获得。

表 5.1　初始煅烧后天然石灰石 L 的元素组成

组分	质量分数/%	组分	质量分数/%
CaO	88.322	TiO_2	0.136
SiO_2	5.773	SrO	0.098
MgO	2.194	SO_3	0.079
Al_2O_3	1.774	P_2O_5	0.057
Fe_2O_3	1.021	MnO	0.054
K_2O	0.376	共计	99.884

需要注意的是，部分研究表明 CO_2 的分压将影响 $CaCO_3$ 的分解速率，且 $CaCO_3$ 的分解速率可以用式(5.41)和式(5.42)进行表示：

$$R_r = \left[A\exp\left(\frac{-E}{RT}\right) \right]\left(P^* - P_{CO_2}\right) \tag{5.41}$$

$$P^* = 4.192 \times 10^9 \exp\left(\frac{-20474}{T}\right) \tag{5.42}$$

式中，P^* 是 $CaCO_3$ 分解反应中的 CO_2 平衡分压，该值和分解温度相关；P_{CO_2} 是实验过程中 CO$_2$ 的实际分压；A 为指前因子，取值为 0.012mol/(m^2·s·kPa)；E 为活化能，取值为 33.47kJ/mol。

　　基于 CaCO$_3$ 的分解速率反应式可知，由于平衡分压 P^* 是恒定的，而式 (5.41) 和式 (5.42) 中假定活化能和指前因子均为固定的值。故而可以从上述公式中定性判断，煅烧气氛中越高的 CO$_2$ 分压将阻碍 CaCO$_3$ 的分解。因此，为尽可能排除由 CO$_2$ 分压的改变引起的 CaCO$_3$ 分解速率的变化，本节实验中 CO$_2$ 的浓度保持不变，而反应床内压力在反应器前端进行监测，且后端与大气保持连通，即反应过程中总压力几乎无变化。因此，实验中 CO$_2$ 的分压保持不变。

　　基于 T 检验的误差值计算公式（置信概率为 95% 的双侧置信区间）：

$$P_r = \pm t_{95}(N-1)\frac{s}{\sqrt{N}} \tag{5.43}$$

式中，N 为 3 则自由度的值为 2；根据 T 分布表中双侧置信概率为 95% 的 $t_{95}(2)$ 为 4.303；s 为测试的标准差。

5.2.2　水蒸气浓度的影响特性分析

　　本研究通过流化床反应器中的实验首先考察了不同浓度水蒸气对吸附剂再生开始温度的影响规律，如图 5.10(a) 所示。为确保实验数据的可靠性，对不同浓度水蒸气下吸附剂的再生开始温度都进行了 3 次测试，并选取测试数据的平均值作为吸附剂的再生开始温度。而测试数据的误差值通过 T 检验进行计算并取置信概率为 95% 的双侧置信区间，如式 (5.43) 所示。当 CaCO$_3$ 的分解过程中未引入水蒸气时，其在加热至 769℃ 开始快速分解，和文献中 CaCO$_3$ 在纯氮气气氛下的分解温度相符[14]。而随着水蒸气的引入，即使仅引入体积分数为 5% 的水蒸气，CaCO$_3$ 的再生开始温度也由 769℃ 下降至 759℃。值得一提的是，随着流化床反应器中水蒸气浓度每升高 5%，CaCO$_3$ 的再生开始温度则相应地降低 6℃，当反应器中水蒸气浓度达到 15% 时，CaCO$_3$ 的再生开始温度仅为 747℃。因此，实验结果证明，水蒸气将明显地降低 CaCO$_3$ 的再生开始温度，进而使吸附剂的分解过程提前进行。

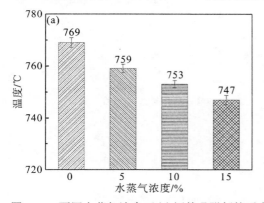
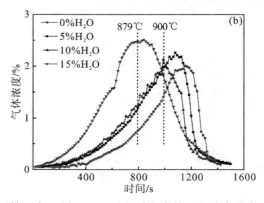

图 5.10　不同水蒸气浓度下 (a) 钙基吸附剂的再生开始温度；(b) CaCO$_3$ 分解过程中的 CO$_2$ 浓度分布

　　另一方面，由于实验中利用烟气分析仪进行气体的在线测试，测试结果反映了CaCO$_3$分解反应中的CO$_2$实时浓度，换言之，生成物CO$_2$的实时浓度可以反映反应物CaCO$_3$的实时分解反应速率。因此，不同浓度水蒸气下CaCO$_3$分解反应中的CO$_2$浓度随时间的变化如图5.10(b)所示。实验结果发现，随着水蒸气浓度的增加，CO$_2$浓度的峰值将更快地实现。当反应中未引入水蒸气时，CaCO$_3$分解过程中的CO$_2$浓度峰值在反应进行1035s后达到，而反应中引入15%浓度水蒸气时，CaCO$_3$分解过程中的CO$_2$浓度峰值在反应仅进行795s后达到。当反应中引入5%和10%浓度水蒸气时，CaCO$_3$的分解过程中CO$_2$浓度变化较为相似，反应中引入10%浓度水蒸气时CaCO$_3$分解过程中的CO$_2$浓度峰值较引入5%浓度水蒸气时提前约100 s。实验结果证明，水蒸气将明显加快CaCO$_3$的分解过程，使CaCO$_3$分解反应的平均速率明显提高。此外，当反应中引入水蒸气时，CaCO$_3$的分解过程中CO$_2$浓度峰值较未引入水蒸气时高出约0.5个百分点，也说明水蒸气提升了CaCO$_3$分解反应的瞬时反应速率。基于上述实验结果，可以证明CaCO$_3$的分解过程中引入水蒸气不仅使CaCO$_3$的再生开始温度降低，同时加速了CaCO$_3$的分解过程，提升了CaCO$_3$的分解反应速率。

　　阿伦尼乌斯方程式关于化学反应速率常数K与温度T之间的关系式：

指数形式：

$$k = A\mathrm{e}^{-\frac{E_a}{RT}} \tag{5.44}$$

活化能E_a：

$$E_a = \frac{RT_1T_2}{T_1 - T_2}\ln\frac{W_1}{W_2} \tag{5.45}$$

　　为进一步分析CaCO$_3$的分解过程中CO$_2$浓度随时间的变化趋势，即CaCO$_3$分解反应的瞬时反应速率随时间的变化趋势，不同水蒸气浓度下CaCO$_3$分解过程中的CO$_2$浓度拟合曲线如图5.11所示。CaCO$_3$分解过程中的CO$_2$浓度拟合曲线为指数函数，该拟合曲线趋势和反映反应速率常数与温度呈指数关系的阿伦尼乌斯公式相符。根据阿伦尼乌斯公式，如式(5.44)，可以发现水蒸气提升了CaCO$_3$的分解反应速率，使CaCO$_3$的分解反应

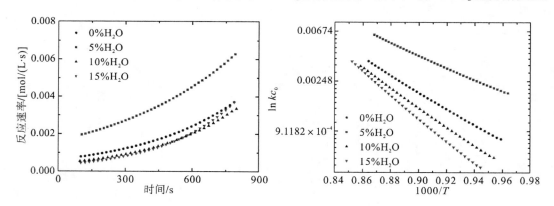

图5.11　不同水蒸气浓度下CaCO$_3$分解反应中的CO$_2$浓度拟合曲线

在更低的反应温度表现出更高的反应速率。对于同一反应，若反应温度分别为 T_1 和 T_2 时其对应的反应速率为 W_1 和 W_1，则该反应的活化能可通过式(5.45)进行计算。因此，基于阿伦尼乌斯公式(5.44)及其推导式(5.45)，可以说明水蒸气降低了 CaCO$_3$ 分解反应的活化能，即水蒸气对 CaCO$_3$ 的分解反应产生了催化作用。为进一步证明上述结论，后续小节将基于密度泛函理论，利用量子化学模拟计算阐明水蒸气对 CaCO$_3$ 分解反应的催化作用机理。

5.2.3　水蒸气加速碳酸钙分解的量化计算

本工作的量子化学模拟通过 Materials Studio 8.0 软件中的 CASTEP(Cambridge Sequen tial Total Energy Paclcage)模块进行计算。Materials Studio 是 ACCELRYS 公司专门为材料科学领域研究者所开发的新一代模拟软件，模拟的内容囊括了催化剂、聚合物、固体化学、结晶学、晶粉衍射以及材料特性等材料科学研究领域的主要课题。Materials Studio 是一个模块化的环境，每种模块提供不同的结构确定、性质预测或模拟方法。而 CASTEP 是基于总能量赝势方法，根据系统中原子数目和种类，预测包括晶格常数、几何结构、弹性常数、能带、态密度、电荷密度、波函数及光学性质在内的各种性质。其高效并行版本可以对含数百个原子的大体系进行处理。CASTEP 被广泛应用于表面化学、物理和化学吸附、多相催化、半导体缺陷、晶粒间界、纳米技术、分子晶体、多晶型研究、扩散机理以及液体分子动力学等领域。CASTEP 使用的是总能量平面波赝势方法，在材料的数学模型中，离子势被赝势所代替。结合赝势和平面波基组的应用，使对体系中的所有原子上的作用力的计算变得极为容易。这使得对分子、固体、表面和界面的离子构型的有效优化成为可能。CASTEP 采用解电子状态方程的数值方法使其具备强大的计算功能。

基于 5.2.2 节的实验结果，水蒸气能降低 CaCO$_3$ 的分解温度，加速 CaCO$_3$ 的分解过程是由于水蒸气降低了 CaCO$_3$ 分解反应的活化能。因此，本节将基于密度泛函理论，利用量子化学模拟进一步阐明 H$_2$O 分子在 CaCO$_3$ 表面的吸附活性位点，探究 H$_2$O 分子在 CaCO$_3$ 表面吸附和解离后，CaCO$_3$ 释放出 CO$_2$ 的反应路径及反应能垒，进而证明水蒸气对 CaCO$_3$ 分解反应的催化作用。

利用 CASTEP 模块进行计算的过程中，采用广义梯度近似(generalized gradient approximation，GGA)的标准 PBE(perdew-burke-ernzerhof)交换关联泛函描述电子交换相关部分，电子波函数用平面波基组展开，原子核与内层电子相互作用由超软赝势表示。此外，第一布里渊区内的取样采用 Monkhorst-Pack 网格，电子占据状态由 Methefessel-Paxton 方法来决定，展开宽度为 0.1eV。对 K 点和截断动能进行了收敛性测试，如图 5.12 所示，最终采用(2×2×1)的 K 点网格进行取样，截断动能设置为 680eV。优化过程中，当作用在非固定原子上的作用力小于 0.03eV/Å 时，计算收敛。过渡态的搜索使用完全线性同步和二次同步变换方法(complete LST/QST)。优化后的晶胞参数 a、b、c 分别为 5.118Å、5.118Å 及 17.293Å，α、β、γ 分别为 90°、90°和 120°，计算值与文献吻合[15, 16]，说明计算参数设置合理。

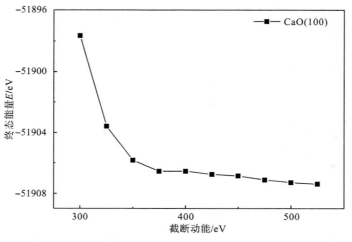

图 5.12　截断动能的选取

　　由于 CaCO₃ 晶体中的 (1 0 -1 4) 表面为中性电荷，且具备相同的钙原子数和碳酸根数，在现有的相关密度泛函理论 (density function theory，DFT) 模拟文献中被认为是最为稳定的表面[134，135]。尽管 CaCO₃ 晶体中的其他表面也在文献中有所涉及，但大量的实验结果证明 CaCO₃ 晶体中的 (1 0 -1 4) 表面最为稳定。因此，本节选取 CaCO₃ 晶体中的 (1 0 -1 4) 表面作为研究对象，如图 5.13 所示。对于模型原子层层数的选取，通过计算发现 3 层和 4 层模型的结构参数和对 H₂O 分子的吸附能相差较小，表明 3 层模型符合计算要求，因此最终计算采用 3 层 CaCO₃ (1 0 -1 4) 模型。计算过程中，底层的钙原子和碳酸根始终固定，上面的两层原子可以在任何方向发生弛豫，从而得到能量最低的几何构型。

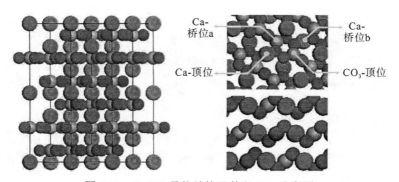

图 5.13　CaCO₃ 晶体结构及其 (1 0 -1 4) 表面

5.2.4　水蒸气在 CaCO₃ (1 0 -1 4) 表面吸附位点

　　CaCO₃ 晶体的 (1 0 -1 4) 表面上有 6 个不同的吸附位点，分别为 Ca-顶位、CO₃-顶位、Ca-穴位、CO₃-穴位、Ca-桥位和 CO₃-桥位。吸附位点是通过同一体系优化后的 H₂O 分子被初始放置于 CaCO₃ (1 0 -1 4) 表面不同的钙原子或碳酸根上的吸附位点进行几何优化和吸附能计算后获得的。通过对比 H₂O 分子在 CaCO₃ (1 0 -1 4) 表面上不同吸附位点的吸附能，可以发现 Ca-桥位 a [图 5.14(a)] 对 H$_2$O 分子表现出最高的吸附能，为 1.16eV，而 Ca-桥位 b [图 5.14(b)] 对 H$_2$O 分子也表现出较高的吸附能，仅较 Ca-桥位 a 低 0.09eV。与此同时，通过对 H$_2$O 分子吸附能的对比，可以发现 Ca-顶位 [图 5.14(c)] 较 Ca-桥位并不适合于吸附 H$_2$O 分子，其对 H$_2$O 分子的吸附能为 0.91eV。相比钙原子上的吸附位点，对 H$_2$O 分子吸附最为稳定的碳酸根吸附位点为 CO$_3$-顶位 [图 5.14(d)]，其对 H$_2$O 分子的吸附能为 0.88eV。

另一方面，对比观察上述 4 个 H$_2$O 分子吸附能较大的吸附位点在几何优化后的构型（图 5.14），可以发现 Ca-桥位 a 作为对 H$_2$O 分子吸附能最大的吸附位点，其吸附 H$_2$O 分子后的几何构型较 H$_2$O 分子被初始置入时发生了明显的变化。无论 H$_2$O 分子被初始置入 CaCO$_3$(1 0 -1 4) 表面时的角度如何变化，在几何优化后，Ca-桥位 a 吸附 H$_2$O 分子后的几何构型均为图 5.14(a) 中的几何构型。从图 5.14(a) 中可以发现，H$_2$O 分子被吸附后与 CaCO$_3$(1 0 -1 4) 表面的夹角逐渐变小，相较吸附前偏转了 51.7°。此外，靠近 CaCO$_3$(1 0 -1 4) 表面的 O—H 键键长为 1.004 Å，而远离 CaCO$_3$(1 0 -1 4) 表面的 O—H 键键长为 0.972 Å。该结果说明 H$_2$O 分子被吸附后，其靠近 CaCO$_3$(1 0 -1 4) 表面的 O—H 键出现了弱化，进而导致后续过程中 H$_2$O 分子的解离。同样地，对 H$_2$O 分子吸附能较大的 Ca-桥位 b 在吸附 H$_2$O 分子后，其几何优化后的构型和 Ca-桥位 a 相似。同样地，无论 H$_2$O 分子的初始倾斜及偏转角度如何变化，H$_2$O 分子被吸附后偏转的角度都与 Ca-桥位 a 几乎保持一致，如图 5.14(b) 所示。上述结果证明，H$_2$O 分子在 Ca-桥位吸附后，其靠近碳酸根的 H 原子受到碳酸根的吸引，进而弱化了 H$_2$O 分子中靠近 CaCO$_3$(1 0 -1 4) 表面的 O—H 键，从而促进了 H$_2$O 分子的解离。相反地，对 H$_2$O 分子吸附能较小的 Ca-顶位在吸附 H$_2$O 分子后，其优化后的几何构型中的 H$_2$O 分子并未发生明显的变化，H$_2$O 分子偏转的角度仅为 13.4°，且其 O—H 键键长均为 0.976 Å，吸附后未发生变化。而作为对 H$_2$O 分子吸附相对稳定的碳酸根吸附位点 CO$_3$-顶位，在吸附 H$_2$O 分子后，其优化后的几何构型中的 H$_2$O 分子由竖直逐渐旋转至水平，但 H$_2$O 分子发生的偏转较小且 O—H 键键长也未出现明显的变化。上述结果证明，在 CaCO$_3$(1 0 -1 4) 表面的 Ca-桥位上吸附的 H$_2$O 分子吸附能更大，其优化后的几何构型也证明该吸附位点上 H$_2$O 分子更容易解离，从而更容易和 CaCO$_3$(1 0 -1 4) 表面发生进一步的反应。

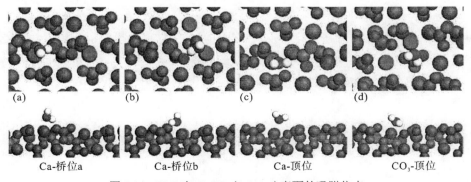

(a) (b) (c) (d)

Ca-桥位 a   Ca-桥位 b   Ca-顶位   CO$_3$-顶位

图 5.14 H$_2$O 在 CaCO$_3$(1 0 -1 4) 表面的吸附位点

5.2.5　水蒸气在 CaCO$_3$(1 0 -1 4)表面反应过程

在获得 CaCO$_3$(1 0 -1 4)表面吸附 H$_2$O 分子的稳定吸附位点和吸附 H$_2$O 分子后的几何优化结构后，对 H$_2$O 分子催化 CaCO$_3$ 分解 CO$_2$ 的机理、反应路径、中间产物及过渡态进行了计算。

其中，过渡态理论是 1935 年拜林(Eyring)和波兰尼(Polany)等在统计热力学和量子力学的基础上提出来的。过渡态理论认为，反应物分子并不只是通过简单的碰撞而直接形成产物，中间一定要经过一个过渡态，而形成过渡态的过程必须吸取一点活化能，过渡态通常被称为活化络合物。过渡态理论假设反应物与活化络合物能按达成热力学平衡的方式处理，活化络合物向产物的转化决定反应速率。因此，我们可以根据过渡态理论来计算反应速率，只要知道分子的基本物性即可，基本物性包括分子的振动频率、质量、核间距等。

反应坐标是一个连续变化的参数，每一个值都对应于沿反应体系中各原子的相对位置。反应进行程度不同，各原子间的相对位置也不同，体系的能量也就不同。如果以反应坐标为横坐标，势能为纵坐标，画出的图像表示的是反应进程中，体系能量的变化。如图 5.15 为某反应的势能变化曲线，E_1 表示正向活化能，其值等于过渡态与反应物能量之差，E_2 表示逆向活化能，其值等于过渡态与生成物能量之差。整个过程的反应热 E_3等于用生成物与反应物能量之差。

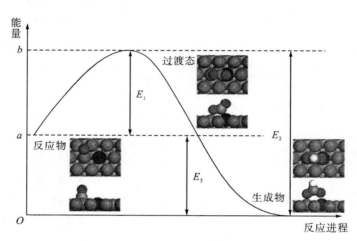

图 5.15　反应势能变化曲线

用量子化学计算方法来研究化学反应机理，就是用计算机模型反应过程，找到反应过程中所有可能的基元反应和中间产物、过渡态的结构等，比较不同基元反应的活化能、反应热等参数，就可以确定反应过程中产物的类型。

基于上述理论，本研究通过几何优化中间产物并找寻过渡态，利用优化后生成物、反应物及过渡态的能量计算获得活化能 E_a 和反应热 E_r。H$_2$O 分子催化 CaCO$_3$ 分解 CO$_2$ 反应过程中的生成物、反应物及过渡态的优化结构如图 5.15 所示。

H$_2$O 解离：H$_2$O + 2* ⟶ OH* + H*。H$_2$O 分子解离为 OH* 和 H* 是 H$_2$O 分子催化

CaCO$_3$ 分解 CO$_2$ 反应过程中最基础且重要的步骤。模拟结果发现，CaCO$_3$(1 0 -1 4) 表面的 Ca-桥位上吸附的 H$_2$O 分子在解离后，生成的 OH* 被最近的钙原子所吸引，其位置保持在 Ca-桥位上，但 OH* 与钙原子间的距离由 2.370Å 变化至 2.034Å。而 H* 被碳酸根逐渐吸引至其 CO$_3$-顶位上，H 原子与碳酸根上 O 原子的距离由 3.251Å 明显缩短至 0.984Å，两者形成的 O—H 键与碳酸根上的 C—O 键形成 105.2°夹角。结果表明在 CaCO$_3$(1 0 -1 4) 表面的 Ca-桥位有利于 H$_2$O 分子的解离。

　　CO$_3$*形成 HCO$_3$*：CO$_3$* + H* ——→ HCO$_3$* + *。图 5.16～图 5.18 为碳酸根加氢后形成碳酸氢根过程的反应物、生成物及过渡态结构和反应能垒图。对于 CaCO$_3$(1 0 -1 4) 表面的 Ca-桥位 a，HCO$_3$*的形成是通过 H$_2$O 分子中解离的 H* 与 CO$_3$* 中的 O 原子相互作用形成 O—H 键完成，所形成的 O—H 键键长为 0.984Å。由于 CO$_3$* 上 O—H 键形成，O—H 键中 O 原子与 CO$_3$* 中 C 原子连结的 C—O 键明显被弱化，导致 O—H 键中 O 原子与 CO$_3$* 中 C 原子所形成的 C—O 键键长由 1.298Å 伸长至 1.403Å。而未与 H* 形成 O—H 键的另外 2 个 O 原子与 CO$_3$* 中 C 原子所形成的 C—O 键键长均由 1.298Å 分别缩短至 1.239Å 和 1.283Å。特别地，上述 2 个 C—O 键之间的夹角从 120° 增加至 127.6°，而这 2 个 C—O 键与形成 O—H 键的 C—O 键之间的夹角也分别从 120° 减小至 119.4° 和 113°。上述结果说明，HCO$_3$*的形成不仅弱化了 O—H 键中 O 原子与 CO$_3$* 中 C 原子连结的 C—O 键，同时使另外 2 个 C—O 键所形成的构型逐渐向 CO$_2$ 的结构变化。

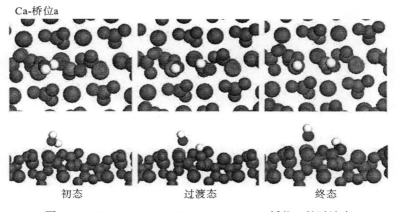

图 5.16　CO$_3$* + H* ——→ HCO$_3$* + *——Ca-桥位 a 的过渡态

　　另一方面，对于 CaCO$_3$*(1 0 -1 4) 表面的 Ca-桥位 b，其 HCO$_3$*的形成同样是通过 H$_2$O 分子中解离的 H* 与 CO$_3$* 中的 O 原子相互作用形成 O—H 键完成，其形成的 O—H 键键长为 0.982Å，与 Ca-桥位 a 中的结构相似。但区别在于 Ca-桥位 b 中 HCO$_3$*的 O—H 键的 O 原子与 Ca-桥位 a 有所不同。相同地，由于 O—H 键的形成，Ca-桥位 b 构型中 O—H 键的 O 原子与 CO$_3$* 的 C 原子所形成的 C—O 键键长由 1.298Å 伸长至 1.382Å。而未与 H* 形成 O—H 键的另外 2 个 O 原子与 CO$_3$* 中 C 原子所形成的 C—O 键键长均由 1.298Å 分别缩短至 1.249Å 和 1.283Å。上述 2 个 C—O 键之间的夹角从 120° 增加至 125.4°，而这 2 个 C—O

键与形成 O—H 键的 C—O 键之间的夹角也分别从 120° 减小至 120.4° 和 114.2°。模拟结果发现，Ca-桥位 a 和 Ca-桥位 b 的构型相似，仅仅由于 H_2O 分子吸附位点的差别出现了轻微的不同。

Ca-桥位b

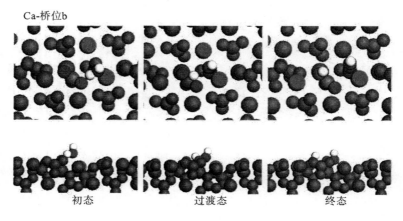

初态　　　　　　　　过渡态　　　　　　　　终态

图 5.17　$CO_3^* + H^* \longrightarrow HCO_3^* + ^*$——Ca-桥位 b 的过渡态

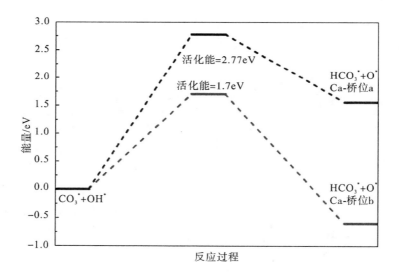

图 5.18　$CO_3^* + H^* \longrightarrow HCO_3^* + ^*$——不同吸附位点的活化能垒

HCO_3^* 分解为 CO_2：$HCO_3^* \longrightarrow CO_2 + OH^*$。当碳酸根加氢后形成碳酸氢根后，$HCO_3$ 作为中间产物将更容易分解为 CO_2。为对比 CO_2 的分解过程，图 5.19～图 5.22 为碳酸根和碳酸氢根分解为 CO_2 过程的反应物、生成物及过渡态结构和反应能垒图。对于 CO_3 直接分解为 CO_2 的过程，分别对 3 个不同的 C—O 键断裂后释放出 CO_2 的过程进行了过渡态结构和活化能的计算，结果表明靠近 $CaCO_3$(1 0 -1 4) 表面的 C—O 键更容易断裂并释放出 CO_2，该过程的活化能和反应热分别为 3.54 eV 和 2.42 eV。

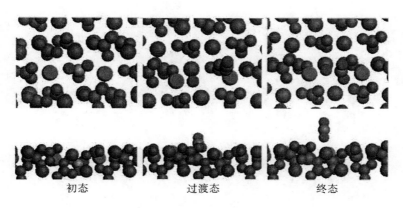

图 5.19　$CO_3^* \longrightarrow CO_2 + O^*$——过渡态

另一方面，对于 $CaCO_3$(1 0 -1 4)表面的 Ca-桥位 a，CO_3 上 O—H 键形成明显弱化了 O—H 键中 O 原子与 CO_3 中 C 原子连结的 C—O 键，导致碳酸氢根分解为 CO_2 过程更容易发生，CO_2 分子释放到 $CaCO_3$(1 0 -1 4)表面后，其 C—O 键键长由之前的 1.239Å 和 1.283Å 进一步缩短至 1.181Å，且 2 个 C—O 键之间的夹角也从之前的 127.6° 增大至 178.7°。而该过程中解离出的羟基和水解离过程中生成的羟基的键长基本保持一致，分别为 0.976Å 和 0.974Å。这 2 个羟基在几何优化后分别和相邻的 Ca 原子保持连结，且 2 个羟基与其最近的 Ca 原子之间的距离非常接近，分别为 2.352Å 和 2.356Å。

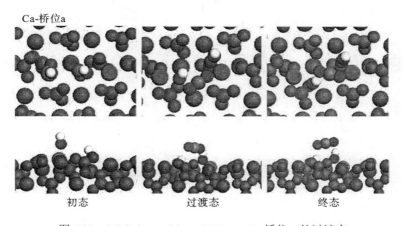

图 5.20　$HCO_3^* \longrightarrow CO_2 + OH^*$——Ca-桥位 a 的过渡态

对于 $CaCO_3$(1 0 -1 4)表面的 Ca-桥位 b，CO_2 分子释放到 $CaCO_3$(1 0 -1 4)表面后，其 C—O 键键长由之前的 1.249Å 和 1.283Å 进一步缩短至 1.184Å，且 2 个 C—O 键之间的夹角也从之前的 125.4° 增大至 178.3°。而该过程中解离出的羟基和水解离过程中生成的羟基的键长分别为 0.981Å 和 0.974Å。这 2 个羟基在几何优化后与其最近的 Ca 原子之间的距离分别为 2.221Å 和 2.367Å。

Ca-桥位b

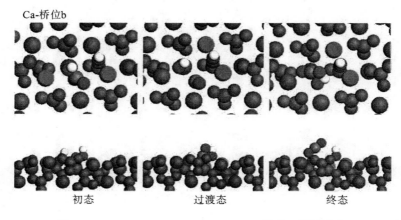

| 初态 | 过渡态 | 终态 |

图 5.21　HCO$_3$* ——→ CO$_2$ + OH* ——Ca-桥位 b 的过渡态

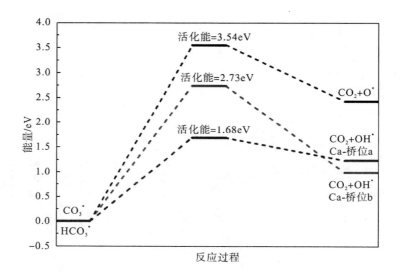

图 5.22　HCO$_3$* ——→ CO$_2$ + OH* ——不同吸附位点的活化能垒

OH* 脱除 H$_2$O：OH* + OH* ——→ H$_2$O + O*。Ca(OH)$_2$ 分解为 CaO 和 H$_2$O 的过程相较于 CaCO$_3$ 的分解更容易发生。Ca(OH)$_2$ 的分解温度约为 580℃，远远低于 CaCO$_3$ 的分解温度。换言之，2 个羟基脱除 H$_2$O 过程的活化能明显低于 CaCO$_3$ 的分解过程。因此，该过程并不是整个反应的关键步骤，进而无须再进行进一步的几何优化及过渡态计算。

基于上述 DFT 模拟结果，可以发现水蒸气存在时，CaCO$_3$ 分解反应的活化能垒明显小于水蒸气不存在时 CaCO$_3$ 分解反应的活化能垒，如图 5.23 所示，和实验结果保持一致，从而证明了水蒸气对于 CaCO$_3$ 分解反应的催化作用。

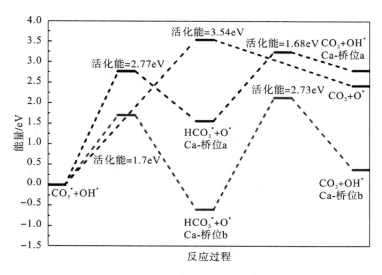

图 5.23　不同吸附位点的反应活化能垒

5.3　煤灰影响 CO$_2$ 吸/脱附特性与作用机制

钙循环技术适用于燃煤电厂烟气的 CO$_2$ 分离。由于化石燃料中普遍含有灰分、水分及硫分，进而导致燃烧烟气中夹带有上述组分。其中，煤灰将不可避免地与钙基材料在吸附反应器中直接接触，并黏附在吸附剂表面。同时，再生反应器中 900℃ 以上的煅烧再生需要通过以燃料的富氧燃烧进行热量供给。富氧燃烧不仅会改变煤灰的物理特性，且再生反应器中的富氧燃烧所对应的再生工况为更高的煅烧温度及 CO$_2$ 分压（煅烧温度高于 900℃，反应气氛为体积占比 73% 的 CO$_2$ 和 27% 的 O$_2$），将加剧煤灰与钙基 CO$_2$ 吸附剂表面的相互作用。高于 900℃ 的煅烧温度将强化煤灰在钙基材料表面的熔融及吸附剂孔结构烧结，而大于 70% 的 CO$_2$ 浓度将进一步弱化 CaCO$_3$ 的分解过程。

因此，本书首先考察了空气燃烧煤灰（煤灰的制备过程为空气燃烧气氛且再生反应器中同为煤空气燃烧时对应的煅烧工况）对不同种类钙基材料 CO$_2$ 吸附特性的影响，进一步研究了再生反应器中富氧燃烧工况下形成煤灰对钙基材料的 CO$_2$ 吸/脱附循环特性的影响特性，从而获得了煤灰与吸附剂间的作用机制[13]。

5.3.1　烟气夹带煤灰影响吸/脱附特性

1. 空气燃烧煤灰制备与性质

本研究利用热重分析仪测试了尾部烟气夹带的空气燃烧煤灰对钙基材料 CO$_2$ 吸附特性的影响。实验中选取的天然钙基材料为产自中国四川省的天然石灰石（L），实验前利用球磨机将其碾磨并筛选出粒径 <0.1mm 的颗粒，之后将筛选出的颗粒在 950℃ 高温下煅烧

30min，经测试后发现，煅烧后的石灰石颗粒失重为 39.64%。另一方面，实验中采用的合成钙基材料(S)由质量占比 75% 的 CaO 和 25% 的 MgO 组成，通过溶胶凝胶法(Sol-gel 法)将四水硝酸钙、六水硝酸镁和柠檬酸进行合成制备。首先，将四水硝酸钙、六水硝酸镁和柠檬酸按计算比例加入去离子水中，以水分子：阳离子：柠檬酸分子按摩尔比 40：1：1 进行混合。之后，将混合溶液在 80℃下搅拌 7h 形成分散良好的溶胶。其次，将溶胶静置于室温中 18h 形成湿凝胶，接着放入干燥箱中在 110℃干燥 12h。最后，将干燥后的粉末放入马弗炉中在 900℃煅烧 30min，并筛选出粒径<0.1mm 的颗粒进行后续的实验。此外，实验中选取的煤灰为产自中国四川省的烟煤(X)和无烟煤(Y)在 950℃的空气气氛中煅烧 3h 后制得。之后，将煅烧后的煤灰筛选为粒径<0.1mm、0.1～0.2mm、0.2～0.3mm、0.3～0.4mm 和 0.4～0.5mm 的颗粒。最后，将不同粒径的煤灰颗粒与天然/合成吸附剂进行 30min 的机械混合。为方便描述，所有的煤灰和吸附剂混合样品将以种类-含量_粒径的方式进行编号，例如，LX10_<0.1 即表示吸附剂中掺杂质量分数 10% 粒径<0.1mm 的 X 类煤灰。

实验中，样品中所使用的天然钙基材料及 2 种不同煤灰的元素组成通过 X 射线荧光光谱分析(XRF)进行了测试，如表 5.2 所示。

表 5.2　天然钙基吸附剂和不同种类煤灰的化学成分(质量分数)

化学组成	石灰石 L/%	煤灰 X/%	煤灰 Y/%
CaO	96.56	3.55	2.02
SiO_2	1.70	51.35	56.37
Al_2O_3	0.60	26.17	27.74
Fe_2O_3	0.47	10.52	5.30
SO_3	0.33	2.45	0.31
TiO_2	0.13	2.91	2.16
SrO	0.13	0.21	0.04
P_2O_5	0.03	0.14	0.21
K_2O	0.03	1.02	2.61
MgO	0.00	0.73	2.31
Na_2O	0.00	0.43	0.62
ZrO_2	0.00	0.24	0.08
BaO	0.00	0.10	0.00
MnO	0.00	0.04	0.05
Cr_2O_3	0.00	0.04	0.04
CuO	0.00	0.03	0.03
Y_2O_3	0.00	0.02	0.01
ZnO	0.00	0.02	0.04
NbO	0.00	0.02	0.00
NiO	0.00	0.02	0.03
Co_2O_3	0.00	0.00	0.02
Rb_2O	0.00	0.00	0.02
合计	100.00	100.00	100.00

2. 煤灰对不同种类吸附剂的影响

首先，考察了空气燃烧工况下不同种类煤灰对天然/合成钙基材料的 CO_2 吸附特性的影响规律，如图 5.24 所示，测试的钙基材料中掺杂了 30%总质量粒径<0.1mm 的煤灰。从实验结果中可以发现，未掺杂煤灰的合成吸附剂 S 在初始煅烧后表现出最高的初始 CO_2 吸附效率（64%），而天然吸附剂 L 的初始 CO_2 吸附效率为 54%。而随着碳酸化/煅烧循环的进行，合成/天然钙基材料的 CO_2 吸附效率均由于其吸附性能的本征损失分别降低至27%和20%。天然吸附剂/合成材料的 CO_2 吸附效率平均每个循环分别下降 2.47 个百分点和 2.27 个百分点。此外，可以发现煤灰的掺杂对合成/天然吸附剂的影响存在明显的区别，且不同种类的煤灰对吸附剂 CO_2 吸附性能的影响也存在差异。尽管掺杂无烟煤煤灰 Y 的天然吸附剂 LY30_<0.1 的 CO_2 吸附效率略低于未掺杂煤灰的天然吸附剂 L，但两者的 CO_2 吸附效率差别不大。相反地，掺杂无烟煤煤灰 Y 的合成吸附剂 SY30_<0.1 的初始 CO_2 吸附效率约为 59%，较未掺杂煤灰的合成吸附剂低 7.81%。此外，SY30_<0.1 在经历 15 个碳酸化/煅烧循环后，其 CO_2 吸附效率大幅下降至 22%，较其初始 CO_2 吸附效率下降了62.7%。实验结果证明，煤灰对合成吸附剂 CO_2 吸附过程的影响较天然吸附剂更为明显。

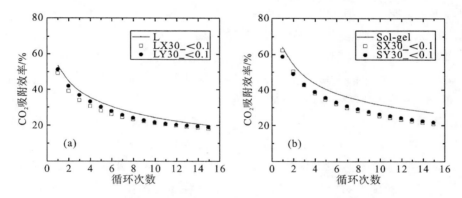

图 5.24　掺杂不同煤灰的天然/合成钙基材料的 CO_2 吸附效率

为进一步对比掺杂煤灰的天然/合成吸附剂在经历 15 个碳酸化/煅烧循环后与其初始煅烧后的 CO_2 吸附性能变化，L、LY30_<0.1、Sol-gel 和 SY30_<0.1 的单循环 CO_2 吸附效率如图 5.25 所示。实验发现，煤灰在初始煅烧阶段明显缩短了钙基材料 CO_2 吸附反应的化学控制阶段，使 CO_2 吸附提前进入扩散控制阶段，而随着钙循环的进行，煤灰对 CO_2 向吸附颗粒内部的扩散产生了明显的阻碍作用，特别地，其对合成吸附颗粒内部的 CO_2 扩散影响尤为突出。

另一方面，从实验结果中可以发现，烟煤煤灰 X 对合成/天然吸附剂的 CO_2 吸附过程均产生了明显的影响，且其对 CO_2 吸附过程的影响规律与无烟煤煤灰 Y 相似。基于本节实验结果，后续小节进行了一系列实验考察煤灰 Y 对钙基材料 CO_2 吸附特性的影响规律。

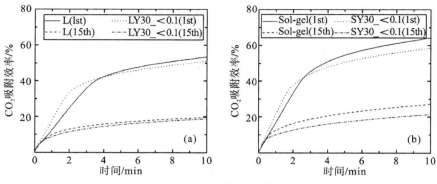

图 5.25   掺杂煤灰的天然/合成钙基材料的单循环 CO_2 吸附特性

3. 煤灰含量对 CO_2 吸附特性的影响

在此基础上,进一步考察了掺杂不同质量无烟煤煤灰 Y 的钙基材料的 CO_2 吸附特性,掺杂 15%~60%不同质量煤灰的天然/合成材料的 CO_2 吸附效率如图 5.26(a)、(b)所示。实验发现,天然钙基材料的 CO_2 吸附效率随煤灰质量的增加仅出现轻微的降低,并未表现出明显的变化。相反地,合成钙基材料的 CO_2 吸附效率随煤灰质量的增加而加速下降。明显地,掺杂 15%(质量分数)无烟煤煤灰 Y 的合成吸附剂 SY15_<0.1 在初始煅烧后表现出最高的 CO_2 吸附效率(约为 65%),而 SY30_<0.1、SY45_<0.1 和 SY60_<0.1 在初始煅烧后 CO_2 吸附效率分别下降至 59%、55%和 43%。在经历 15 个碳酸化/煅烧循环后,掺杂不同质量煤灰的合成材料的 CO_2 吸附性能依然表现出相似的规律。而未掺杂煤灰的合成吸附剂在第 15 个碳酸化/煅烧循环的 CO_2 吸附效率为 27%,表现出最高的 CO_2 吸附效率,之后依次为 SY15_<0.1、SY30_<0.1、SY45_<0.1 和 SY60_<0.1。其中,SY60_<0.1 在第 15 个碳酸化/煅烧循环的 CO_2 吸附效率为 11%,较未掺杂煤灰的合成吸附剂同比降低了 59%。实验结果证明,天然材料的 CO_2 吸附过程对煤灰产生的影响具备更优的适应性,相反地,煤灰将大幅阻碍合成钙基材料的 CO_2 吸附性能。基于不同种类的吸附剂对煤灰影响的适应性区别明显,因此,在实际工业应用中,吸附剂种类的选取也显得至关重要。另一方面,实验结果证明实际的钙循环系统中,煤灰对钙基材料的 CO_2 吸附性能的影响不容忽视,应尽量控制钙循环过程中的煤灰含量。

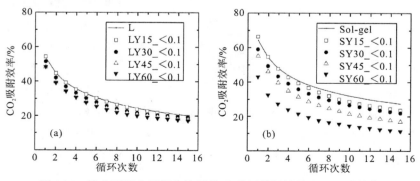

图 5.26   掺杂不同含量煤灰的天然/合成钙基材料的 CO_2 吸附效率

4. 粒径对 CO₂ 吸附特性的影响

针对不同粒径无烟煤煤灰 Y 对天然/合成钙基材料 CO₂ 吸附特性的影响规律,掺杂 0～0.5 mm 不同粒径煤灰的天然/合成材料的 CO₂ 吸附效率如图 5.27(a)、(b)所示。实验发现,天然材料的 CO₂ 吸附效率随煤灰粒径的增大表现出轻微的变化,而煤灰粒径的变化对合成吸附剂的影响相对明显。此外,天然/合成吸附剂均表现出相似的规律,即随掺杂煤灰粒径的增加,其 CO₂ 吸附效率逐渐升高。换言之,煤灰对吸附剂 CO₂ 吸附性能的影响随其粒径的增加而减弱。掺杂 30%(质量分数)无烟煤煤灰 Y 的合成吸附剂 SY30_<0.1 在第 15 个碳酸化/煅烧循环的 CO₂ 吸附效率为 22%,而 SY30_<0.2～0.3 和 SY30_<0.3～0.4 的 CO₂ 吸附效率分别上升至 23%和 26%。该结果归因于粒径相对较小的煤灰颗粒与吸附颗粒间均匀的固-固相接触。因此,实验证明选取合适的煤灰粒径能在一定程度上抑制煤灰对钙基材料的 CO₂ 吸附性能的影响。

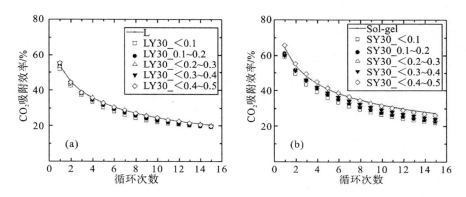

图 5.27　掺杂不同粒径煤灰的天然/合成钙基材料的 CO₂ 吸附效率

5.3.2　富氧燃烧煤灰影响吸/脱附特性分析

1. 富氧燃烧煤灰的制备与性质

本工作选取了 3 种成分差异较大的煤灰,在富氧燃烧工况下,考察了不同种类煤灰(编号分别为 LCA、LCB 和 LCC)对钙基材料吸附特性的影响。基于上一节的实验结论,本节实验中,煤灰的粒径统一选取为 0～100μm,以尽量弱化内扩散作用并强化煤灰对吸附剂的影响,便于分析煤灰对其的作用机理。所有煤灰均是在 950℃富氧气氛(体积占比 70% 的 O₂ 和 30%的 CO₂)下燃烧 3 h 进行制备。之后,将煤灰和在 900℃下煅烧 2 h 的吸附剂充分地机械混合。值得一提的是,本小节中所有的煤灰和钙基材料混合样品将以种类-含量的方式进行编号,例如,LCA10 即表示钙基吸附剂中掺杂 10%的 CA 类煤灰。

三种成分不同的煤灰和钙基 CO₂ 吸附剂(天然石灰石)的化学成分通过 X 射线荧光光谱分析(XRF)测得,如表 5.3 所示。天然石灰石煅烧后的化学成分主要是 CaO,占总质量的 88.4%,其余的成分主要有 Al₂O₃、MgO 和 SiO₂。产自中国河北的 CA 类无烟煤燃烧后

煤灰的主要成分是 SiO_2、Al_2O_3 和 Fe_2O_3，分别占比 46.4%、38.0% 和 4.4%，而 CaO 和 SO_3 的含量相对较低。而产自中国山东的 CB 和 CC 两类烟煤燃烧后煤灰的主要成分是 SiO_2、Al_2O_3、CaO、SO_3 和 Fe_2O_3。相比于 CA 类无烟煤，CB 和 CC 两类烟煤燃烧后煤灰中的 SiO_2 和 Al_2O_3 明显减少，而 CaO、MgO 和 SO_3 的含量明显增加，Fe_2O_3 的质量占比也有小幅增加。

表 5.3 天然钙基吸附剂和不同种类煤灰的化学成分(%)

化学组成	L	CA	CB	CC
Al_2O_3	1.8	38.0	32.2	28.8
CaO	88.4	3.9	13.5	14.3
CeO_2	—	0.1	0.1	0.1
CuO	—	0.2	0.1	—
Fe_2O_3	1.0	4.4	5.2	6.4
K_2O	0.4	0.4	0.5	0.7
MgO	2.2	0.6	2.1	2.8
MnO	0.6	0.1	0.1	0.1
Na_2O	—	1.3	1.3	1.2
P_2O_5	0.6	0.6	0.1	0.1
SO_3	0.8	2.4	5.8	6.8
SiO_2	5.8	46.4	36.6	37.4
SrO	0.1	0.1	0.2	0.2
TiO_2	0.1	1.3	2.1	1.1
ZrO_2	—	0.1	0.1	0.1
合计	100.0	100.0	100.0	100.0

2. 富氧燃烧煤灰对 CO_2 吸附过程的影响

为使不同种类煤灰对吸附剂的影响差别更为明显，选取了三种掺杂 40%(质量分数)煤灰的吸附剂和未掺杂煤灰的钙基材料进行对比实验，实验中吸附 CO_2 的材料质量保持一致。4 种样品在富氧燃烧对应的煅烧工况下(煅烧温度为 900℃，73% CO_2 和 27% O_2，煅烧时间为 10min；吸附温度为 650℃，15% O_2 和 85% N_2，吸附时间为 20min)，其 20 个碳酸化/煅烧循环的 CO_2 吸附效率如图 5.28(a)所示。所有样品的 CO_2 吸附效率都随着循环次数的增加而明显降低，这与文献中钙基材料的 CO_2 吸附特性相符合[17-21]。未掺杂煤灰的天然石灰石表现出了最高的 CO_2 吸附效率，而随着碳酸化/煅烧循环次数的增加，其 CO_2 吸附效率依然保持最高。未掺杂煤灰的石灰石在第 1 个循环具备约 52% 的 CO_2 吸附效率，相比掺杂煤灰的吸附剂高出至少 20 个百分点。虽然未掺杂煤灰的石灰石在第 20 个碳酸化/煅烧循环其 CO_2 吸附效率降低至 8% 左右，但依然比掺杂煤灰的吸附剂高出 2~4 个百分点。因此，从实验结果中可以发现，在再生反应器富氧燃烧工况下煤灰会对钙基材料的吸附性能产生明显的负面影响。与此同时，对比掺杂不同种类煤灰的吸附剂，其

CO$_2$ 吸附效率也存在明显的区别。掺杂无烟煤煤灰 CA 的钙基材料，其 CO$_2$ 吸附效率明显低于掺杂烟煤煤灰 CB 和 CC 的钙基材料，其 CO$_2$ 吸附效率在经历 20 个碳酸化/煅烧循环后依然比掺杂烟煤煤灰的吸附剂低 2 个百分点左右。另一方面，两种掺杂烟煤煤灰的样品的 CO$_2$ 吸附效率差别并不明显，除了在循环初期存在细微差别，其 CO$_2$ 吸附效率随着碳酸化/煅烧循环的增加基本保持一致。因此，从实验结果可以发现，在富氧燃烧再生器中，钙基材料的吸附特性与不同种类煤灰的化学组成紧密相关。

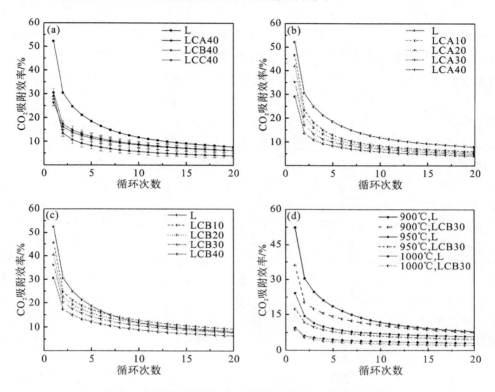

图 5.28　钙基吸附剂在富氧燃烧工况下 CO$_2$ 的吸附效率

(a)掺杂不同煤灰；(b)煤灰 A 掺杂不同煤灰质量；(c)煤灰 B 掺杂不同煤灰质量；(d)不同循环煅烧温度

由于掺杂烟煤煤灰 CB 和 CC 的钙基材料吸附特性基本保持一致，因此，在之后的研究中，仅进一步研究掺杂无烟煤煤灰 CA 和烟煤煤灰 CB 的钙基材料。首先，考察了掺杂不同煤灰质量的钙基材料的 CO$_2$ 吸附特性，如图 5.28(b)、(c)所示。图 5.28(b)中，掺杂无烟煤煤灰 CA 的钙基材料 LCA 的 CO$_2$ 吸附效率总是随着煤灰掺杂含量的增加而减小。相比未掺杂煤灰的天然石灰石在第 1 个碳酸化/煅烧循环的 CO$_2$ 吸附效率为 52%，LCA10、LCA20、LCA30 和 LCA40 在第 1 个碳酸化/煅烧的 CO$_2$ 吸附效率分别为 47%、42%、35%和 29%。而对于掺杂无烟煤煤灰的吸附剂，随着煤灰掺杂含量增加，其 CO$_2$ 吸附效率减小的规律将一直维持到第 20 个碳酸化/煅烧循环。LCA10、LCA20、LCA30 和 LCA40 在第 20 个碳酸化/煅烧循环的 CO$_2$ 吸附效率分别为 5.8%、5.3%、4.7%和 3.9%。但依然明显低于未掺杂煤灰的天然石灰石在第 20 个碳酸化/煅烧循环的 CO$_2$ 吸附效率(7.7%)。基于以上实验结果,可以发现无烟煤煤灰 CA 在整个 CO$_2$ 捕集过程中,总是对钙基材料的 CO$_2$ 吸附性能产生明显的负面影响。

而掺杂烟煤煤灰 CB 的吸附剂 LCB 的 CO$_2$ 吸附效率随碳酸化/煅烧循环次数增加的变化规律如图 5.28(c)所示。实验结果发现烟煤煤灰对钙基材料的 CO$_2$ 吸附特性影响明显不同于无烟煤煤灰。LCB10、LCB20、LCB30 和 LCB40 在第 1 个碳酸化/煅烧的 CO$_2$ 吸附效率分别比未掺杂煤灰的天然石灰石低 6.9、11.9、16.2 和 21.8 个百分点。然而,LCB10 和 LCB20 的 CO$_2$ 吸附效率分别在第 7 个和第 10 个碳酸化/煅烧循环高于未掺杂煤灰的天然石灰石。而随着碳酸化/煅烧循环次数的进一步增加,LCB10 和 LCB20 的 CO$_2$ 吸附效率依然高于未掺杂煤灰的天然石灰石,其 CO$_2$ 吸附效率在第 20 个碳酸化/煅烧循环相比未掺杂煤灰的天然石灰石分别高出 1.4 和 0.6 个百分点。以上实验结果表明,煤灰对钙基材料 CO$_2$ 吸附特性的影响很大程度取决于煤灰的物理参数和化学成分。尽管掺杂少量的烟煤煤灰会为钙基材料的 CO$_2$ 吸附性能提供一定程度的循环稳定性(其原因在后续小节将详细描述),但随着煤灰掺杂含量的增加,其不可避免地会对钙基材料产生明显的负面影响。

另一方面,吸附剂在高温下的烧结不仅导致了钙基材料 CO$_2$ 吸附效率的本征损失,也影响着煤灰与吸附剂间复杂的相互作用。因此,在煤燃烧过程中煤灰的制备温度和制备后煤灰在碳酸化/煅烧循环中的再生温度对钙基材料的 CO$_2$ 吸附效率将产生明显的影响。值得一提的是,本实验中,煤燃烧过程中煤灰的制备温度和制备后煤灰在碳酸化/煅烧循环中的煅烧温度保持一致。实验选取了实际生产中再生反应器煅烧温度范围中的 3 个温度值(900℃、950℃和 1000℃)。此外,由于掺杂烟煤煤灰 CB 的吸附剂表现出更特殊的 CO$_2$ 吸附特性,因此,其在不同煤灰的制备温度和循环煅烧温度下的 CO$_2$ 吸附效率如图 5.28(d)所示。未掺杂煤灰的天然石灰石在初始的碳酸化/煅烧循环里,其 CO$_2$ 吸附效率随着煅烧温度的升高而明显减小。未掺杂煤灰的天然石灰石在第 1 个碳酸化/煅烧循环的 CO$_2$ 吸附效率在 900℃、950℃和 1000℃时分别为 52.3%、24.1%和 9.4%。另一方面,掺杂烟煤煤灰 CB 的吸附剂在第 1 个碳酸化/煅烧循环的 CO$_2$ 吸附效率在 900℃、950℃和 1000℃时分别为 36%、17%和 8.7%。随着循环煅烧温度的升高,可以发现掺杂煤灰的吸附剂和未掺杂煤灰的天然石灰石的 CO$_2$ 吸附效率差值逐渐减小,在 900℃、950℃和 1000℃时的 CO$_2$ 吸附效率同比分别减小了 31%、29%和 7%。然而,在 900℃时,随着碳酸化/煅烧循环次数的增加,掺杂煤灰的吸附剂和未掺杂煤灰的天然石灰石的 CO$_2$ 吸附效率的差值明显缩小;在 950℃时,随着碳酸化/煅烧循环次数的增加,CO$_2$ 吸附效率的差值基本保持稳定;在 1000℃时,随着碳酸化/煅烧循环次数的增加,CO$_2$ 吸附效率的差值反而有轻微的增加。在第 20 个碳酸化/煅烧循环时,未掺杂煤灰的天然石灰石和掺杂煤灰的吸附剂在 900℃、950℃和 1000℃时,其 CO$_2$ 吸附效率分别从 7.74%减小至 7.44%、5.74%减小至 4.63%和 3.02%减小至 2.10%,可以发现 CO$_2$ 吸附效率的差值在 900℃、950℃和 1000℃时同比分别减小 3.9%、19.3%和 30.5%。从实验中钙基材料 CO$_2$ 吸附效率的变化规律表明,不同的制灰温度和碳酸化/煅烧循环的再生温度改变了煤灰与吸附剂间的相互作用机制(该机制在后续小节将详细描述)。

5.3.3　吸附剂孔结构分析

　　基于上述实验结果，可以发现无论在普通或严苛煅烧工况下，煤灰均会对天然/合成钙基材料的 CO$_2$ 吸附性能产生较为明显的负面影响。因此，通过一系列材料表征方法研究了煤灰对吸附剂表面及孔结构的影响。首先，通过 BET 分别测试了初始煅烧后未掺杂煤灰和掺杂煤灰的天然/合成材料的表面吸附性能参数，如图 5.29 所示。结果表明，天然吸附剂 L 的比表面积和孔容分别为 22.32m^2/g 和 0.1146cm^3/g，该结果符合 CaCO$_3$ 晶体分解为 CaO 晶体过程中 CO$_2$ 扩散进而导致多孔结构（比表面积为 3～20m^2/g）形成的规律。另一方面，合成吸附剂 Sol-Gel 表现出更优的比表面积，高达 56.14m^2/g。然而，对比掺杂煤灰的天然/合成材料的表面吸附性能参数，可以发现在经历初始煅烧后，煤灰大幅降低了天然/合成吸附剂的比表面积，吸附剂的比表面积甚至低于煤灰的比表面积。因此，测试结果证明煤灰与吸附剂间存在较强的相互作用，如煤灰在吸附剂表面的沉积、熔融甚至是反应等，而非单纯的机械混合。基于上述结论，进一步对吸附剂的孔径分布进行了测试，结果如图 5.30 所示。结果发现，天然/合成吸附剂的孔径分布均有 2 个峰值，对应孔径小于 10nm 的介孔峰和大于 50nm 的大孔峰。不同的是，天然吸附剂的介孔峰对应孔径在 8nm 附近，而合成吸附剂的介孔峰对应孔径小于 3nm。此外，天然吸附剂的大孔峰对应孔径在 60nm 左右，而合成吸附剂的大孔峰对应孔径在 90nm 左右。另一方面，掺杂 60%无烟煤煤灰 Y 的天然吸附剂 LY60_<0.1 的孔径分布曲线及介孔峰值所对应孔径和未掺杂煤灰时相似，但其介孔和大孔峰值较未掺杂煤灰时均减少了 60%～70%。相反地，掺杂 60%无烟煤煤灰 Y 的合成吸附剂 SY60_<0.1 中对应孔径小于 3nm 的介孔峰几乎完全消失，其孔径分布曲线和煤灰孔径分布曲线相似。与此同时，掺杂煤灰的合成吸附剂的介孔和大孔峰值较未掺杂煤灰时减少约 80%，进而导致了其比表面积和孔容下降至 4.71m^2/g 和 0.0207cm^3/g。因此，上述结果证明，大孔的减少和小于 3nm 介孔的消失是煤灰与吸附剂间相互作用的关键因素。

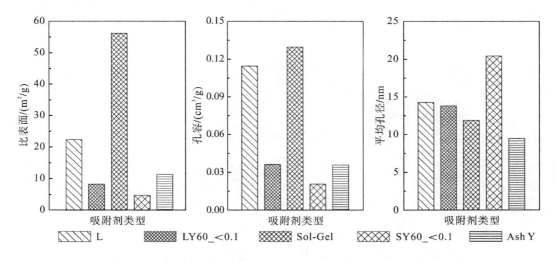

图 5.29　初始煅烧后天然/合成钙基吸附剂的表面吸附性能参数

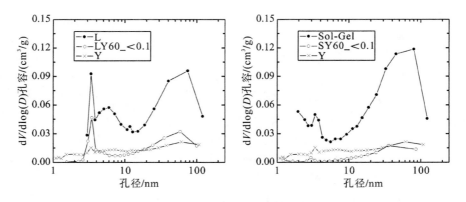

图 5.30　初始煅烧后天然/合成钙基吸附剂的孔径分布

5.3.4　吸附剂形貌演变及煤灰元素迁移

在再生反应器的富氧燃烧工况下，煤灰在整个碳酸化/煅烧循环过程中始终对钙基材料的 CO_2 吸附性能造成负面影响，导致其 CO_2 吸附效率除其本征损失以外的明显下降。然而，煤灰在吸附剂表面的形貌演变过程及其元素的迁移规律尚未明确，导致煤灰与吸附剂间的相互作用机理无法给出合理的解释。

掺杂 40% 烟煤煤灰 CB 的吸附剂 LCB40 在经历不同碳酸化/煅烧循环后的表面形貌及元素分布分别通过场发射扫描电子显微镜（FSEM）及能谱仪（EDS）进行了测试，结果如图 5.31（a）～（c）所示。图 5.31（a）中，掺杂煤灰的吸附剂 LCB40 在初始煅烧后，其表面相对平整，对比文献发现和未掺杂煤灰的天然石灰石在初始煅烧后差别很小，并未出现煤灰在吸附剂表面的附着。然而，随着循环过程的进行，掺杂煤灰的钙基材料的表面形貌发生了明显的变化，如图 5.31（b）和图 5.31（c）所示。可以观察到，在经历了 5 个碳酸化/煅烧循环后，吸附剂的表面由平整逐渐变得凹凸不平，并伴随着部分裂缝及孔隙的生成，而在第 20 个碳酸化/煅烧循环时，其表面已经被一层粗糙的薄壳所包裹，同时衍生出大量的裂缝及孔隙。总体而言，随着循环次数的增加，吸附剂的表面从平整变化至出现煤灰的点团簇，即一系列煤灰的小颗粒在其表面融合，再由点团簇转变至面扩散，即煤灰小颗粒融合后的团簇在其表面熔融并逐渐向周围扩散，进而形成粗糙的薄壳。

EDS 的结果表明，吸附剂表面形貌的改变是由煤灰的沉降、融合、团簇及熔融引起的，如图 5.31（a）～（c）所示。掺杂煤灰的吸附剂 LCB40 在经过初始煅烧后，其表面 Al、Si、Mg 和 Fe 元素含量相对较低，分别仅含测试表面元素质量的 0.1%、0.2%、0.3% 和 0.6%。此外，从各种元素的分布可以发现，吸附剂在经过初始煅烧后，各种元素分布均匀，没有出现部分元素的聚集现象。然而，当吸附剂经过 5 个碳酸化/煅烧循环后，部分元素的分布发生了明显的变化。其中，Si 元素的出现总是伴随着 Al 元素在相同位置出现，且 Al 和 Si 元素总是在相同的位置聚集。除此之外，观察到 Al 和 Si 元素在吸附剂测试表面的含量分别从 0.1% 增加至 0.3% 和 0.2% 增加至 0.8%。而 Mg 和 Fe 元素在吸附剂测试表面的含量并没有增加，少量 Mg 元素的聚集也并没有伴随着其他元素的聚集。随着循环过程的进一步进行，在第 20 个碳酸化/煅烧循环时，各种元素含量及分布的变化更为明显。其中，Al 和 Si 元素在吸附剂测试表面的含量出现了剧烈的增长，分别约是 5 个碳酸化/煅烧循环后含量的 9 倍和 6 倍，达到 2.7%和 4.9%。同时，依然发现在吸附剂的测试表面，Al 元素含量高的位置也总是具备更高含量的 Si 元素，其元素分布规律和经历 5 个碳酸化/煅烧循环的元素分布规律保持一致。

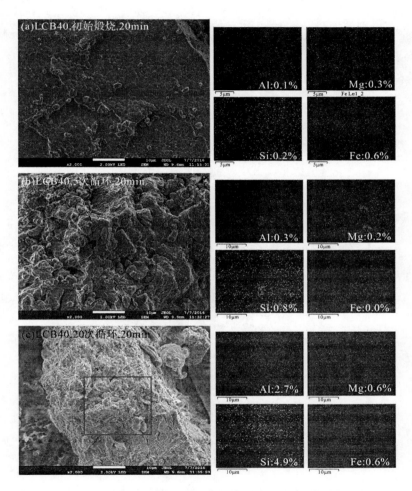

图 5.31　掺杂煤灰的钙基吸附剂 LCB40 的表面形貌及元素分布

(a)初始煅烧；(b)5 次循环；(c)20 次循环

　　基于上述实验现象，可以推测 Al 和 Si 与吸附剂表面的 Ca 元素发生某种反应并生成了某种固体化合物，从而导致了 Al 和 Si 元素在吸附剂表面的伴随存在。为验证这一推测，通过 X 射线衍射(XRD)测试了掺杂煤灰的吸附剂的物相组成，进而判断是否有新的化合物生成，其结果如图 5.32 所示。经过分析不同样品 X 射线衍射图谱，可以发现未掺杂煤灰的天然石灰石主要由氧化钙、氢氧化钙和硫酸钙组成，其中，氢氧化钙是由氧化钙的吸水特性引起，而硫酸钙则是天然石灰石中少量存在的。此外，煤灰中的 Al、Si、Mg、Fe

和 Ca 元素主要以 CaO、$CaSO_4$、SiO_2、Al_2O_3 和 Fe_2O_3 等氧化物及少量硫化物组成。另一方面，掺杂煤灰的吸附剂在经历 5 个和 20 个碳酸化/煅烧循环后的化学组成较天然石灰石和煤灰出现了较大的区别，其化学成分主要由 $CaCO_3$、SiO_2、Al_2O_3 和 $Ca_2(Al(AlSi)O_7)$ 组成。其中，$CaCO_3$ 是吸附剂中 CaO 吸附 CO_2 形成的产物，SiO_2 和 Al_2O_3 是煤灰中含有的物质。然而，对于 $Ca_2(Al(AlSi)O_7)$，天然石灰石和煤灰中都未发现这种复杂的铝-硅钙类复合无机物。因此，可以得出结论，$Ca_2(Al(AlSi)O_7)$ 是煤灰和吸附剂在碳酸化/煅烧循环过程中逐渐生成的。值得注意的是，在第 20 个碳酸化/煅烧循环时，$Ca_2(Al(AlSi)O_7)$ 在 X 射线衍射图谱中的峰值出现明显的上升，说明随着循环过程的进行，$Ca_2(Al(AlSi)O_7)$ 的生成含量在逐渐地增加。

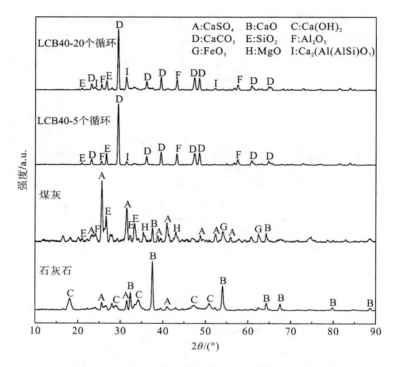

图 5.32　掺杂煤灰的钙基吸附剂在不同循环的 X 射线衍射图谱

5.3.5　煤灰与吸附剂的相互作用机制

基于测试结果，发现了煤灰对钙基材料表面吸附性能及孔结构参数的影响，同时观察了煤灰在吸附剂表面的形貌演变及其元素的迁移规律，并证明了铝-硅钙类复合无机物 $Ca_2(Al(AlSi)O_7)$ 的存在及生成。总体而言，通过一系列物理/化学表征方法及结果，证明了煤灰与吸附剂之间的相互作用由其物理性质的改变导致。吸附剂 LCB40 在初始煅烧后，其 CO_2 吸附效率的大幅减少仅归因于煤灰低劣的表面吸附性能参数及孔隙结构，导致掺杂煤灰的吸附剂的表面吸附性能参数大幅降低，其中内/外比表面积的降低减少了吸附剂可进行碳酸化反应的区域，而吸附剂内部孔容的减少限制了吸附剂碳酸化反应产物的生长空间，无法达到临界反应层厚度，进而严重抑制了 CO$_2$ 吸附性能。此外，在前 5 个碳酸化/煅烧循环中几乎未检测到铝-硅钙类复合无机物 Ca$_2$(Al(AlSi)O$_7$) 的存在。因此，在碳酸化/煅烧循环的初期，煤灰与吸附剂间的相互作用是由其物理性质改变导致并占据主导，且该影响无法避免。

　　基于以上分析，煤灰与吸附剂间由物理性质改变导致的相互作用机理如图 5.33 所示。在经历初始煅烧后，煤灰对吸附剂的影响主要是由机械混合引起的表面吸附性能参数降低及后续的煤灰沉降导致。具体而言，煤灰在初始煅烧阶段的沉降，减小了钙基材料的内/外比表面积和孔容，占据了有效的反应区域和空间，从而影响了碳酸化反应的化学控制阶段，而该影响并不涉及煤灰在吸附剂表面的熔融及固-固反应。而随着碳酸化/煅烧循环次数的增加，煤灰在吸附剂表面的沉降加剧，由于煤灰在高温下展现的强黏附性，进而导致沉降的煤灰颗粒在吸附剂表面逐渐融合。煤灰的融合过程在初期主要以点团簇的形式进行，更多地发生在钙基材料表面的裂缝及凸起等粗糙区域，如图 5.33 所示。当碳酸化/煅烧循环次数进一步增加时，煤灰在融合过程初期形成的点团簇以面扩散的形式将吸附剂表面覆盖，导致了吸附剂表面孔隙结构的破坏，进而引起 CO$_2$ 吸附性能的持续减弱。即使经历 20 个碳酸化/煅烧循环，煤灰对钙基材料 CO$_2$ 吸附性能的负面影响仍然维持。

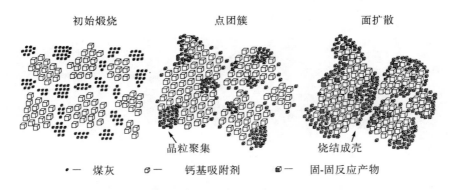

图 5.33　煤灰与钙基吸附剂间物理性质改变导致的相互作用机理

　　另一方面，尽管证明了煤灰由于沉降、融合及熔融主导了煤灰与吸附剂间的相互作用，但由化学性质改变导致的影响也是存在的，主要基于以下 3 点实验结果：①复合无机物 Ca$_2$(Al(AlSi)O$_7$) 在经历 5 个碳酸化/煅烧循环后逐渐生成，并在第 20 个碳酸化/煅烧循环时生成明显增加；②随着碳酸化/煅烧循环次数的增加，Si 元素的聚集逐渐加剧且始终伴随着 Al 元素大量的聚集；③在严重烧结的工况下(高煅烧温度及高碳酸化/煅烧循环次数)，即使表面吸附性能参数低劣的吸附剂在掺杂煤灰后，其 CO$_2$ 吸附性能仍然明显下降。综上所述，可以发现煤灰在钙基材料表面由化学性质改变导致的相互作用在碳酸化/煅烧循环过程的后期主导了煤灰对吸附剂 CO$_2$ 吸附性能的负面影响。

　　基于上述实验结果，煤灰与吸附剂间由化学性质变化导致的相互作用机理如图 5.34 所示。对于未掺杂煤灰的天然石灰石，因其多孔特性而具备更高的比表面积及孔容，因而

具备更优异的 CO_2 吸附特性。在 CO_2 吸附的过程中，生成的 $CaCO_3$ 快速地包裹整个颗粒，并随着反应的进行不断变厚，直至生成的 $CaCO_3$ 生长至临界反应层厚度。此时，CO_2 吸附由化学控制阶段转为扩散控制阶段。在碳酸化/煅烧循环的初期，由于煤灰与吸附剂表面缺乏充分的接触面，煤灰与吸附剂间由化学性质改变导致的相互作用几乎未对 CO_2 吸附特性产生影响。而随着碳酸化/煅烧循环次数的增加，吸附剂烧结程度加剧，大量裂隙和凸起为煤灰在吸附剂表面提供了充分的接触面，进而提供了足够的反应区域，促进了煤灰与吸附剂间的固-固反应，进而生成了铝-硅钙类复合无机物 $Ca_2(Al(AlSi)O_7)$。而 $Ca_2(Al(AlSi)O_7)$ 的生成消耗了部分参与反应的吸附剂，且在钙基材料多孔表面的沉降也阻碍了 CO_2 在吸附过程中的反应。

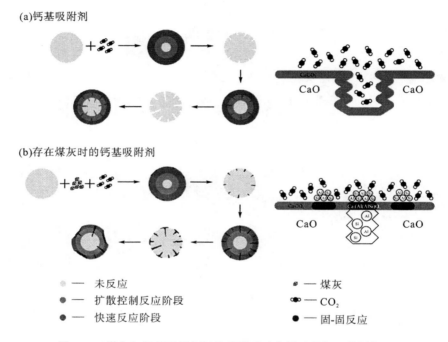

图 5.34　煤灰与钙基吸附剂间化学性质改变导致的相互作用机理

综上所述，煤灰中的 Al 和 Si 元素与吸附剂中 Ca 元素之间固-固反应随着煤灰融合及熔融过程的加剧逐渐进行，并在碳酸化/煅烧循环后期维持并主导着煤灰对 CO_2 吸附性能的负面影响。

5.4　本 章 小 结

本章针对钙循环技术潜在应用中燃煤烟气夹带、再生反应器中煤富氧燃烧等过程产生的煤灰、水蒸气及 SO_2 进入到吸附反应器的碳酸化气氛和再生反应器的煅烧气氛这一特征，对基于单颗粒模型吸附过程碳酸化/硫酸化竞争反应特性、水蒸气对 $CaCO_3$ 分解过程催化作用机理以及煤灰在钙基材料吸/脱附过程作用机制进行了深入研究，获得了典型气/固杂质对于钙基 CO_2 吸/脱附过程的影响规律及其作用机理。主要工作小结如下：

(1) 针对钙循环碳酸化反应器内 CO_2 与 SO_2 均与 CaO 反应形成并行反应竞争这一现象，建立了一个单颗粒数值模型，用以描述复杂的并行碳酸化/硫酸化过程。该模型以变晶粒粒径模型 (CGSM) 为基础，假设多孔 CaO 颗粒由均匀无孔的 CaO 晶粒组成，随着反应的进行，这些晶粒逐渐发展为未反应的 CaO 晶粒外裹 $CaCO_3$-$CaSO_4$ 混合产物层。在验证了模型的准确性后，进一步研究了并行反应过程中碳酸化反应与硫酸化反应的相互作用行为，探究了反应条件和吸附剂参数对碳酸化/硫酸化并行反应的影响特性，明晰了硫酸化作用下的碳酸化反应规律，为优化反应器工况和开发优越吸附性能的吸附剂提供了参考。重要结论包括：①并行反应中，在颗粒径向方向固体产物由颗粒内部到颗粒外部逐渐增多；在颗粒同一位置，固体产物生成速率随时间逐渐减缓；孔隙率在颗粒内部的径向分布规律是近颗粒外部处孔隙率较大，近颗粒核心处较小。随着时间的推移，孔隙率减小速度变慢。②颗粒内部硫酸化与碳酸化吸附竞争处，碳酸化反应被削弱导致固体产物 $CaCO_3$ 含量变少。③碳酸化反应的最优温度在 923 K 附近，较高的反应温度会稍稍抑制硫酸化反应。④在吸附剂物理性质方面，由于扩散阻力的增加，颗粒尺寸的增大会阻碍并行反应。⑤相对于碳酸化反应，硫酸化对较小的 CaO 晶粒颗粒和较大的孔隙率更敏感。

(2) 通过实验考察了水蒸气加速 $CaCO_3$ 分解反应的作用规律，并基于密度泛函理论，利用量子化学计算，从原子层面对水蒸气催化加速 $CaCO_3$ 分解反应的机理进行了阐述与分析。主要结论包括：①水蒸气会明显地降低 $CaCO_3$ 的再生开始温度，进而使吸附剂的分解过程提前进行。②水蒸气的引入不仅使 $CaCO_3$ 的再生开始温度降低，同时加速了 $CaCO_3$ 的分解过程，提升了 $CaCO_3$ 的分解反应速率。③基于阿伦尼乌斯定律的推导表明水蒸气降低了 $CaCO_3$ 分解反应的活化能，即水蒸气对 $CaCO_3$ 的分解反应产生了催化作用。④水蒸气催化加速 $CaCO_3$ 分解反应的过程主要是 H_2O 在 $CaCO_3$ 表面上的 Ca-桥位吸附并解离后，H 离子与 CO_3 中的 O 原子形成 O—H 键后弱化了 O—H 键中 O 原子与 CO_3 中 C 原子连结的 C—O 键，进而降低了 $CaCO_3$ 分解并释放出 CO_2 的反应能垒，加速了 $CaCO_3$ 的分解过程。

(3) 研究了尾部烟气夹带的空气燃烧煤灰和再生器内富氧燃烧煤灰对钙基材料 CO_2 吸/脱附过程的影响特性，揭示了存在煤灰时吸附剂的表面形貌演变及元素迁移规律，并提出了富氧燃烧煤灰在钙循环不同阶段对 CO_2 吸附剂的作用机制。主要结论包括：①煤灰会对钙基材料在整个碳酸化/煅烧循环过程中的 CO_2 吸附性能产生明显的负面影响，其对合成吸附剂的负面影响程度较天然吸附剂更高。②煤灰对吸附剂的负面影响程度随煤灰粒径的减小逐渐增强，且煤灰粒径的变化对合成吸附剂的影响相对明显。③煤灰与吸附剂相互作用引起的物理性质变化是初始碳酸化/煅烧循环阶段钙基材料 CO_2 吸附特性改变的主要原因，且该影响在后续的循环中始终存在，这主要是由煤灰在吸附剂表面的演变由点团簇形式向面扩散形式的转变所致。④煤灰中 Al 和 Si 元素与吸附剂中 Ca 元素之间的固-

固反应随煤灰融合及熔融过程的深入逐渐加剧，并在碳酸化/煅烧循环后期维持并主导了煤灰对吸附剂 CO_2 吸附性能的负面影响。

参 考 文 献

[1]Abanades J, Anthony E, Wang J, et al. Fluidized bed combustion systems integrating CO_2 capture with CaO[J]. Environmental Science & Technology, 2005, 39(8): 2861-2866.

[2]Skorek-Osikowska, Bartela, Kotowicz, et al. Thermodynamic and economic analysis of the different variants of a coal-fired, 460 MW power plant using oxy-combustion technology[J]. Energ Convers Manage, 2013, 76: 109-120.

[3]Guo B H, Wang Y L, Guo J N, et al. Experiment and kinetic model study on modified potassium-based CO_2 adsorbent[J]. Chemical Engineering Journal, 2020, 399: 125849

[4]陈苏苏. 硫酸化作用下钙循环气固反应动力学与 CO_2 吸附全过程模拟研究[D]. 重庆：重庆大学, 2021.

[5]Adanez J, Gayan P, Garcia-Labiano F. Comparison of mechanistic models for the sulfation reaction in a broad range of particle sizes of sorbents[J]. Industrial & Engineering Chemistry Research, 1996, 35(7): 2190-2197.

[6]Baker E H. 87. The calcium oxide-carbon dioxide system in the pressure range 1-300 atmospheres[J]. Journal of the Chemical Society, 1962, 70: 464-470.

[7]Fuller E N, Schettler P D, Giddings J C. New method for prediction of binary gas-phase diffusion coefficients[J]. Industrial & Engineering Chemistry, 1966, 58(5): 18-27.

[8]Ryu H J, Grace J R, Lim C J. Simultaneous CO_2/SO_2 capture characteristics of three limestones in a fluidized-bed reactor[J]. Energy & Fuels, 2006, 20(4): 1621-1628.

[9]Iyer M V, Gupta H, Sakadjian B B, et al. Multicyclic study on the simultaneous carbonation and sulfation of high-reactivity CaO[J]. Industrial & Engineering Chemistry Research, 2004, 43(14): 3939-3947.

[10]Wang C B, Jia L F, Tan Y W. Simultaneous carbonation and sulfation of CaO in oxy-fuel circulating fluidized bed combustion[J]. Chemical Engineering & Technology, 2011, 34(10): 1685-1690.

[11]Liu W, Feng B O, Yueqin W U, et al. Synthesis of sintering-resistant sorbents for CO_2 capture[J]. Environmental Science & Technology, 2010, 44(8): 3093-3097.

[12]Yin J, Qin C, Hui A, et al. High-temperature pressure swing adsorption process for CO_2 separation[J]. Energy & Fuels, 2012, 26(1): 169-175.

[13]何东霖. 典型燃煤气/固杂质对钙循环 CO_2 吸/脱附的影响规律及其作用机理研究[D]. 重庆：重庆大学, 2019.

[14]Qin C, Bo F, Yin J, et al. Matching of kinetics of $CaCO_3$ decomposition and CuO reduction with CH_4 in Ca-Cu chemical looping[J]. Chemical Engineering Journal, 2015, 262: 665-675.

[15]Costa S N, Freire V N, Caetano E W, et al. DFT calculations with van der waals interactions of hydrated calcium carbonate crystals $CaCO_3$ center dot(H2O, 6H2O): structural, electronic, optical, and vibrational properties[J]. The Journal of Physical Chemistry, A. 2016, 120(28): 5752-5765.

[16]Rigo V A, Metin C O, Nguyen Q P, et al. Hydrocarbon adsorption on carbonate mineral surfaces: A first-principles study with van der waals interactions[J]. The Journal of Physical Chemistry C, 2012, 116(46): 24538-24548.

[17]Benitez-Guerrero M, Valverde J M, Sanchez-Jimenez P E, et al. Calcium-looping performance of mechanically modified Al2O$_3$-CaO composites for energy storage and CO$_2$ capture[J]. The Chemical Engineering Journal, 2017, 334: 2343-2355.

[18]Ma X, Li Y, Chi C, et al. CO$_2$ Capture performance of mesoporous synthetic sorbent fabricated using carbide slag under realistic calcium looping conditions[J]. Energy & Fuels, 2017, 317: 7299-7308.

[19]Ma X T, Li Y J, Shi L, et al. Fabrication and CO$_2$ capture performance of magnesia-stabilized carbide slag by by-product of biodiesel during calcium looping process[J]. Applied Energy, 2016, 168: 85-95.

[20]Luo C, Zheng Y, Xu Y, et al. Wet mixing combustion synthesis of CaO-based sorbents for high temperature cyclic CO$_2$ capture[J]. Chemical Engineering Journal, 2015, 267: 111-116.

[21]Charitos A, Rodríguez N, Hawthorne C, et al. Experimental validation of the calcium looping CO$_2$ capture process with two circulating fluidized bed carbonator reactors[J]. Industrial & Engineering Chemistry Research, 2011, 50(16): 9685-9695.

第6章 基于高温化学吸附的脱碳体系研究

前述章节详细介绍了 CO_2 高温吸附技术所涉及的材料合成、颗粒成型、热力学/动力学以及杂质适应性,对于高温吸附材料与反应过程进行了较为全面的阐述。然而,基于高温化学吸附的脱碳体系仍面临着吸附材料再生过程所需热量多、CO_2 捕集及后续利用工艺流程烦琐且能耗高等一系列挑战。在吸/脱附循环方面,如何实现强吸热 CO_2 脱附反应的高效供热是需要重点关注的问题。此外,高值化应用是解决常规碳捕集技术经济性制约的主要途径,而以高温 CO_2 吸附为基础的 CO_2 捕集/转化一体化是实现 CO_2 吸附高值化应用的理想选择。基于此,本章以原位反应供热的钙-铜联合循环和 CO_2 捕集/转化一体化构建为核心,对脱碳体系中存在的系列问题进行了深入探究。

6.1 Ca-Cu 联合化学合循环再生过程反应动力学匹配

吸附剂再生过程的供热是钙循环应用所面临的主要问题之一。再生能量通常由富氧燃烧供应,但会使系统更加复杂和昂贵。为了简化系统并降低成本,有学者在"非混合燃烧"概念[1]基础上提出了一种 Ca-Cu 联合化学循环过程[2,3]。Ca-Cu 联合化学循环(CaL-CLC)是一种具有潜力的新型 CO_2 捕集方法,其原理是利用 CuO 还原反应释放热量来支持 CaO 基吸附剂的吸热再生,所以两个反应的动力学匹配至关重要。基于此,针对性地研究了煅烧反应器内两个反应的动力学特性。通过不同温度和气氛下的热重实验,测得了 $CaCO_3$ 分解和 $CuO-CH_4$ 还原反应速率特性,基于气固反应模型确定了反应动力学方程,进一步模拟了绝热固定床反应器中同时进行 CuO 还原和 $CaCO_3$ 分解的反应匹配特性。

6.1.1 Ca-Cu 联合化学循环研究概述

目前,在 Ca-Cu 联合化学循环的概念设计和应用于 Ca-Cu 联合化学循环的 Ca/Cu 基吸附剂开发方面已经取得了一些初步成果[4]。与典型钙循环过程中使用的吸附剂相比,Ca-Cu 联合化学循环过程中使用的吸附剂还包含 CuO。由于 Cu/CuO 在高温下易发生团聚,因此 CuO 的存在可能会对 CaO 的 CO_2 吸附活性产生不利影响[5]。尽管可以从 CaO 颗粒中分离出 CuO 颗粒来最大限度地减少这种不利影响[6],但是同时具有 CaO 和 CuO 组分的复合材料也很有价值[7-11],因为复合材料组分更易控制,颗粒内部传热性能也更好,有助于提高 Ca-Cu 联合化学循环的可行性和有效性。

为了使煅烧反应器能够平稳工作,CuO 还原反应与 $CaCO_3$ 吸热分解反应的反应速率必须有效匹配。关于两个反应的动力学已经有了大量的研究工作,表 6.1 进行了研究总结。

尽管这些实验数据不能直接用于 Ca-Cu 联合化学循环的煅烧过程，但是相关研究对于更好地理解这些反应的内在特性是有价值的。因此，在以下部分中将简要介绍有关 CuO 还原和 $CaCO_3$ 分解的实验和建模工作。

在 CO_2 分压为 0 条件下，$CaCO_3$ 分解动力学已有大量研究，并且文献结果基本一致。尽管 CO_2 分压会对 $CaCO_3$ 分解产生负面影响，但在文献中尚无共识。Ingraham 和 Marier[12] 发现，随着 CO_2 分压增加，$CaCO_3$ 分解速率降低，且与平衡压力和背压之差成正比，下述建模过程也采用了该结果[13,14]。Darroudi 和 Searcy[15] 观察到当 $P_{CO_2} > 10^{-2} P_{eq}$（$P_{CO_2}$：$CO_2$ 分压，P_{eq}：CO_2 平衡压力）时，$CaCO_3$ 分解速率与 CO_2 分压之间存在抛物线关系，但是当 CO_2 分压超出该范围时，其对 $CaCO_3$ 分解速率的影响可忽略不计。Hu 和 Scaroni[16] 在模拟煅烧石灰石过程中采用了这一关系。而 Khinast 等[17]认为，随着 CO_2 分压增加，石灰石的分解速率呈指数下降，而非线性关系。

$CaCO_3$ 分解反应中的速率限制因素可能是化学动力学、颗粒向反应界面的传热过程或者是多孔颗粒反应界面释放 CO_2 的传质过程，但后两者受颗粒尺寸影响很大。Borgwardt[18] 提出了 $CaCO_3$ 分解模型，认为分解反应在 1～90μm 的粒径范围内受动力学控制。Martínez 等[19]观察到在 0～50%（体积分数）CO_2、1093～1183K 和 1atm 条件下，石灰石直径小于 0.3mm 时粒径对分解速率没有影响，与 Ar 和 Doğu 的结果一致[20]。García-Labiano 等[21] 的实验和模拟结果表明，粒径在 0.4～2mm 范围时，颗粒内传质和化学反应是 $CaCO_3$ 在 1123K 分解的主要限速步骤。而 Cui 等[22]在 36～88nm 粒径范围内，采用变升温速率等转化率法得到了表观活化能与粒径倒数间的线性关系。此外，一些学者认为材料表面积是影响 $CaCO_3$ 分解的一个重要因素，Borgwardt[18] 提出了分解速率与 $CaCO_3$ 表面积的线性关系，该结果在已有研究中被广泛采用[16, 23, 24]。表 6.1 总结了不同材料、物理性质和测试条件下的 $CaCO_3$ 分解动力学数据。

CuO 与还原性气体间的反应为非催化气固反应，可以使用不同的气固反应模型来获得其动力学参数。收缩核模型(SCM)通常用于描述负载型 CuO 的还原反应动力学过程[25, 26]。García-Labiano 等[27]研究了在氧化铝上的低负载型 CuO 和三种还原性气体（CH_4、H_2、CO）之间的还原反应动力学特性。还原气体浓度范围为 5%～70%、温度为 1073 K 时可以观察到 CuO 在 1 min 内被完全还原，且对于 CH_4、H_2 和 CO 的反应级数分别为 0.4，0.6 和 0.8。García-Labiano 等[28]的工作表明，总压从 1 atm 增加到 5 atm 时会对反应速率产生不利影响。Chuang 等[29]采用实验室小型流化床研究了共沉淀法制备 CuO（Al_2O_3 负载质量分数为 82.5%的 CuO）与 CO 之间的反应速率。结果表明，反应级数接近 1；温度小于 973 K 时，CuO 直接被还原为 Cu，但是当温度较高时，会产生中间产物 Cu_2O，并且通过两步反应机理完成还原。CuO 与 H_2 的反应遵循类似的两条路径，但转变温度约为 1073 K[30]。此外，发现高负载量 CuO 基球状颗粒的还原反应速率远低于粉末状[31]。Moghtaderi 和 Song[32] 测试了 CuO 与其他金属氧化物物理混合后的还原性能，通过实验和理论分析发现，经过物理混合后的二元金属氧化物的活化能和反应级数是未经混合两种金属氧化物活化能和反应级数的算术平均值。

García-Labiano 等[33]开发了一个变晶粒粒径模型(CGSM)来预测 CuO/Cu 还原/氧化速率和颗粒内部温度分布,该模型假设颗粒由大小相同且分布均匀的无孔晶粒组成且在反应过程中晶粒以收缩核模型变化。Monazam 等[34]基于 10 种不同的速率模型研究了 CuO/膨润土与甲烷的反应活性,发现 Johnson-Mehl-Avrami(JMA)模型可以较好地拟合实验数据。此外,成核和核生长模型也被用于模拟 CuO/Cu 还原/氧化动力学[26, 35]。

为更好地设计 Ca-Cu 联合化学循环工艺,需要研究关键反应的动力学匹配以及煅烧过程的热耦合特性。为此,选择 Alfa Aesar 公司的 $CaCO_3$ 并合成了 CuO/Al_2O_3 复合材料作为实验样本。使用热重分析仪(TGA)在反应动力学控制状态下测得 $CaCO_3$ 分解和 CuO-CH_4 还原反应动力学参数;在使用气固反应模型确定本征反应速率后,通过开发的拟均相模型评估了煅烧反应器中热量产生和消耗的匹配关系。

表 6.1 $CaCO_3$ 分解和 CuO 还原反应的动力学研究汇总

反应	材料	物理结构	实验条件	动力学模型与参数	文献
$CaCO_3$ 分解	石灰石 A(96.1% CaO)	粒径: 0.075~0.8mm 孔隙率: 0.044	TGA, $T=1093$~1183K 0~50% CO_2	晶粒模型 $E=112.4$kJ/mol	[19]
	石灰石 B(93.8% CaO)	粒径: 0.075~0.125mm 孔隙率: 0.020	TGA, $T=1093$~1183K 0~50% CO_2	晶粒模型 $E=91.7$kJ/mol	
	石灰石(97.1% $CaCO_3$)	粒径: 0.4~2mm 孔隙率: 0.03	TGA, $T=1048$~1173K 0~80% CO_2	收缩核模型 $E=166$kJ/mol	[21]
	石灰石(95.8% $CaCO_3$)	粒径: 0.4~2mm 孔隙率: 0.3	TGA, $T=1048$~1173K 0~80% CO_2	变晶粒粒径模型 $E=131$kJ/mol	
	10 种石灰石 42.7%~52.8% CaO	粒径: 0.1~1.7mm 孔隙率: 0.32~0.51	TGA, $T=873$~1173K 0% CO_2	收缩核模型 $E=156$~213kJ/mol	[20]
	石灰石(96.1% $CaCO_3$)	粒径: 0.005~0.1mm 孔隙率: 0.021~0.034	TGA, $T=1053$K 0~6.5% CO_2	修正随机孔模型	[17]
	石灰石(96%~100%纯度)	粒径: 2~7mm	大容量 TGA, $T=973$~1173K 0~21% CO_2	收缩核模型 $E=154$~164kJ/mol	[36]
	2 种石灰石(95%纯度)	粒径: 0.001~0.09mm 孔隙率: 0.03~0.08	微反应器, $T=789$~1273K 0% CO_2	$E=205$kJ/mol	[18]
	方解石	片状: 厚 1~2mm、直径 7mm	TGA, $T=893$~1073K 0~100% CO_2	$E=209$kJ/mol	[15]
	沉淀 $CaCO_3$	粒径: <0.056mm	$T=1023$~1173K 0~100% CO_2	$E=170$kJ/mol	[12]
CuO 还原	氧化铝负载 10% CuO	粒径: 0.1~0.3mm 孔隙率: 0.57	TGA, $T=723$~1073K 5%~70% CH_4 5%~70% H_2 5%~70% CO	收缩核模型 $n=0.4$, $E=60$kJ/mol $n=0.6$, $E=33$kJ/mol $n=0.8$, $E=14$kJ/mol	[27, 28]
	氧化铝负载 14% CuO	粒径: 0.1~0.3mm 孔隙率: 0.548	TGA, $T=873$~1073K 5%~70% CH_4	收缩核模型 $n=0.5$, $E=106$kJ/mol	[25]
	氧化铝负载 60% CuO	粒径: 0.2~0.4mm 孔隙率: 0.2	TGA, $T=923$~1073K 3%~30% CH_4 3%~40% H_2 5%~50% CO	收缩核模型 $n=0.9$, $E=74.5$kJ/mol $n=1$, $E=23.3$kJ/mol $n=1$, $E=25.5$kJ/mol	[31]

反应	材料	物理结构	实验条件	动力学模型与参数	文献
CuO 还原	二氧化硅负载 60% CuO	粒径：1mm 孔隙率：0.4	TGA，T=973～1123K 100% CH_4	收缩核模型 n=1，E=41kJ/mol	[37]
	膨润土负载 60% CuO	粒径：0.15～0.25mm	TGA，T=1023～1173K 20%～100% CH_4	Johnson-Mehl-Avrami 模型 n=1.55～2.16，E=37.3kJ/mol	[34]
	氧化铝负载 82.5% CuO	粒径：0.355～0.5mm 孔隙率：0.75	流化床，T=523～1173K 1.1～9.77% CO	收缩核模型 n=1，E=52kJ/mol	[29]
	氧化铝负载 62% CuO	粒径：0.09～0.106mm 孔隙率：0.6	TGA，T=773～1073K 20%～70% H_2 20%～70% CO	收缩核模型 n=0.55，E=30kJ/mol n=0.8，E=16kJ/mol	[32]
	氧化铝负载 82.5% CuO	粒径：0.355～0.5mm 孔隙率：0.75	流化床，T=723～1173K 2.6%～10% H_2(CuO→ Cu_2O) 2.6%～10% H_2(Cu_2O→ Cu)	收缩核模型 n=1，E=58kJ/mol n=1，E=44kJ/mol	[30]

6.1.2　反应动力学测试方法

实验所用材料为粒径≤0.1mm 的纯 $CaCO_3$（≥99%，Alfa Aesar），用于测量分解反应的动力学参数；Al_2O_3 负载的含质量分数 75%CuO 的复合材料，用于确定 CuO 与甲烷之间的还原反应速率。该复合材料是由醋酸铜(Ⅱ)（98.0%～102.0%，Ajax Finechem）和工业用活性氧化铝（≥99%，Sigma-Aldrich）通过湿混合法合成的。为了最小化 CuO 和 Al_2O_3 之间的潜在化学相互作用，首先在 1373K 的空气中煅烧 γ-Al_2O_3 2 h 以形成 α-Al_2O_3[38]。然后，在制备 CuO/Al_2O_3 的过程中，将醋酸铜(Ⅱ)在 353K 的加热下溶解在蒸馏水中，将特定量的经煅烧和过筛的 α-Al_2O_3（粒径≤0.1mm）添加到溶液中，连续搅拌 5h，将混合物在 393K 的烤箱中干燥 15 h，然后在 773K 的空气中煅烧 30min 后，醋酸铜(Ⅱ)分解为金属氧化物。样品经研磨、筛分至小于 0.1mm 后，进行反应动力学测试。

实验测试使用 Cahn 热重分析仪（TGA，型号 121）测定反应动力学。对于一次典型测试，将 5mg 样品加载到悬挂在石英管中的石英盘上，总气体流量保持在 100mL/min，每种气体的流量均由精确的数字质量流量控制器控制。需要注意的是，在热重分析仪中先进行 1123K 的煅烧，以稳定材料并确保钙或铜以 $CaCO_3$ 和 CuO 的形式存在。反应动力学的等温测试涉及以下阶段：①在 100mL/minCO_2 中（当测试 $CaCO_3$ 分解时）或在 100mL/min 空气中（测试 CuO 还原时）以 50K/min 的速率从室温加热到 1123K，然后将条件稳定 30min；②在相同气体气氛下以 20K/min 的速率从 1123 K 加热/冷却到目标温度；③在指定的气体气氛和目标温度条件下进行 $CaCO_3$ 的等温分解或 CuO-CH_4 还原。$CaCO_3$ 分解的目标测试条件是 1048～1173K，0～60%（体积分数）由 N_2 平衡的 CO_2；CuO-CH_4 还原反应的条件则是 1073～1173K，10%～40%CH_4。监测实验过程中样品质量的数据，并根据质量变化计算 $CaCO_3$ 和 CuO 的转化率，假定质量变化仅是由 $CaCO_3$ 分解或 CuO 被 CH_4 还原所致。

表 6.2　样本的主要物理特性

物理特性	$CaCO_3$	CuO/Al_2O_3
CaO/%(质量分数)	≥99	0
CuO/%(质量分数)	0	75
Al_2O_3/%(质量分数)	0	25
BET 比表面积/(m^2/kg)	6.6	3750.8
真密度/(kg/m^3)	2674.1	5427
活化能/(kJ/mol)	157.5	79.2

　　气固反应中存在外部和内部传热和传质等多种阻力，会影响气固反应速率。因此，采取了相应措施来减少上述因素的影响，并确保反应在化学动力学控制条件下进行。首先，通过筛分样本粒径至小于 0.1mm，将颗粒内气体扩散的影响控制到最小；经多次实验证明，在此粒径范围内颗粒的内扩散效应可以忽略[19, 25]。随后，相对于测试样本量保持 100mL/min 的较高气体流量，以最小化颗粒间的外扩散效应[32, 39]。此外，为避免颗粒间外扩散产生的阻力，在不同样本质量条件下进行了热重实验，结果如图 6.1 所示，可以看出，当样本量低于 8mg 时，外扩散对 $CaCO_3$ 分解速率和 CuO 还原速率的影响均可以忽略不计。基于此，在样本质量为 5mg 条件下，对 $CaCO_3$ 分解和 CuO-CH_4 还原的动力学参数进行了测定，并假设在所测条件下，两种反应均在反应动力学控制条件下进行。

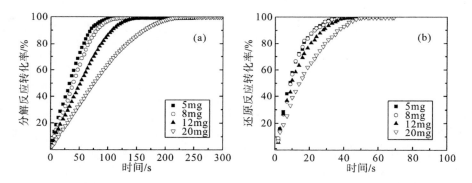

图 6.1　样本质量对(a)1173KN_2 平衡下 60%(体积分数)CO_2 气氛时 $CaCO_3$ 分解影响和(b)1073KN_2 平衡下 20%(体积分数)CH_4 气氛时 CuO 还原影响

6.1.3　$CaCO_3$ 分解反应动力学

　　$CaCO_3$ 的分解已被广泛研究，并且已有各种动力学模型来描述该过程[18, 20, 23]。本工作采用由 Fang 等[40]提出的式(6.1)及其积分形式(6.2)来计算 $CaCO_3$ 分解动力学，其原因在于该式形式简单且能够较好地拟合实验中温度和 CO_2 分压数据。

$$\frac{\mathrm{d}X_{\mathrm{dec}}}{\mathrm{d}t} = k_{\mathrm{des}} \cdot \left(1 - X_{\mathrm{dec}}\right)^{2/3} \cdot \left(C_{\mathrm{eq,CO_2}} - C_{\mathrm{CO_2}}\right) \tag{6.1}$$

$$f(X_{dec}) = 3\left[1 - (1 - X_{dec})^{1/3}\right] = k_{dec} \cdot (C_{eq,CO_2} - C_{CO_2}) \cdot t \tag{6.2}$$

其中，C_{eq,CO_2} 是 CO_2 的平衡浓度，它是决定 $CaCO_3$ 分解驱动力的重要参数，其值由式 (6.3) 计算[40]；C_{CO_2} 是 CO_2 浓度，可以通过式 (6.4) 计算。

$$C_{eq,CO_2} = \frac{1.462 \times 10^{11}}{T} \exp(-19130/T) \tag{6.3}$$

$$C_{CO_2} = \frac{P_{CO_2}}{RT} \tag{6.4}$$

为确定 $CaCO_3$ 分解的动力学参数，在 1048～1173K 煅烧温度范围内，保持 CO_2 浓度不变，进行了一系列实验。图 6.2 给出了 N_2 气氛下煅烧温度对 $CaCO_3$ 分解反应速率的影响规律。在预期之内，分解速率随着煅烧温度升高而增加。当煅烧温度为 1048K 时，大约需要 240s 才能达到 100% 转化率；当煅烧温度提高到 1173K 后，50s 内就可以完全转化。

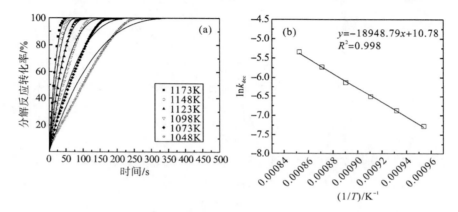

图 6.2　(a) N_2 气氛下煅烧温度对 $CaCO_3$ 分解的影响特性，其中实验结果用符号表示，动力学模型预测用实线表示；(b) 确定 $CaCO_3$ 分解动力学参数的 $\ln(k_{dec})$-$1/T$ 曲线

根据式 (6.2) 绘制了 6 个煅烧温度下 $3[1-(1-X_{dec})^{1/3}]$ 随时间变化的曲线，如图 6.2(a) 所示，其斜率确定 $k_{dec}(C_{eq,CO_2} - C_{CO_2})$ 数值。然后根据式 (6.5) 绘制 $\ln k_{dec}$ 随温度倒数的变化曲线，得到一条斜率为 $-E_{dec}/R$，截距为指前因子 A_{dec} 的直线，如图 6.2(b) 所示，从而得到指前因子 (A_{dec}) 和 $CaCO_3$ 分解的活化能 (B_{dec}) 分别为 47817m^3/(mol·s) 和 157.5kJ/mol，在 1048～1173K 温度范围内测定的活化能与文献[12]、文献[21]、文献[36]报道的 154～170kJ/mol 活化能数值基本一致，但与其他研究结果有所不同[15, 18, 19]。这种差异主要来自煅烧过程的复杂性，例如杂质存在、烧结等物理过程以及操作条件等均会产生影响[20, 36]。

$$\ln k_{dec} = \ln A_{dec} + \left(-\frac{E_{dec}}{R}\right) \cdot \frac{1}{T} \tag{6.5}$$

虽然已有的实验数据足以基于式 (6.2) 确定 $CaCO_3$ 分解的动力学参数，但还需要通过在给定温度 (1173K) 和总压力 (1atm) 下绘制 0～0.6atm 范围内不同 CO_2 分压的反应曲线来预测 CO_2 分压对反应速率的影响并验证模型。图 6.3 给出了 $CaCO_3$ 分解反应转化率与 CO_2

分压间的关系。随着 CO_2 分压增加，$CaCO_3$ 分解反应转化率变慢。预测值与实验数据吻合较好，表明该模型能够在 CaL-CLC 过程的适宜条件范围内模拟 $CaCO_3$ 的煅烧过程且具有合理的精度。

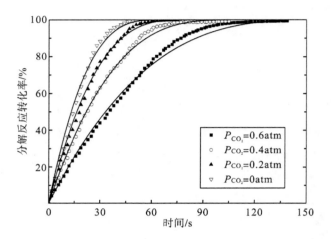

图 6.3 CO_2 分压对 $CaCO_3$ 分解的影响曲线（1173K，1atm）

实验结果用符号表示，动力学模型预测用实线表示

6.1.4   CuO 与 CH_4 还原反应动力学

采用文献中 CuO 与 CH_4 还原的速率表达式来拟合实验数据，发现随机成核模型[26, 41]与测试条件下的结果最为吻合。该模型的微分和积分形式如下：

$$\frac{\mathrm{d}X_{\mathrm{red}}}{\mathrm{d}t} = k_{\mathrm{red}}C_{\mathrm{CH_4}}{}^{n} \cdot \left(1 - X_{\mathrm{red}}\right) \tag{6.6}$$

$$f\left(X_{\mathrm{red}}\right) = -\ln\left(1 - X_{\mathrm{red}}\right) = k_{\mathrm{red}}C_{\mathrm{CH_4}}{}^{n}t \tag{6.7}$$

$$C_{\mathrm{CH_4}} = \frac{P_{\mathrm{CH_4}}}{RT} \tag{6.8}$$

为研究 CuO 与 CH_4 的还原反应动力学，首先需要确定反应级数。因此，测量了 CH_4 浓度对 CuO 还原反应速率的影响曲线，如图 6.4(a) 所示。可以看出，即使温度为 1073K 时，CuO 完全转化的时间非常短。当 CH_4 分压为 0.1atm 时，60～70s 即可完全还原 CuO；CH_4 分压为 0.4atm 时，20～30s 即可完成反应。获得 CH_4 分压对 CuO 还原转化率影响的实验数据后，按以下步骤确定反应级数：①根据式(6.7)和式(6.8)绘制不同 CH_4 分压下 $-\ln(1-X_{\mathrm{red}})$ 随时间变化的曲线，确定 $k_{\mathrm{red}}C_{\mathrm{CH_4}}{}^{n}$ 的值；②根据式(6.9)绘制第①步确定的 $k_{\mathrm{red}}C_{\mathrm{CH_4}}{}^{n}$ 的对数和 $C_{\mathrm{CH_4}}$ 的对数之间的曲线，其斜率即为 CuO 与 CH_4 还原反应的表观反应级数(n)，如图 6.4(b) 所示，其大小为 0.46，与文献[25]和文献[27]中报道的 0.4～0.5 相吻合。

$$\ln\left(k_{\mathrm{red}} \cdot C_{\mathrm{CH_4}}{}^{n}\right) = \ln k_{\mathrm{red}} + n\ln C_{\mathrm{CH_4}} \tag{6.9}$$

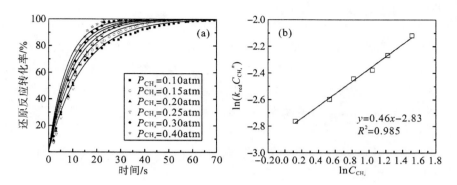

图 6.4　（a）1073K 下 CH_4 分压对 CuO 还原反应速率的影响曲线，实验结果用符号表示，动力学模型预测用实线表示；（b）确定 CuO 与 CH_4 还原反应级数的 $\ln k_{red}C_{CH_4}{}^n$ - $\ln C_{CH_4}$ 曲线。

　　通过研究温度对反应速率的影响，得到 CuO 与 CH_4 还原反应的动力学参数，如图 6.5（a）所示。根据式（6.7）得到的 5 个温度下 $-\ln(1-X_{red})^{-t}$ 曲线的斜率（$k_{red}C_{CH_4}{}^n$），由于反应级数（n）已经确定，且 CH_4 的浓度固定为 $2.17mol/m^3$，因此可以得到不同温度下的反应速率常数（k）。进一步，根据式（6.5）阿伦尼乌斯表达式，确定活化能（E_{red}）和指前因子（A_{red}）分别为 79.2kJ/mol 和 $482m^{1.38}/(mol^{0.46}\cdot s)$，如图 6.5（b）所示。

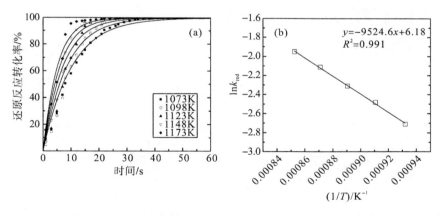

图 6.5　（a）温度对 CuO 还原反应速率的影响曲线，固定 CH_4 浓度为 $2.17mol/m^3$，其中实验结果用符号表示，动力学模型预测用实线表示；（b）确定 CuO 与 CH_4 还原反应的动力学参数的阿伦尼乌斯曲线 $\ln k_{red}$-1/T

　　为检验模型准确性，使用动力学参数拟合的结果如图 6.4（a）和图 6.5（a）所示。实验结果与模型预测的差异在可接受范围内。因此，用求得动力学参数建立的模型可以模拟 CaL-CLC 中 CuO 与 CH_4 在目标条件下的还原过程。此外，还发现 CuO 与 CH_4 的还原产物（H_2O 和 CO_2）对反应速率没有影响，这个结果与文献[25, 27]结果一致。

6.1.5 煅烧反应器数学模型构建

采用拟均相模型[42-44]描述固定床中 CuO 与 CH_4 的逐级还原和 $CaCO_3$ 分解,并且在模拟中采用了以下假设:反应器内流动为理想活塞流、反应器壁面绝热、颗粒内部质量和温度梯度忽略不计、气体为理想气体、床层空隙率恒定、床层中颗粒粒径均匀。本模型是一个动态模型,因为在 CaL-CLC 系统中,CuO 和 $CaCO_3$ 是在煅烧反应器运行过程中逐渐转化为 Cu 和 CaO 的。

在模型中采用获得的 CuO 与 CH_4 还原和 $CaCO_3$ 分解速率表达式,并通过式(6.10)和式(6.11)计算了单位体积材料的摩尔反应速率,其中 ρ_{CuO} 和 ρ_{CaCO_3} 分别为 CuO 和 $CaCO_3$ 的摩尔密度。

$$r_{red} = \rho_{CuO} \frac{dX_{red}}{dt} \tag{6.10}$$

$$r_{dec} = \rho_{CaCO_3} \frac{dX_{dec}}{dt} \tag{6.11}$$

除反应模型外,在多组分系统的模拟中还采用了质量和能量守恒以及压降方程。固定床的质量守恒方程采用以下拟均相模型:

$$\varepsilon \frac{\partial C_i}{\partial t} + \frac{\partial (uC_i)}{\partial z} = (1-\varepsilon) r_i \tag{6.12}$$

其中,ε 为床层空隙率;C_i 是气体 i(CH_4、CO_2 和 H_2O)的摩尔浓度;u 是流速。

绝热固定床反应器的拟均相能量方程如式(6.13)所示:

$$\left[(1-\varepsilon) \rho_s c_{ps} + \varepsilon \rho_g c_{pg} \right] \frac{\partial T}{\partial t} = -\frac{\partial (u\rho_g c_{pg} T)}{\partial z} - (1-\varepsilon) r_{red} \Delta H_{red} - (1-\varepsilon) r_{dec} \Delta H_{dec} \tag{6.13}$$

其中,ρ_s 和 c_{ps} 是反应器中固体的平均密度和热容;ρ_g 和 c_{pg} 是气体混合物的密度和热容;ΔH_{red} 和 ΔH_{dec} 是 CuO 与 CH_4 的还原反应热和 $CaCO_3$ 分解反应热。

固定床反应器的压力损失采用 Ergun 方程计算[45]:

$$\frac{dP}{dz} = \frac{150(1-\varepsilon)^2 \mu u}{D_p^2 \varepsilon^3} + \frac{1.75(1-\varepsilon) \rho_g u^2}{D_p \varepsilon^3} \tag{6.14}$$

其中,μ 是气体的动力黏度;D_p 是反应器中颗粒当量直径。

采用 MATLAB 有限差分法对数学模型进行求解,初始条件和边界条件如式(6.15)和式(6.16)所示。

$$C_i = C_{i,0} \quad T = T_{S,0} \quad P = 1 \text{ atm} \quad (t=0) \tag{6.15}$$

$$C_i = C_{i,in} \quad T = T_{g,in} \quad P = 1 \text{ atm} \quad (z=0) \tag{6.16}$$

表 6.3 为基于文献[42]和文献[46]中 CaL-CLC 初步概念设计所采用的固定床反应器结构及运行参数。确定 Ca-Cu 联合化学循环过程中所用的理论 CuO/$CaCO_3$ 摩尔比时,应考虑还原气体种类、煅烧温度(反应焓),以及 $CaCO_3$ 分解的 CO_2 平衡压力。使用 CH_4 作为还原气体还原 CuO 时,1148K 温度和 3.2 的 CuO/$CaCO_3$ 摩尔比是 $CaCO_3$ 分解和 CuO 还

原的理论条件。考虑到循环过程中碳酸化阶段 CaO 的转化率通常较低,因此在煅烧初期,除 $CaCO_3$ 外大部分钙以 CaO 形式存在。在本工作中,假设碳酸化过程的最大转化率为 30%,因此模拟时材料的 Cu/Ca 摩尔比为 0.96。

表 6.3　固定床反应器物理特性及运行参数

参数	数值
反应器长度/m	7
反应器直径/m	0.3
反应颗粒直径/m	0.022
床层空隙率	0.5
原料气温度/K	1148
固体初始温度/K	1148
压强/Pa	101325
空床流速/(m/s)	2
颗粒密度/(kg/m³)	3602.5
颗粒比热容/[J/(kg·K)]	934.61

6.1.6　煅烧反应器内反应过程分析

本研究在建立了 CuO-CH_4 还原和 $CaCO_3$ 分解速率模型后,使用如上所述的拟均相模型预测了反应器长度方向上的温度、气体浓度和转化率曲线。图 6.6 给出了温度、气体浓度和转化率在 1148K,30%(体积分数)CH_4 和 70%(体积分数)CO_2 条件下的变化曲线。考虑到低压有利于 $CaCO_3$ 分解[46],选择了常压条件。由图 6.6(c)可以看出,当 CH_4 接触到 CuO 时,其浓度迅速降低至零,并使 CuO 被完全还原,这是由于在此条件下 CuO 与 CH_4 的还原速率非常快。与 CuO 狭窄的还原反应区间相反,$CaCO_3$ 分解的反应区间很宽,其分解速率最大值出现在 CuO 刚还原后,原因是 CuO 还原释放大量热量,局部温度大幅升高,有利于 $CaCO_3$ 分解。然后分解速率逐渐降低,在煅烧末期,只有约 90% 的 $CaCO_3$ 转化为 CaO。虽然 CuO 还原反应放出的热量可以通过 $CaCO_3$ 吸热分解得到部分利用,但两个反应的反应速率差异较大,易导致两个反应前沿之间的局部过热,如图 6.6(b)所示,局部温差约为 90K。因此,在下一个循环的煅烧、碳酸化和氧化过程中,该区域可能导致 Cu/CuO 和 CaO 失活,需要重点关注[46]。此外,如果 CuO 和 $CaCO_3$ 是分离的两种颗粒,而不是单一的复合颗粒,则局部过热问题可能会更加严重。

虽然 CO_2 对 CuO 的还原过程没有影响,但其在进料气体中的存在会抑制 $CaCO_3$ 分解过程,因此研究其对煅烧反应器内的反应和传热影响具有重要意义。图 6.7 给出了还原气体中的 CO_2 体积分数在 0~70% 范围变化时,固体反应转化率和反应器出口温度随时间的变化曲线。模拟结果表明,在还原 CuO 所需 CH_4 量相同条件下,CO_2 体积分数越高,CH_4

进料速率越低，导致突破时间越长，这意味着 CaL-CLC 中煅烧时间越长。此外，在反应开始时，CH_4 浓度的降低对 CuO 还原速率影响很小，说明在此条件下 CuO 反应速率足够快；与之相反，$CaCO_3$ 的分解速率随进料气体中 CO_2 含量的增加而降低。当使用纯 CH_4 作为还原气体时，约 20s 足以使 $CaCO_3$ 完全分解；然而当进料气含有 35% 的 CO_2 时，$CaCO_3$ 达到相同转化率所需时间翻倍。进一步增加 CO_2 含量则会导致分解过程非常缓慢，甚至只有部分 $CaCO_3$ 分解。可以看出，CH_4 中较高的 CO_2 含量会放大 CH_4-CuO 还原反应和 $CaCO_3$ 分解反应之间的不匹配度。

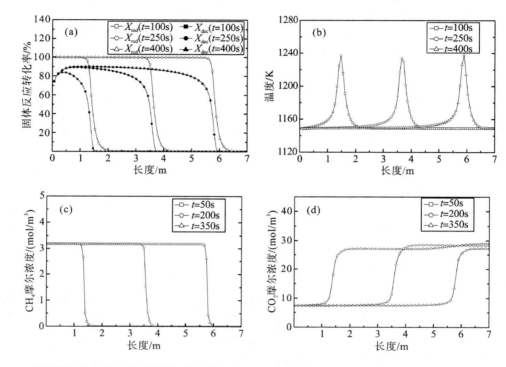

图 6.6　反应器长度方向上的 (a) 固体反应转化率，(b) 温度；绝热固定床煅烧反应器内的 (c) CH_4 摩尔浓度和 (d) CO_2 摩尔浓度分布 (进气：体积占比 30% 的 CH_4 和 70% 的 CO_2，1148K)

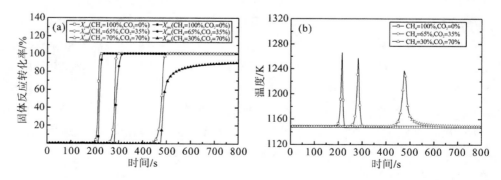

图 6.7　进料气体中 CO_2 含量对 (a) 固体反应转化率和 (b) 反应器出口温度的影响 (入口气体温度：1148K)

图 6.8 给出了 1148K 和 1atm 条件下，CaL-CLC 过程中固体反应转化率和煅烧反应器出口温度在不同水蒸气含量 CH_4 气氛下随时间的变化曲线。在还原气体中加入水蒸气主要是为了降低煅烧反应器中的 CO_2 分压，以促进 $CaCO_3$ 分解。由于水蒸气可以很容易地从煅烧反应器的尾气中冷凝分离，进而得到高浓度 CO_2 进行利用或地质封存，且从 CaL-CLC 的氧化反应器出口排出的高温乏氧空气可用来产生水蒸气，因此该设定在技术上是可行的。如图 6.8 所示，水蒸气加入能够延迟反应突破时间，当使用纯 CH_4 作为还原气时，煅烧反应器出口到达突破时间约为 200s；当还原气中含有 70%水蒸气时，突破时间延长至约 500 s。加入水蒸气造成的反应突破延迟与加入 CO_2 时类似。但是，与 CO_2 对 $CaCO_3$ 分解的抑制作用相比，水蒸气作为稀释气体有利于 $CaCO_3$ 分解，从而使得 CuO 还原和 $CaCO_3$ 分解之间具有更好的反应动力学匹配性，这也可以从图 6.8(b) 中较低的局部温度峰值中观察到。此外，在进料气中加入水蒸气可以降低煅烧反应器工作温度，从而减少 CaO 失活和 Cu/CuO 团聚。图 6.9 为工作温度对固体反应转化率和煅烧反应器出口温度的影响曲线(模拟过程中将进料气温度和固体初始温度设置为相同)。可以看出，工作温度从 1148 K 降至 1098 K 时，CH_4-CuO 还原反应和 $CaCO_3$ 分解反应间的动力学不匹配度扩大，过热现象也有所加剧。当工作温度为 1148 K 时，煅烧反应器中最大局部温差约为 60K；当工作温度降低至 1098 K 时，最大局部温差增加至 100K。这种变化是由工作温度对 $CaCO_3$ 分解和 CuO 还原反应速率的影响不同所致。

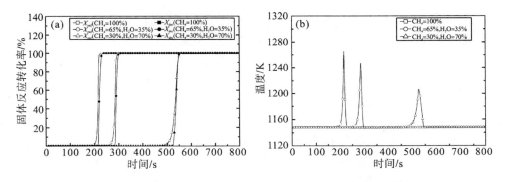

图 6.8　CH_4 中水蒸气含量对(a)固体反应转化率和(b)反应器出口温度的影响(进气温度：1148K)

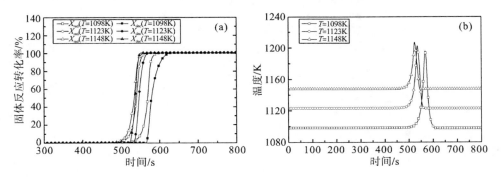

图 6.9　工作温度对(a)固体反应转化率和(b)煅烧反应器出口温度的影响(进气：体积占比为 30%的 CH_4 和 70%的 H_2O)

6.2 Ca-Cu 联合化学循环组分均布式颗粒煅烧行为模拟

实现 Ca-Cu 联合化学循环的关键在于 CuO 还原和 $CaCO_3$ 分解的匹配,即复合 $CuO/CaCO_3$ 颗粒中反应发生的同时性,以及煅烧过程中有效的热产生、传递和利用。上一节内容详细介绍了 Ca-Cu 联合化学循环的再生动力学与匹配问题,但 CaL-CLC 中单个颗粒的煅烧行为还有待深入研究,以确定最佳操作条件,并进一步优化其设计。因此,本节首先建立了一个复合颗粒的数学模型,该模型可用于研究由均匀分布的 CuO 和 $CaCO_3$ 晶粒组成的球形颗粒内的时空反应动力学,以及传质和传热。进一步,对选定的关键因素(环境温度、颗粒初始温度、颗粒孔隙率和颗粒粒径、晶粒尺寸)影响煅烧过程规律进行了数值分析,确定了对反应匹配影响最显著的变量。

6.2.1 单颗粒模型建立与实验验证

常见的非催化气固反应模型主要有三种,即随机孔模型[47]、收缩核模型[48, 49]和变晶粒粒径模型[50]。变晶粒粒径模型(CGSM)具有良好的适用性,已被用于模拟化学链燃烧中的还原和氧化反应[33],以及 CaO 与 SO_2[51]或 CO_2[52-54]间的化学反应。本工作将其用于模拟球形颗粒内部 CuO 还原和 $CaCO_3$ 分解的化学反应耦合过程。如图 6.10 所示,假设球形多孔颗粒由无孔且均匀分布的 CuO 和 $CaCO_3$ 晶粒组成、颗粒半径在反应过程中保持不变,即忽略由烧结引起的颗粒收缩。此外,由于温差很小,传热过程只考虑热传导和对流换热,而忽略颗粒周围的辐射换热。

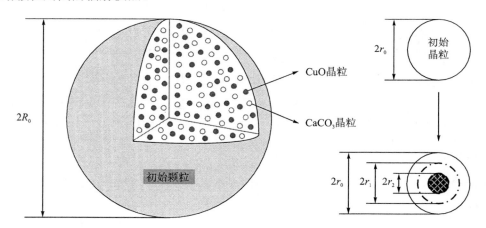

图 6.10　CuO 和 $CaCO_3$ 晶粒均匀分布的复合颗粒示意图

1. 质量平衡方程

气体浓度随反应发生而变化,因此颗粒内气相组分"i"的扩散和反应过程描述如下:

$$\frac{\partial C_i}{\partial t} = \frac{1}{R^2}\frac{\partial}{\partial R}\left(D_{e,i}R^2\frac{\partial C_i}{\partial R}\right) + r_i \tag{6.17}$$

求解耦合外部传质方程所需的初始条件和边界条件如下：

$$C_i(R,t) = C_{i,0}, \quad t = 0 \tag{6.18}$$

$$\left.\frac{\partial C_i}{\partial R}\right|_{R=0} = 0, \quad t \geqslant 0 \tag{6.19}$$

$$\left.-D_{e,i}\frac{\partial C_i}{\partial R}\right|_{R=R_0} = k_{g,i}\left(C_{s,i} - C_{b,i}\right), \quad t \geqslant 0 \tag{6.20}$$

外部传质系数 $k_{g,i}$ 与舍伍德数相关，由下式计算：

$$Sh = \frac{2k_{g,i}R_0}{D_{m,i}} = 2 + 0.6Re^{1/2}Sc^{1/3} \tag{6.21}$$

气相组分"i"的单位颗粒体积生成或消耗速率由 CuO 与 CH$_4$ 的还原速率和 CaCO$_3$ 的分解速率得出，该反应速率与化学反应速率常数 k 成正比。需要注意，这里忽略了 CuO 的直接分解过程，因为在所研究条件下，其反应速率比 CH$_4$ 还原 CuO 速率要低得多。

$$r_{CuO} = -k_{red}S_{0,CuO}\left(\frac{r_{2,CuO}}{r_{0,CuO}}\right)^2 C_{CH_4}^n \tag{6.22}$$

$$r_{CaCO_3} = -k_{dec}S_{0,CaCO_3}\left(\frac{r_{2,CaCO_3}}{r_{0,CaCO_3}}\right)^2\left(1 - \frac{C_{CO_2}}{C_{eq,CO_2}}\right) \tag{6.23}$$

$$C_{eq,CO_2} = \frac{1.462\times10^{11}}{T}\exp\left(-\frac{19130}{T}\right) \tag{6.24}$$

固相反应物"j"的初始比表面积计算如下：

$$S_{0,j} = \frac{3(1-\varepsilon_0)}{r_{0,j}}f_{v,j} \tag{6.25}$$

未反应剩余固相反应物的晶粒半径由反应界面的化学反应速率决定，方程如下：

$$\frac{\mathrm{d}r_{2,CuO}}{\mathrm{d}t} = -k_{red}V_{m,CuO}C_{CH_4}^n \tag{6.26}$$

$$\frac{\mathrm{d}r_{2,CaCO_3}}{\mathrm{d}t} = -k_{dec}V_{m,CaCO_3}\left(1 - \frac{C_{CO_2}}{C_{eq,CO_2}}\right) \tag{6.27}$$

晶粒粒径 $r_{1,j}$ 的变化计算如下：

$$r_{1,j}^3 = Z_j r_0^3 + (1-Z_j)r_{2,j}^3 \tag{6.28}$$

其中，Z_j 定义为

$$Z_j = \frac{V_{m,p}}{V_{m,R}} \tag{6.29}$$

气相组分"i"的有效扩散率是颗粒孔隙率的函数：

$$D_{e,i} = \left(D_{m,i}^{-1} + D_{K,i}^{-1}\right)^{-1}\varepsilon^2 \tag{6.30}$$

反应过程中，颗粒孔隙率与其初始孔隙率有关，计算如下：

$$\varepsilon = \varepsilon_0 - \sum \left[f_{\mathrm{v},j,0} \left(Z_j - 1 \right) \left(1 - \varepsilon_0 \right) X \left(R, T \right)_j \right] \tag{6.31}$$

气体混合物中气相组分"i"的分子扩散系数由 Wilke 方程计算：

$$D_{\mathrm{m},i} = \frac{1 - y_i}{\sum\limits_{l=1, l \neq i}^{n} \dfrac{y_l}{D_{\mathrm{m},(i,l)}}} \tag{6.32}$$

式中，$D_{\mathrm{m},(i,l)}$ 表示气相组分"i"在组分"l"中的分子扩散系数，基于以下公式计算：

$$D_{\mathrm{m},(i,l)} = \frac{3.2 \times 10^{-4} T^{1.75} \left(M_i^{-1} + M_l^{-1} \right)^{0.5}}{P \left[\left(\sum \nu \right)_i^{1/3} + \left(\sum \nu \right)_l^{1/3} \right]^2} \tag{6.33}$$

克努森扩散系数的计算公式如下：

$$D_{\mathrm{K},i} = \frac{6.135 \varepsilon}{S_{\mathrm{e}}} \sqrt{\frac{T}{M_i}} \tag{6.34}$$

固体比表面积由反应物的表面积计算得出，公式如下：

$$S_{\mathrm{e}} = \sum_{j=1}^{n} \left[S_{0,j} \left(\frac{r_{1,j}}{r_{0,j}} \right) \right]^2 \tag{6.35}$$

颗粒内部的局部转化率与反应时间和位置有关，计算如下：

$$X_j \left(R, t \right) = 1 - \left(\frac{r_{2,j}}{r_{0,j}} \right)^3 \tag{6.36}$$

整个颗粒的平均转化率通过对局部转化率进行积分计算：

$$X_j \left(t \right) = \frac{\int_0^{R_0} 4\pi R^2 X_j \left(R, t \right) \mathrm{d} R}{\frac{4}{3} \pi R_0^3} \tag{6.37}$$

2. 传热过程描述

对于球形颗粒，非稳态传热方程为

$$\overline{\rho c_{\mathrm{p}}} \frac{\partial T}{\partial t} = \frac{1}{R^2} \frac{\partial}{\partial R} \left(\lambda_{\mathrm{ef}} R^2 \frac{\partial T}{\partial R} \right) + r_{\mathrm{CaCO_3}} \Delta H_{\mathrm{dec}} + r_{\mathrm{CuO}} \Delta H_{\mathrm{red}} \tag{6.38}$$

初始条件和边界条件如下：

$$T = T_0, \quad t = 0 \tag{6.39}$$

$$\left. \frac{\partial T}{\partial R} \right|_{R=0} = 0, \quad t \geqslant 0 \tag{6.40}$$

$$\left. \lambda_{\mathrm{ef}} \frac{\partial T}{\partial R} \right|_{R=R_0} = h_{\mathrm{c}} \left(T_{\mathrm{b}} - T_{\mathrm{s}} \right), \quad t \geqslant 0 \tag{6.41}$$

方程式(6.41)中的热对流系数通过努塞尔数计算：

$$h_c = \frac{Nu\lambda_g}{2R_0} \tag{6.42}$$

其中，努塞尔数由下式给出：

$$Nu = 2.0 + 0.6Re^{0.5}Pr^{0.33} \tag{6.43}$$

颗粒的有效导热系数取决于固相和气相组分的热导率以及颗粒孔隙率，计算如下：

$$\lambda_{ef} = \frac{1}{3}\left[\varepsilon\lambda_g + (1-\varepsilon)\lambda_s\right] + \frac{2}{3}\left[\frac{\varepsilon}{\lambda_g} + \frac{1-\varepsilon}{\lambda_s}\right]^{-1} \tag{6.44}$$

颗粒内部固体的热导率是颗粒中固相成分体积分数的函数，如下所示：

$$\lambda_s = \frac{1}{\sum \dfrac{f_{v,j}}{\lambda_{s,j}}} \tag{6.45}$$

颗粒中气体混合物的热导率使用以下公式计算：

$$\lambda_g = \sum_{i=1}^{n} \frac{y_i \lambda_{g,i}}{\sum_{l=1}^{n} y_l A_{il}} \tag{6.46}$$

其中，

$$A_{il} = \frac{\left[1 + \left(\dfrac{\mu_i}{\mu_l}\right)^{0.5}\left(\dfrac{M_i}{M_l}\right)^{0.25}\right]^2}{8^{0.5}\left[1 + \left(\dfrac{M_i}{M_l}\right)\right]^{0.5}} \tag{6.47}$$

有效热容由以下关系式计算：

$$\overline{\rho c_p} = (1-\varepsilon)\rho_s c_{p,s} + \varepsilon\rho_g c_{p,g} \tag{6.48}$$

3. 数值解法与模型验证

采用有限容积法对耦合方程进行全隐式数值求解，计算 CuO 还原和 $CaCO_3$ 分解的反应过程以及颗粒内部温度和气体浓度分布，选用 $10^{-4}s$ 时间步长进行计算且收敛性小于 10^{-6}。表 6.4 总结了模拟过程中采用的一些关键颗粒参数和操作条件[21, 55-57]。

表 6.4　模拟中使用的一些参数和操作条件

变量	数值	参考文献
吸附剂摩尔比	CuO : $CaCO_3$ = 3.2	[41]
k_{red}	0.5·exp(-40600/gas$R$/T)	[51]
n	1	[51]
k_{dec}	254·exp(-131000/gas$R$/T)	[52]
环境气体速度/(m/s)	0.5	[53]

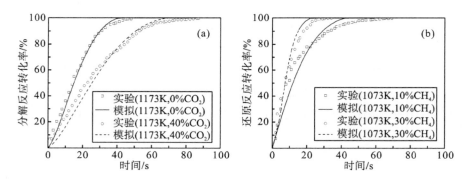

图 6.11   (a) $CaCO_3$ 分解和 (b) CH_4 还原 CuO 转化率的实验和模拟结果对比

为验证模型准确性，计算了 CuO 和 $CaCO_3$ 反应转化率，并与热重分析仪(TGA)的实验结果进行了对比。实验测试中，气体总流量保持为 100mL/min，CuO/Al_2O_3 和纯 $CaCO_3$ 分别在特定温度和气体气氛下进行恒温反应。假定质量变化仅由 CH_4 还原 CuO 或 $CaCO_3$ 分解所引起，通过监测样品质量数据可以计算反应转化率。模拟和实验结果的对比如图 6.11 所示。两者具有很好的符合性，表明所建立的模型能够较为精确地模拟球形颗粒内部 CuO 还原和 $CaCO_3$ 分解同时发生时的行为特性。

6.2.2 $CuO/CaCO_3$ 颗粒内部参数分布

为研究气相组分浓度、温度、局部反应转化率、未反应固相晶粒粒径和局部孔隙率随时间的典型变化，计算了初始颗粒半径为 1mm、孔隙率为 0.3、CuO 和 $CaCO_3$ 晶粒半径分别为 500nm 和 200nm、颗粒初始温度 1173K 时，将颗粒放入温度为 1173 K 且 CH_4 和 CO_2 体积分数分别为 20% 和 80% 的煅烧反应器中的情况，如图 6.12 和图 6.13 所示。此处，煅烧反应器的运行压力设定为一个大气压，因为该条件下可以发生 $CaCO_3$ 分解，同时燃料气对于 CuO 的还原反应也相对充分[6]。

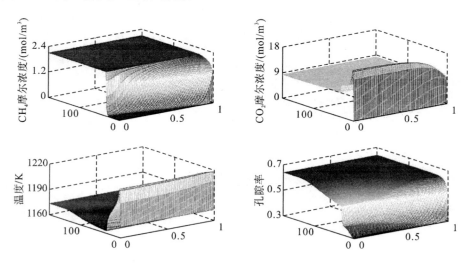

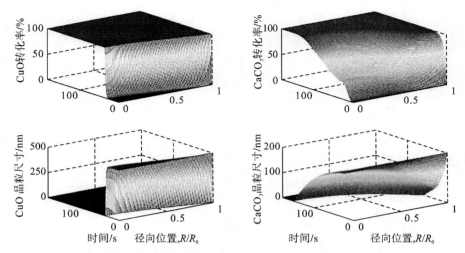

图 6.12　CuO/CaCO₃ 颗粒内部关键参数的三维分布(P_{CH_4}=0.2atm，P_{CO_2}=0.8atm；T_b=1173，T_0=1173K；

ε_0=0.3，R_0=1mm，$r_{0,CuO}$=500nm，$r_{0,CaCO_3}$=200nm)

注：R 为径向坐标，R_0 为初始颗粒粒径。

从图 6.13 可以看出，在所研究条件下由于 CH₄ 和 CuO 之间的快速反应，甲烷仅出现在颗粒内部 R/R_0>0.7 区域；在 R/R_0>0.9 区域，仅仅经过 5s 后 CuO 便达到>90%的局部转化率。相应地，由于 CuO 的强放热还原，颗粒温度从最初的 1173K 上升到 1210K 左右。虽然 CaCO₃ 分解发生在整个颗粒内部，但是其与 CuO 还原反应相比速率要低得多。其原因在于生成的 CO₂ 累积抑制了 CaCO₃ 分解，这也可以从颗粒深处 CO₂ 浓度的增加进行验证。结果表明，在 R/R_0>0.95 区域内没有 CuO 残留；在 R/R_0=0.9 处，CuO 晶粒半径减小到初始值一半以下。相比而言，CaCO₃ 的晶粒半径未见显著变化。5 s 后，在 R/R_0=0.9 处，CuO/CaCO₃ 晶粒均匀分布使颗粒的孔隙率增加到 0.51 左右，而颗粒表面的孔隙率为 0.55。

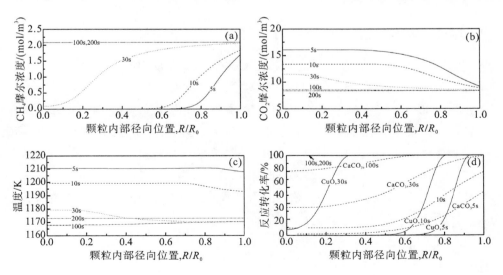

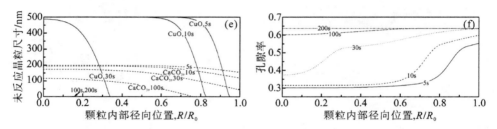

图 6.13　球形颗粒内部关键参量随时间的变化分布（P_{CH_4}=0.2atm，P_{CO_2}=0.8 atm；T_b=1173K，T_0=1173K，ε_0=0.3，R_0=1 mm，$r_{0,CuO}$=500 nm，$r_{0,CaCO_3}$=200nm）

30s 后，CH_4 出现在颗粒中心，CuO 的还原前沿在 R/R_0=0～0.3 区域。相反，在整个颗粒内部均可以看到 $CaCO_3$ 分解，其转化率在 R/R_0=0.1、0.5 和 0.9 处分别为 0.35、0.53 和 0.95。由于 $CaCO_3$ 分解产生 CO_2 速率较慢，且 CO_2 从颗粒内部向颗粒外部不断扩散，在 R/R_0=0.1、0.5 和 0.9 处，CO_2 浓度进一步下降至 11.3mol/m³、9.2mol/m³ 和 8.5mol/m³。

100s 后，CuO 全部被还原为 Cu，CH_4 浓度稳定在 2.07mol/m³ 左右。相比之下，颗粒中心的 $CaCO_3$ 尚未完成反应，局部转化率为 0.8；而在 R/R_0=0.75 处其局部转化率为 1。CuO 还原反应的完成意味着颗粒内部反应放热终止，此时只能通过对流和导热从外部环境传递热量用于颗粒中心区域剩余 $CaCO_3$ 的吸热分解。因此，颗粒温度下降至低于环境温度（1173K），$CaCO_3$ 分解速率越来越慢。当 CuO 和 $CaCO_3$ 均完成转化后，颗粒温度以及内部 CH_4 和 CO_2 浓度均接近颗粒周围的环境状态。此时，颗粒孔隙率升高到 0.64 左右，而在反应发生前颗粒孔隙率仅为 0.3。

6.2.3　反应器运行工况影响特性

1. 环境温度对再生过程的影响

环境温度（煅烧反应器运行温度）是决定 CuO 还原和 $CaCO_3$ 分解速率，即放热反应和吸热反应以及传热过程匹配的关键参量。环境温度的改变会引起颗粒内部温度分布、CH_4 和 CO_2 浓度分布以及转化率的变化。颗粒初始温度为 1173K 时，CuO 和 $CaCO_3$ 的整体转化率，以及颗粒表面和核心温度随时间的变化情况如图 6.14 所示。结果表明，环境温度为 1173K 时，CuO 与 CH_4 的还原反应非常迅速，在 35s 左右即可达到 100%转化率。环境温度升高至 1198K 和 1223K 时，CuO 的转化曲线基本保持一致。这表明，该研究条件下环境温度对 CuO 还原的影响可以忽略。相反，完成 $CaCO_3$ 分解的时间从环境温度为 1173K 时的 135 s 缩短到环境温度为 1223K 时的 30 s。

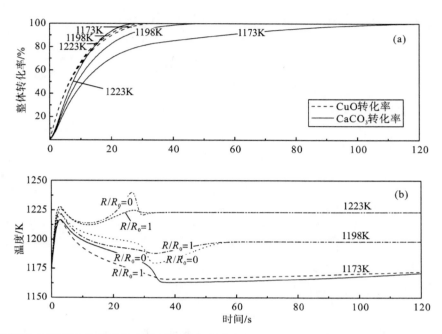

图 6.14　颗粒内部温度和整体转化率受环境温度的影响（P_{CH_4}=0.2 atm，P_{CO_2}=0.8 atm；T_0=1173 K；ε_0=0.3，R_0=1 mm，$r_{0,CuO}$=500 nm，$r_{0,CaCO_3}$=200 nm）

环境温度为 1173K 时，可以明显观察到颗粒中心与表面间存在一定温差。该温差首先出现在温度峰值处（5s 左右），然后随着颗粒中心温度高于表面温度而变大。约 35s 后，由于 CuO 还原反应完成，颗粒中心温度迅速下降至低于表面温度，而整个颗粒中的温度值低于环境温度，该现象在 $CaCO_3$ 转化率达到 100% 之前保持不变。结果表明，CuO 还原反应释放的热量没有被 $CaCO_3$ 分解反应有效利用。随着环境温度升高，两个反应间不匹配现象逐渐缓解。当环境温度上升到 1223K 时，除了在 28～33s 时间范围内（此时 $CaCO_3$ 分解的发生更多地依赖于 CH_4 还原 CuO 所提供的热量，而不是来自环境的热量），颗粒中心温度始终高于表面温度。换句话说，在 1223K 的环境温度下，两个反应的进行更为匹配。

2. 初始颗粒温度对再生过程的影响

图 6.15 为颗粒初始温度在 923～1173K 变化时，颗粒整体反应转化率和内部温度分布情况。结果表明，颗粒初始温度对 $CaCO_3$ 分解过程的影响比对 CuO 还原过程的影响更为显著。因此，较高的颗粒初始温度由于能够提高 $CaCO_3$ 转化率，而有利于颗粒内部两个反应同步发生。通过不同初始温度条件下颗粒内部的温度分布也可以得出相同结论，如图 6.15（b）所示。T_0=1173K 时，在 35～42s 时间范围内颗粒表面温度高于中心温度，随后需要 108s，颗粒内部才能达到均匀温度分布。而 T_0=1048K 和 923K 时，上述时间增加

到 136s 和 150s。也就是说，在较低的颗粒初始温度下，$CaCO_3$ 分解更多地依赖于从周边环境传递的热量，而不是由 CH_4 还原 CuO 释放的热量。

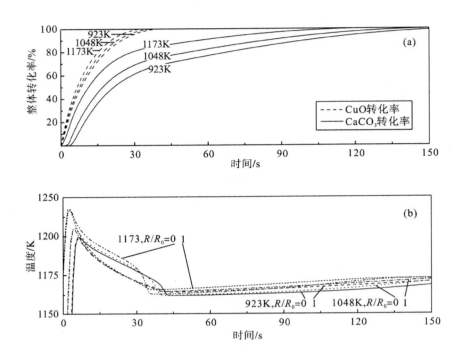

图 6.15 颗粒初始温度在 923～1173K 范围变化，颗粒整体转化率 (a) 和内部的温度分布 (b) 状况（P_{CH_4} =0.2atm，P_{CO_2} =0.8atm；T_b =1173K；ε_0 =0.3，R_0 =1mm，$r_{0,CuO}$ =500nm，$r_{0,CaCO_3}$ =200nm）

6.2.4 颗粒参数的影响特性分析

1. 颗粒孔隙率对再生过程的影响

颗粒孔隙率是决定复合材料循环性能的重要参数。通常而言，最佳孔隙率的确定需要同时考虑抗压强度（保持低磨损率）和反应活性（减少颗粒内部的扩散阻力）两个因素[33]。环境温度为 1173K、CH_4 和 CO_2 浓度分别为 20%与 80%时，颗粒整体转化率和温度分布与颗粒孔隙率的关系如图 6.16 所示。增大颗粒孔隙率可以显著提高 CuO 和 $CaCO_3$ 的转化率，这主要是由颗粒内部气体扩散阻力降低所致。CuO 还原为 $CaCO_3$ 分解的供热效应在初始孔隙率为 0.5 的曲线上可以清楚地体现出来，因为随着 CuO 还原反应的结束，$CaCO_3$ 分解速率迅速下降。随着颗粒孔隙率增大，颗粒中心与表面的温差显著增大，如图 6.16 (b) 所示。因此，孔隙率可以用于调整颗粒反应时间。当然，其定量关系需要更详细的研究来加以确定。

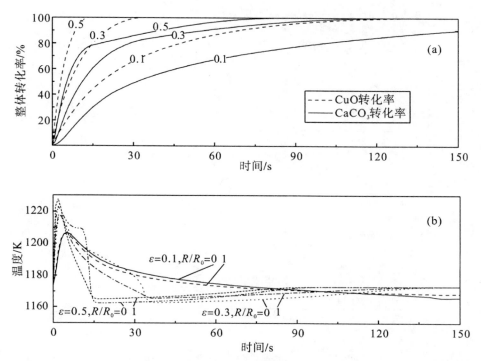

图 6.16　颗粒内部温度分布和转化率受颗粒孔隙率的影响规律（P_{CH_4} =0.2atm，　P_{CO_2} =0.8atm；T_b=1173K，
T_0=1173K；R_0=1mm，$r_{0,CuO}$=500nm，$r_{0,CaCO_3}$=200nm）

2. 颗粒粒径对再生过程的影响

颗粒大小对反应速率、颗粒内部的传质和传热有着显著影响，因此考察了颗粒粒径在
0.5～2.5mm 范围变化时对反应转化率和温度分布的影响特性。如图 6.17（a）所示，反应气
氛为 20%浓度 CH_4 和 80%浓度 CO_2 时，CuO 还原速率随着颗粒粒径增大而减小。颗粒粒
径为 0.5mm 时，CuO 需要经过 12s 才能实现完全转化。颗粒粒径为 1mm、1.5mm 和 2.5mm
时，CuO 完全转化所需时间分别为 35s、60s 和 127s。尽管 $CaCO_3$ 的分解会在低转化水平
下出现相似的加速效应；转化率较高时，随着颗粒粒径的变化，$CaCO_3$ 转化率的变化不再
单调。对于粒径为 0.5mm 的颗粒，93s 就足以达到 100%的 $CaCO_3$ 分解转化；颗粒粒径为
1mm、1.5mm 和 2.5mm 时，$CaCO_3$ 完全分解的时间分别为 137s、110s 和 77s。这是由 CuO
还原反应原位供热以及来源于环境热量共同作用的结果。颗粒粒径小于 1.5mm 时，粒径
增大有利于颗粒内部的反应匹配。但是，继续增大颗粒粒径会由于 CH_4 扩散受到抑制，
而使得 CuO 还原的反应速率低于 $CaCO_3$ 分解。

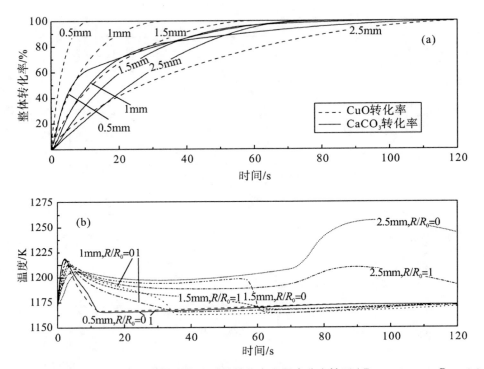

图 6.17 颗粒粒径在 0.5～2.5mm 范围内变化时的转化率和温度分布情况（P_{CH_4}=0.2atm， P_{CO_2}=0.8atm；T_b=1173K，T_0=1173K； ε_0=0.3，$r_{0,CuO}$=500nm，$r_{0,CaCO_3}$=200nm）

3. 晶粒粒径对再生过程的影响

气固反应通常发生在固体反应物表面，因此晶粒尺寸（决定固体比表面积的关键因素之一）会影响转化率和温度分布而对反应过程起到决定性作用。因此，在 200～800nm 范围内通过改变 CuO 和 $CaCO_3$ 的晶粒粒径，考察了晶粒尺寸对 CaL-CLC 体系煅烧再生阶段反应行为的影响特性。

图 6.18(a)、(c) 为 $CaCO_3$ 晶粒粒径保持 200nm，CuO 晶粒粒径变化对于颗粒整体转化率和局部温度分布的影响特性。尽管 CuO 晶粒尺寸增大 4 倍，但是其转化率并没有明显差异，说明在此条件下 CuO 具有足够快的还原速率。此时，$CaCO_3$ 的分解反应保持恒定速率，颗粒内部温度分布几乎保持不变。图 6.18(b) 为 CuO 晶粒粒径保持 500nm 时，$CaCO_3$ 晶粒尺寸变化对颗粒反应的影响。可以看出，$CaCO_3$ 转化率随着 $CaCO_3$ 晶粒粒径的减小而变大。由于 CuO 还原释放的热量被大量消耗而导致其反应速率有所降低。$CaCO_3$ 晶粒粒径较小时较低的温度分布也可以证明上述特性，如图 6.18(d) 所示。$CaCO_3$ 初始晶粒半径为 200nm 时，局部最高温度约为 1217K，当 $CaCO_3$ 初始晶粒粒径增大到 500nm 和 800nm 时，局部最高温度分别约为 1236K 和 1247K。众所周知，过热会导致复合材料烧结进而引起反应活性衰减。在流化床反应器中，颗粒团聚将不利于流态化进行。因此，

CaL-CLC 在运行时应避免局部温度过高，这意味着具有较小 $CaCO_3$ 晶粒的复合颗粒更利于 CaL-CLC 的煅烧再生过程。

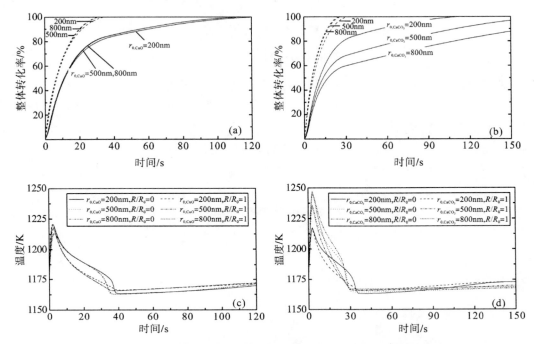

图 6.18　(a)、(c) CuO 以及 (b)、(d) $CaCO_3$ 晶粒粒径变化对于温度和转化率的影响（P_{CH_4}=0.2atm，P_{CO_2}=0.8atm；T_b=1173K，T_0=1173K；ε_0=0.3，R_0=1mm）

6.3　基于 Li_4SiO_4 的 CO_2 捕集/CH_4 干重整一体化

目前的 CO_2 捕集、利用涉及的捕集、运输和转化等过程完全分离进行，导致极高的运行成本和大量的能量消耗[58-62]。特别是工业生产过程中产生的高温烟气，需要经过降温捕集、冷却运输、升温转化等操作过程，重复的升、降温会引起严重的能源浪费。从绿色高效生产角度来看，CO_2 的捕集和利用可以在单个反应器中等温进行，在大大简化流程的同时，提高能源利用效率。

相关研究表明，可通过式(6.49)～式(6.51)所示的任一反应实现耦合 CO_2 捕集和利用(ICCU)[63-68]：①逆水气变换(RWGS)利用 H_2 和 CO_2 反应生成 CO 和 H_2O[式(6.49)]实现 CO_2 的转化[68-71]，生成的 CO 可进一步应用于已建立的费-托(Fisher-Tropsch, FT)工艺[72-74]。②萨巴蒂尔(Sabatier)反应[式(6.50)]以 H_2 和 CO_2 为反应物生成 CH_4 和 H_2O[75, 76]。值得注意的是，该过程为放热反应，可以自发进行，不需要消耗额外的能量。③甲烷干重整(dry reforming of methane，DRM)将 CO_2 和 CH_4 这两种温室气体转化为 CO 和 H_2 混合气[式(6.51)][77-82]。在不需要额外加入 H_2 的情况下，DRM 反应产生的 H_2 和 CO 可以直接通过费-托法(FT)转化为液体化学原料。相对廉价的温室气体反应物和高附加值生成物使得 DRM 成为极具优势的绿色化学方法。

$$CO_2 + H_2 \longrightarrow CO + H_2O, \Delta H_{(r,298K)} = +41.2\,kJ/mol \tag{6.49}$$

$$CO_2 + 4H_2 \longrightarrow CH_4 + 2H_2O, \Delta H_{(r,298K)} = -164\,kJ/mol \tag{6.50}$$

$$CO_2 + CH_4 \longrightarrow CO + H_2, \Delta H_{(r,298K)} = +247\,kJ/mol \tag{6.51}$$

基于前面章节对于高温 CO_2 吸附剂的研究，本节提出并论证了以 K_2CO_3 掺杂的 Li_4SiO_4[83]为吸附剂、Ni/Al_2O_3 为催化剂在固定床反应器中等温条件下进行 ICCU-DRM 的可行性及其反应性能。ICCU-DRM 工艺原理图如图 6.19 所示，第一步捕集烟气中的 CO_2，第二步通过 DRM 将捕集的 CO_2 转化为 H_2 和 CO。

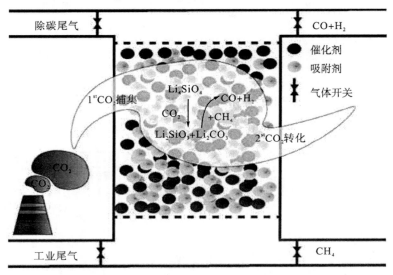

图 6.19   ICCU-DRM 工艺将捕获的 CO_2 用 CH_4 转化为 H_2 和 CO 的原理图

6.3.1   吸附剂与催化剂制备方法

吸附剂制备以 Li_2CO_3 (99.0%纯度，阿拉丁)、气相二氧化硅(SiO_2，比表面积 150m^2/g，疏水性，阿拉丁)和 K_2CO_3 (分析纯，阿拉丁)为原料，采用典型的固相法合成了 K-Li_4SiO_4 吸附剂。首先将 SiO_2、Li_2CO_3、K_2CO_3 以 1∶2.05∶0.1 的摩尔比混合，然后在球磨机 (XQM-2)中充分混合 1h(正负交替转，每次 10min，转速为 450r/min)。混合后的材料在马弗炉中 750℃煅烧 6h，制得样品研磨筛分至 30~40 目。

催化剂制备以活性氧化铝(Al_2O_3，40~60 目 GC，阿拉丁)和 $Ni(NO_3)_2 \cdot 6H_2O$ 为原料，采用湿法浸渍法制备镍催化剂。将一定量的 $Ni(NO_3)_2 \cdot 6H_2O$ 浸渍沉淀在活性氧化铝上，样品在 100℃下干燥 24h，并进一步在 550℃下煅烧 5h。将煅烧后的催化剂磨碎，筛分至 40~60 目，在 650℃、体积占比 10%的 H_2/N_2 气流(500mL/min)中还原 1h。这里，成功制备 Ni 质量分数为 10%的催化剂并命名为 Ni/Al_2O_3。

6.3.2 耦合 CO_2 捕集/转化过程测试

ICCU-DRM 实验在固定床上进行，石英反应器的内径为 20mm，长度为 400mm。采用质量流量控制器调节 N_2、CO_2 和 CH_4 的流量，采用非色散红外分析仪 (NOVA-975PA) 持续监测排气中 H_2、CO、CO_2 和 CH_4 的浓度。在一个典型的实验中，将 2g K-Li_4SiO_4 吸附剂和 2g 煅烧催化剂均匀共混放入反应器，在 650℃ 下采用 20% 的 H_2/N_2 (500mL/min) 混合气还原 1h。随后，采用模拟烟气 15% CO_2/N_2 (500mL/min) 分别在 600℃、625℃、650℃下进行 CO_2 捕集 0.5h。CO_2 捕集后，通入 500mL/min 的 N_2 用于清洗反应器 3min，将气体转换为指定体积分数的 CH_4 和 N_2 的混合气 [600℃时为（体积分数）1.7% CH_4，625℃时为 2.1% CH_4，650℃时为 2.4% CH_4] 进行 CO_2 的脱附和转化。

突破前阶段的转化率（CH_4 和 CO_2）计算如下：

$$n_{CO_2}^{desorbed} = n_{CO_2}^{unconversion} + n_{CO} \tag{6.52}$$

$$CO_2 \, conversion\,(\%) = \int_0^t \left(n_{CO_2}^{desorbed} - n_{CO_2}^{unconversion} \right) / n_{CO_2}^{desorbed} \tag{6.53}$$

$$CH_4 conversion = (\%) \int_0^t \left(n_{CH_4}^{feed} - n_{CH_4}^{unconversion} \right) / n_{CH_4}^{feed} \tag{6.54}$$

6.3.3 吸附剂与催化剂基础物化特征

K-Li_4SiO_4 吸附剂和 Ni/Al_2O_3 催化剂的形貌和结构表征结果如图 6.20 所示。K-Li_4SiO_4 吸附剂呈现类珊瑚样的形貌，K 元素扫描中出现大量的光点，表明 K_2CO_3 成功掺杂到 Li_4SiO_4 中。图 6.20(c) 中 K-Li_4SiO_4 吸附剂的 XRD 谱图表明，Li_4SiO_4 是吸附剂中的主要相组成，同时存在少量的 Li_2SiO_3 和 Li_2CO_3。与之相对应的，图 6.20(b) 中显示 Ni/Al_2O_3 催化剂为无定型形貌，同时图 6.20(c) 中催化剂的 XRD 谱图结果表明 Ni 成功地负载在 Al_2O_3 上。从图 6.20(d) 可以看出，Ni/Al_2O_3 催化剂具备较大的比表面积 (144.48m²/g) 和孔容 (0.441cm³/g)，大的比表面积和孔容有利于金属 Ni 的分散以及在反应过程中 Ni 与反应气体的接触。相比之下，K-Li_4SiO_4 的比表面积和孔容非常小，只有 1.21m²/g 和 0.006cm³/g。从图 6.20(e) 的孔径分布曲线可以看出，Ni/Al_2O_3 催化剂孔径呈现单峰分布并集中在 5~20nm，而 K-Li_4SiO_4 的孔径分布集中在 3~10nm。

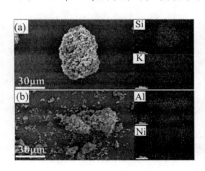

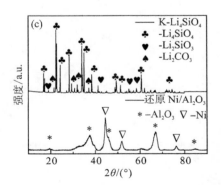

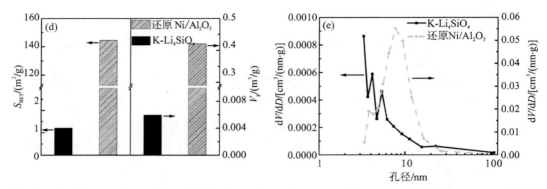

图 6.20　材料表征：(a)K-Li$_4$SiO$_4$ 的 SEM-EDS 图；(b)Ni/Al$_2$O$_3$ 的 SEM-EDS 图；(c)K-Li$_4$SiO$_4$ 和还原 Ni/Al$_2$O$_3$ 的 XRD 谱；(d)K-Li$_4$SiO$_4$ 和还原 Ni/Al$_2$O$_3$ 的比表面积和孔容；(e)K-Li$_4$SiO$_4$ 和还原 Ni/Al$_2$O$_3$ 的孔隙分布

　　Ni/Al$_2$O$_3$ 催化剂的 H$_2$-TPR 和 H$_2$-TPD 谱图如图 6.21(a)所示。H$_2$-TPR 曲线在 180℃、650℃ 和 800℃ 处有三个明显的峰。结合 Ni/Al$_2$O$_3$ 催化剂的 H$_2$-TPD 谱图，表明在 180℃ 时出现的峰是由于升温过程中 H$_2$ 的吸附导致高温出现 H$_2$ 脱附的负峰出现。在 650℃ 左右出现的峰代表着适度分散的 NiO 颗粒的还原。800℃ 出现的峰表明 NiO 晶种与载体之间存在强烈的相互作用，导致 NiAl$_2$O$_4$ 的形成[84, 85]，其催化活性较差。

　　通过动态吸脱附测试探究了 K-Li$_4$SiO$_4$ 的吸附和脱附性能，结果如图 6.21(b)所示。可以看出，CO$_2$ 的吸附起始于 480℃，在 630℃ 左右达到峰值，此时 CO$_2$ 的吸脱附速率达到平衡。进一步提高温度 CO$_2$ 脱附速率大于吸附速率 K-Li$_4$SiO$_4$ 开始 CO$_2$ 脱附。循环 CO$_2$ 吸/脱附曲线如图 6.21(c)所示，经过 5 个循环后，CO$_2$ 吸附量从最初的 0.20g/g 增加到 0.27g/g，并在接下来的 25 个循环中保持不变，表明了吸附剂具备良好的循环稳定性。在 TGA 测试的基础上，确定 3 个温度(600℃、625℃、650℃)测试 K-Li$_4$SiO$_4$ 在固定床上的脱附性能，用以模拟实际应用效果，结果如图 6.21(d)所示。三种温度下的脱附速率均呈现先快后慢的规律。但在 650℃ 进行脱附时，CO$_2$ 脱附速率下降得非常快，可能无法为后续的干重整提供稳定的 CO$_2$ 输出。相比之下，在 625℃ 和 600℃ 时 CO$_2$ 的脱附速率下降较为缓慢，可以提供较为稳定的 CO$_2$ 输出。然而，稳定的 CO$_2$ 输出只是实现 ICCU-DRM 的指标之一，CO$_2$ 脱附与转化的合理匹配有待进一步探索。

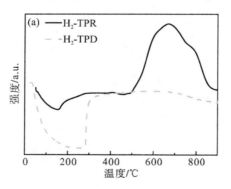

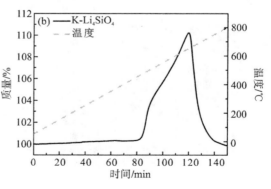

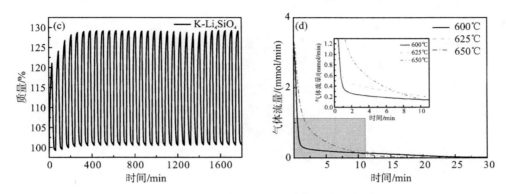

图 6.21　(a) Ni/Al_2O_3 的 H_2-TPR 和 H_2-TPD；(b) K-Li_4SiO_4 吸附剂在恒定升温速率 5℃/min，15% CO_2 下在 50～800℃的动态 CO_2 吸/脱附性能；(c) K-Li_4SiO_4 在恒温 625℃循环 CO_2 吸/脱附 30 次；(d) K-Li_4SiO_4 吸附剂在固定床上不同温度下的脱附

6.3.4　耦合 CO_2 捕集/转化反应特性

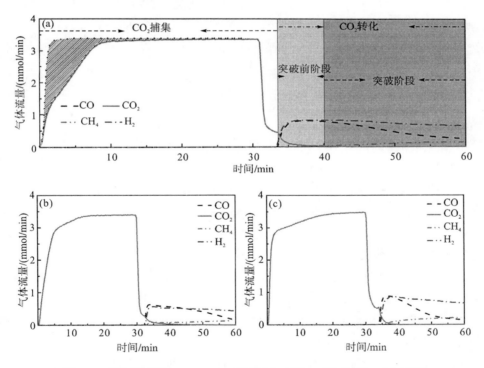

图 6.22　不同温度下 ICCU-DRM 性能 (a) 625℃；(b) 600℃；(c) 650℃

图 6.22 为 K-Li_4SiO_4 和 Ni/Al_2O_3 混合物在不同温度下进行 ICCU-DRM 时的气体浓度与时间曲线，整个 ICCU-DRM 过程包括三个步骤：CO_2 捕集、吹扫和 CO_2 转化。在 CO_2 转化阶段，随着 K-Li_4SiO_4 吸附剂释放 CO_2 速率的变化，CO_2 转化阶段可细分为突破前阶

段和突破阶段。在突破前阶段，由于混合气体中脱附的 CO_2 与 CH_4 的摩尔比持续稳定在 1 左右，通过干重整得到的 H_2 和 CO 也较为稳定。随后，由于 CO_2 脱附速率降低，脱附的 CO_2 摩尔数小于 CH_4 摩尔数 CO_2 转化进入突破阶段。CO_2 脱附速率受温度的影响较大，因此不同温度下突破前阶段的持续时间不同。在 650℃ 等温转化时，如图 6.22 (c) 所示，由于 CO_2 脱附速率迅速下降，原位转化过程中几乎没有突破前阶段。在转化开始时，CO_2 的含量高于 CH_4，导致逆水煤气变换副反应的发生，使得生成的 H_2/CO 摩尔比低于 1。随着 CO_2 释放速率的急剧降低，混合气体中 CO_2 含量逐渐降低，导致甲烷过度分解生成积碳，H_2/CO 摩尔比大于 1。当反应温度为 625℃ 时，如图 6.22 (a) 所示，原位转化过程中 CO_2 释放速率缓慢下降，突破前时间约为 7 min。在此阶段，产物的 H_2/CO 摩尔比稳定在 0.95～1.05，CO_2 和 CH_4 的转化率分别为 81% 和 95%。值得注意的是，在原位转化过程中，突破前释放的 CO_2 总量远大于没有催化剂存在时 K-Li_4SiO_4 脱附的 CO_2 总量，这是由于勒夏特列原理的影响，CO_2 浓度的降低导致了吸附剂脱附速率的增加。因此，转化开始时的实际 CO_2/CH_4 摩尔比高于预设值，显著降低了 CO_2 转化率。当反应温度进一步下降到 600℃ 时，CO_2 的释放更加缓和，突破前阶段延长到 15min。然而，当反应温度过低，CO_2 和 CH_4 的转化率仅为 85% 和 75%。综上所述，在 ICCU-DRM 中，K-Li_4SiO_4 和 Ni/Al_2O_3 的最佳匹配温度为 625℃。当操作温度为 650℃ 时，K-Li_4SiO_4 的 CO_2 释放速率下降过快，无法与 CH_4 干重整稳定结合。另一方面，Ni/Al_2O_3 催化剂在 600℃ 不能高效地转化 CO_2 和 CH_4。

6.3.5 耦合 CO_2 捕集/转化循环稳定性

在最佳耦合温度为 625℃ 的基础上，进一步测试和表征了 K-Li_4SiO_4 和 Ni/Al_2O_3 应用于 ICCU-DRM 的循环性能。第 1、5、10 个循环的反应曲线如图 6.23 (a) 所示。在第 5、10 个循环的 CO_2 捕集阶段观察到 CO 气体的生成，这是由于催化剂上来自前一个循环突破阶段的甲烷过量分解产生的积碳被去除（$C+CO_2 \Longrightarrow 2CO$）[86]。图 6.23 (b)～(d) 进一步对比了排气中 H_2/CO 摩尔比以及 H_2 和 CO 的摩尔流量随循环次数的变化。从图 6.23 (b) 可以看出，突破前阶段的持续时间从第 1 次循环的 7min 增加到第 10 次循环的 11min，说明 K-Li_4SiO_4 和 Ni/Al_2O_3 构建的材料体系具备良好的匹配性和稳定性。图 6.23 (c) 表明在 ICCU-DRM 性能测试的第 1、5 和 10 个循环的 H_2 摩尔流量曲线几乎重叠，说明催化剂在 ICCU-DRM 过程中具备良好的循环稳定性。此外，图 6.23 (d) 显示，随着循环次数的增加，5～20min 阶段 CO 的摩尔流速相比于第一圈有明显的上升，这归因于吸附剂在前 5 个循环中 K-Li_4SiO_4 的吸附量逐渐提升，其结果与吸附剂循环性能测试结果一致。同时，突破前阶段 CO_2 的转化率由第一圈的 81% 提高到 84%，CH_4 的转化率仅从第一圈 95% 降低到 94%。总之，K-Li_4SiO_4 和 Ni/Al_2O_3 在 ICCU-DRM 反应中展示出优异的匹配性，优于之前报道的采用 $Ni_{20}@((Na-Ca)_{50}/(\gamma-Al_2O_3)_{50})$ 在 650℃ 下获得 75%CO_2 转换率和 0.028g/g 吸附量以及 Ni/Ba 在 600℃ 下获得的 5% CO_2 转化率和 0.01g/g 吸附量。此外，虽然

K-Li$_4$SiO$_4$ 和 Ni/Al$_2$O$_3$ 在 ICCU-DRM 反应中 CO$_2$ 转化率低于石灰和 Ni/MgO-Al$_2$O$_3$[86]，但在循环反应中，CO$_2$ 吸附量、突破前阶段持续时间和 H$_2$/CO 摩尔比均具备优越的稳定性。

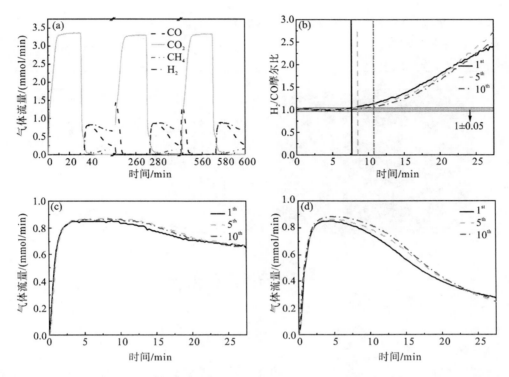

图 6.23　第 1、5 和 10 个周期的 (a) ICCU-DRM 过程；(b) 排出气体的 H$_2$/CO 摩尔比；(c) H$_2$ 的摩尔流速；
(d) CO$_2$ 的摩尔流速

　　K-Li$_4$SiO$_4$ 和 Ni/Al$_2$O$_3$ 在 10 次循环后的 SEM 图像如图 6.24 (a)、(b) 所示。可以看到，在 10 次 ICCU-DRM 循环后，K-Li$_4$SiO$_4$ 和 Ni/Al$_2$O$_3$ 的形貌保持不变。但是，在 K-Li$_4$SiO$_4$ 吸附剂表面观察到一些 Ni 分布，表明在 ICCU-DRM 过程中 Ni 从 Ni/Al$_2$O$_3$ 向 K-Li$_4$SiO$_4$ 转移[87]。采用 XRD 分析了 10 次循环后吸附剂和催化剂的相组成，如图 6.24 (c) 所示。可以看出，在 K-Li$_4$SiO$_4$ 中 Li$_4$SiO$_4$ 仍然是主要相，但 Ni/Al$_2$O$_3$ 催化剂中出现了一些 LiAlO$_2$，说明在 ICCU-DRM 反应过程中，来自吸附剂的 Li 与 Al$_2$O$_3$ 发生了非常轻微的反应。未使用的 K-Li$_4$SiO$_4$ 和 Ni/Al$_2$O$_3$ 的微观孔隙结构及 10 次循环后的微观孔隙结构总结在图 6.24 (c)、(d) 和表 6.5 中。可以看出，K-Li$_4$SiO$_4$ 的孔径分布基本相同，Ni/Al$_2$O$_3$ 催化剂的孔径在 4～20nm 范围内减小。总之，K-Li$_4$SiO$_4$ 和 Ni/Al$_2$O$_3$ 在循环 10 次后形貌和相组成基本保持不变，表现出良好的循环稳定性。但 K-Li$_4$SiO$_4$ 和 Ni/Al$_2$O$_3$ 之间的 Li 和 Ni 转移可能成为影响其使用寿命的其他因素。

表 6.5　CO_2 吸附剂和催化剂使用前后的物理性质

样本	$S_{BET}/(m^2/g)$	$V_t/(cm^3/g)$	D_p/nm
K-Li$_4$SiO$_4$ 吸附剂	1.21	0.006	3.281
K-Li$_4$SiO$_4$ 吸附剂循环 10 次后	1.81	0.009	3.692
Ni/Al$_2$O$_3$ 催化剂	144.48	0.441	7.639
Ni/Al$_2$O$_3$ 催化剂循环 10 次后	113.62	0.361	7.631

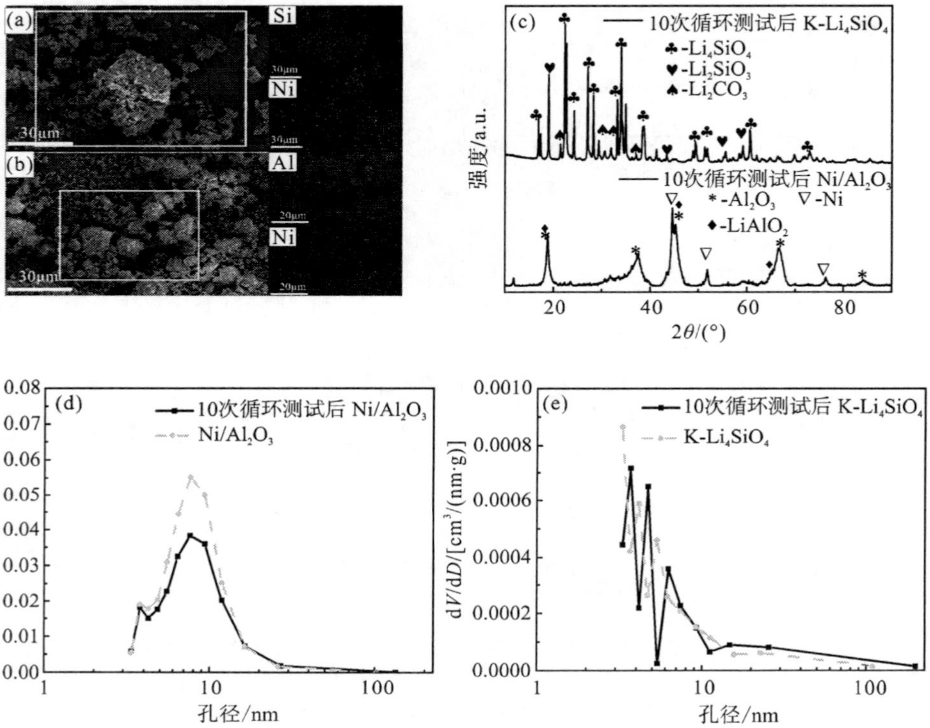

图 6.24　材料表：(a) 10 次循环后 K-Li$_4$SiO$_4$ 的 SEM-EDS 图；(b) 10 次循环后 Ni/Al$_2$O$_3$ 的 SEM-EDS 图；(c) 10 次循环后 K-Li$_4$SiO$_4$ 和 Ni/Al$_2$O$_3$ 的 XRD 谱图；(d) 10 次循环后新鲜 Ni/Al$_2$O$_3$ 和 Ni/Al$_2$O$_3$ 的孔隙分布；(e) 10 次循环后新鲜 K-Li$_4$SiO$_4$ 和 K-Li$_4$SiO$_4$ 的孔隙分布

6.4　本 章 小 结

高温 CO_2 吸附技术的实现依赖于脱碳系统流程优化及高值化应用方法。在吸/脱附循环方面，如何实现强吸热 CO_2 脱附反应的高效供热是需要重点关注的问题，而高值化应用是解决常规碳捕集技术经济性制约的主要途径。本章关注于 Ca-Cu 联合化学循环以及捕集/转化一体化新型系统，通过对 Ca-Cu 联合化学循环再生过程动力学特性、组分均布式颗粒煅烧行为以及基于 Li$_4$SiO$_4$ 的 CO_2 捕集/CH$_4$ 干式重整一体化过程研究，实现了脱碳系统的高效运行并形成了脱碳耦合产合成气的高值化应用方法。主要工作小结如下：

（1）以 $CaCO_3$ 粉末和 CuO 基载氧体为原料，基于热重法研究了 Ca-Cu 联合化学循环中煅烧阶段的 $CaCO_3$ 分解和 $CuO-CH_4$ 还原过程。通过实验确定了两个反应的动力学参数，建立了绝热固定床反应器的动力学模型，模拟了 CaL-CLC 系统的煅烧过程。结果表明，$CuO-CH_4$ 还原反应和 $CaCO_3$ 分解反应的反应速率不匹配时会导致煅烧反应器中存在局部过热现象。水蒸气加入可以降低局部过热，而高浓度 CO_2 的存在则会进一步加剧局部过热。此外，可以通过选择合适的工作温度，以最大程度地减少煅烧反应器中的局部过热问题。

（2）建立了一个考虑化学反应、组分传输和热量传递的数学模型，研究了 CuO 还原释放热量和 $CaCO_3$ 分解消耗热量过程的耦合特性。模拟结果表明，①再生过程中的反应不匹配会导致 $CaCO_3$ 分解更依赖于环境热量而不是 CuO 还原；②CuO 还原速率受颗粒孔隙率和粒径变化的影响，孔隙率越大，粒径越小，转化率越高；③CuO 和 $CaCO_3$ 的还原速率几乎与环境和初始颗粒温度无关；④提高环境温度、颗粒初始温度、颗粒孔隙率或降低 $CaCO_3$ 晶粒尺寸均可提高 $CaCO_3$ 分解转化率。

（3）提出并论证了 K_2CO_3 掺杂的 Li_4SiO_4 作为 CO_2 吸附剂用于耦合甲烷干重整的可行性。在 ICCU-DRM 工艺中成功应用了一种包含 $K-Li_4SiO_4$ 吸附剂和 Ni/Al_2O_3 催化剂的新的材料体系。DRM 与 CO_2 捕集的耦合，在恒温 625℃ 环境下直接将捕集的 CO_2 转化为 H_2/CO 摩尔比接近为 1 的合成气。虽然 $K-Li_4SiO_4$ 中的高活性 Li 与 Ni/Al_2O_3 中的 Al_2O_3 之间有轻微的相互作用，但在 10 次循环测试中，材料体系仍然表现出非常好的循环稳定性。随着 ICCU-DRM 循环次数的增加，H_2/CO 摩尔比稳定在 1±0.05 左右的持续时间逐渐延长。

参 考 文 献

[1]Lyon R K, Cole J A. Unmixed combustion: An alternative to fire[J]. Combustion & Flame, 2000, 121 (1)：249-261.

[2]Abanades J C, Murillo R, Fernandez J R, et al. New CO_2 capture process for hydrogen production combining Ca and Cu chemical loops[J]. Environmental Science & Technology, 2010, 44 (17)：6901-6904.

[3]Tan L，Qin C，Zhang Z. et al. Compatibility of NiO/CuO in Ca–Cu chemical looping for high‐purity H_2 production with CO_2 capture[J]. Energy Technology，2018, 6 (9)：1777-1787.

[4]Martinez, Romano, M C, et al. Process design of a hydrogen production plant from natural gas with CO_2 capture based on a novel Ca/Cu chemical loop[J]. Applied Energy, 2014, 114: 192-208.

[5]Qin C, Yin J, Liu W, et al. Behavior of CaO/CuO based composite in a combined calcium and copper chemical looping process[J]. Industrial & Engineering Chemistry Research, 2012, 51 (38)：12274-12281.

[6]Fernández J R, Abanades J C, Murillo R , et al. Conceptual design of a hydrogen production process from natural gas with CO_2 capture using a Ca–Cu chemical loop[J]. International Journal of Hydrogen Energy, 2012, 42: 126-141.

[7]Manovic V, Anthony E J. Integration of calcium and chemical looping combustion using composite CaO/CuO-based materials. [J]. Environmental Science & Technology, 2011, 45(24): 10750-10756.

[8]Manovic V, Anthony E J. CaO-based pellets with oxygen carriers and catalysts[J]. Energy　Fuels, 2011, 25(10): 4846-4853.

[9]Manovic V, Wu Y, He I, et al. Core-in-shell CaO/CuO-based composite for CO_2 capture[J]. Industrial & Engineering Chemistry Research, 2011, 50(22): 12384-12391.

[10]Kierzkowska A M, Müller C R. Development of calcium-based, copper-functionalised CO_2 sorbents to integrate chemical looping combustion into calcium looping[J]. Energy & Environmental Science, 2012, 5(3): 6061.

[11]Qin C L, Yin J J, Luo C, et al. Enhancing the performance of CaO/CuO based composite for CO_2 capture in a combined Ca–Cu chemical looping process[J]. Chemical Engineering Journal, 2013, 228: 75-86.

[12]Ingraham T R, Marier P. Kinetic studies on the thermal decomposition of calcium carbonate[J]. The Canadian Journal of Chemical Engineering, 1963, 414: 170-173.

[13]Mikulčić, H, Berg E V, Vujanovi M, et al. Numerical modelling of calcination reaction mechanism for cement production[J]. Chemical Engineering Science, 2012, 69(1): 607-615.

[14]Silcox G D, Kramlich J C, Pershing D W. A mathematical model for the flash calcination of dispersed CaCO and Ca(OH) particles[J]. Industrial and Engineering Chemistry Research, 1989, 28(2): 155-160.

[15]Darroudl T, Searcy A W. Effect of CO_2 pressure on the rate of decomposition of calcite[J]. Journal of Physical Chemistry, 1981, 85(26): 3971-3974.

[16]Hu N, Scaroni A W. Calcination of pulverized limestone particles under furnace injection conditions[J]. Fuel, 1996, 75(2): 177-186.

[17]Khinast J, Krammer G F, Brunner C, et al. Decomposition of limestone: The influence of CO_2 and particle size on the reaction rate[J]. Chemical Engineering Science, 1996, 51(4): 623-634.

[18]Borgwardt R H. Calcination kinetics and surface area of dispersed limestone particles[J]. Aiche Journal, 1985, 31(1): 103-111.

[19]Martínez I, Grasa G, Murillo R, et al. Kinetics of calcination of partially carbonated particles in a ca-looping system for CO_2 capture[J]. Energy & Fuels, 2012, 26(2): 1432-1440.

[20]Ar i, Doğu G. Calcination kinetics of high purity limestones[J]. Chemical Engineering Journal, 2001, 83(2): 131-137.

[21]García-Labiano, F, Abad A, de Diego L F, et al. Calcination of calcium-based sorbents at pressure in a broad range of CO_2 concentrations[J]. Chemical Engineering Science, 2002, 57(13): 2381-2393.

[22]Cui Z, Xue Y, Xiao L, et al. Effect of particle size on activation energy for thermal decomposition of nano-$CaCO_3$[J]. Journal of Computational and Theoretical Nanoscience, 2013, 10(3): 569-572.

[23]Ying Z, Chuguang Z, Zhaohui L, et al. Modelling for flash calcination and surface area development of dispersed limestone particles[J]. Asia-Pacific Journal of Chemical Engineering, 2010, 8(3-4): 233-243.

[24]Marban G, Fuertes A B. A simple method for studying the kinetics of gas-solid reactions in a fluidized bed reactor[J]. Chemical Engineering Communications, 1994, 130(1): 241-250.

[25]Abad A, Adanez J, Garcia-Labiano F, et al. Modeling of the chemical-looping combustion of methane using a Cu-based oxygen-carrier[J]. Combustion & Flame, 2010, 157(3): 602-615.

[26]Adanez J, Abad A, Garcia-Labiano F, et al. Progress in chemical-looping combustion and reforming technologies[J]. Progress in Energy & Combustion Science, 2012, 38(2): 215-282.

[27]García-Labiano F, De Diego L F, Adánez J, et al. Reduction and oxidation kinetics of a copper-based oxygen carrier prepared by impregnation for chemical-looping combustion[J]. Industrial & Engineering Chemistry Research, 2004, 43(26): 8168-8177.

[28]García-Labiano F, Adánez J, de Diego L F, et al. Effect of pressure on the behavior of copper-, iron-, and nickel-based oxygen carriers for chemical-looping combustion[J]. Energy & Fuels, 2013, 20(1): 26-33.

[29]Chuang S Y, Dennis J S, Hayhurst A N, et al. Kinetics of the chemical looping oxidation of H_2 by a co-precipitated mixture of CuO and Al_2O_3[J]. Chemical Engineering Research & Design, 2011, 32(2): 2633-2640.

[30]Chuang S Y, Dennis J S, Hayhurst A N, et al. Kinetics of the chemical looping oxidation of H_2 by a co-precipitated mixture of CuO and Al_2O_3[J]. Chemical Engineering Research and Design, 2011, 89(9): 1511-1523.

[31]García-Lario A L, Martínez I, Murillo R, et al. Reduction kinetics of a high load cu-based pellet suitable for Ca/Cu chemical loops[J]. Industrial & Engineering Chemistry Research, 2013, 52(4): 1481-1490.

[32]Moghtaderi B, Song H. Reduction properties of physically mixed metallic oxide oxygen carriers in chemical looping combustion[J]. Energy & Fuels, 2010, 24(10): 5359-5368.

[33]García-Labiano F, de Diego L F, Adánez J, et al. Temperature variations in the oxygen carrier particles during their reduction and oxidation in a chemical-looping combustion system[J]. Chemical Engineering Science, 2005, 60(3): 851-862.

[34]Monazam E R, Siriwardane R, Breault R W, et al. Kinetics of the reduction of CuO/Bentonite by methane (CH_4) during chemical looping combustion[J]. Energy & Fuels, 2012, 26(May-Jun.): 2779-2785.

[35]Hossain M M, Lasa H. Chemical-looping combustion (CLC) for inherent CO_2 separations—A review[J]. Chemical Engineering Science, 2008, 63(18): 4433-4451.

[36]Lee J T, Keener T C, Knoderer M, et al. Thermal decomposition of limestone in a large scale thermogravimetric analyzer[J]. Thermochimica Acta, 1993, 213: 223-240.

[37]Adánez J, García-Labiano F, De Diego L F, et al. in Proceedings of the International Conference on Fluidized Bed Combustion, 173-182.

[38]Lu H, Khan A, Pratsinis S E, et al. Flame-made durable doped-CaO nanosorbents for CO_2 capture[J]. Energy & Fuels, 2009, 232: 1093-1100.

[39]Luo C, Zheng Y, Yin J J. et al. Effect of sulfation during Oxy-Fuel calcination stage in calcium looping on CO_2 capture performance of CaO-based sorbents[J]. Energy & Fuels, 2013, 27: 1008-1014.

[40]Fan F, Li Z S, Cai N S. Experiment and Modeling of CO_2 capture from flue gases at high temperature in a fluidized bed reactor with Ca-based sorbents[J]. Energy & Fuels, 2009, 231: 207-216.

[41]Hossain M M, Lasa H. Reactivity and stability of Co-Ni/Al_2O_3 oxygen carrier in multicycle CLC[J]. Aiche Journal, 2010, 53(7): 1817-1829.

[42]Fernandez J R, Abanades J C, Murillo R. Modeling of Cu oxidation in an adiabatic fixed-bed reactor with N_2 recycling[J]. Applied Energy, 2014, 113: 1945-1951.

[43]Fernández J R, Abanades J C, Murillo, R. Modeling of Cu oxidation in adiabatic fixed-bed reactor with N_2 recycling in a Ca/Cu

chemical loop[J]. Chemical Engineering Journal, 2013, 232 (10) : 442-452.

[44]Wang W, Ramkumar S, Li S, et al. Subpilot demonstration of the carbonation-calcination reaction (CCR) process: High-temperature CO_2 and sulfur capture from coal-fired power plants[J]. Industrial & Engineering Chemistry Research, 2010, 49 (11) : 5094-5101.

[45]Ergun S. Fluid flow through packed columns[J]. Journal of Materials Science and Chemical Engineering, 1952, 48 (2) : 89-94.

[46]Fernández J R, Abanades J C, Murillo R, et al. Conceptual design of a hydrogen production process from natural gas with CO_2 capture using a Ca–Cu chemical loop[J]. International Journal of Hydrogen Energy, 2012, 42: 126-141.

[47]Bhatia S K, Perlmutter D D. A random pore model for fluid‐solid reactions: I. Isothermal, kinetic control[J]. Aiche Journal, 1980, 26 (3) : 379-386.

[48]Silcox G D, Kramlich J C, Pershing D W. A mathematical model for the flash calcination of dispersed calcium carbonate and calcium hydroxide particles[J]. Industrial & Engineering Chemistry Research, 1989, 28 (2) : 155-160.

[49]Johnsen K, Grace J R, Elnashaie S, et al. Modeling of sorption-enhanced steam reforming in a dual fluidized bubbling bed reactor[J]. Industrial & Engineering Chemistry Research, 2006, 45 (12) : 4133-4144.

[50]Georgakis C, Chang C W, Szekely J. A changing grain size model for gas—solid reactions[J]. Chemical Engineering Science, 1979, 34 (8) : 1072-1075.

[51]Mahuli S K, Agnihotr R, Jadhav R, et al. Combined calcination, sintering and sulfation model for $CaCO_3$‐SO_2 reaction[J]. Aiche Journal, 2010, 45 (2) : 367-382.

[52]Yu Y S, Liu W Q, An H, et al. Modeling of the carbonation behavior of a calcium based sorbent for CO_2 capture[J]. International Journal of Greenhouse Gas Control, 2012, 10: 510-519.

[53]Yin J, Kang X, Qin C, et al. Modeling of $CaCO_3$ decomposition under CO_2/H_2O atmosphere in calcium looping processes[J]. Fuel Processing Technology, 2014, 125: 125-138.

[54]Sedghkerdar M H, Mahinpey N. A modified grain model in studying the CO_2 capture process with a calcium-based sorbent: A semianalytical approach[J]. Industrial & Engineering Chemistry Research, 2015, 54 (3) : 869-877.

[55]Qin C L, Feng B, Yin J J, et al. Matching of kinetics of $CaCO_3$ decomposition and CuO reduction with CH_4 in Ca–Cu chemical looping[J]. Chemical Engineering Journal, 2015, 262: 665-675.

[56]Ada´ nez J, Garci´ a-Labiano F, de Diego L F, et al. Optimizing the fuel reactor for chemical looping combustion[C]//International Conference on Fluidized Bed Combustion. 2003, 36800: 173-182.

[57]Manovic V, Grubor B, Loncarevic D. Modeling of inherent capture in coal particles during combustion in fluidized bed[J]. Chemical Engineering Science, 2006, 61 (5) : 1676-1685.

[58]Bui M, Adjiman C S, Bardow A, et al. Carbon capture and storage (CCS) : the way forward[J]. Energy & Environmental Science. 2018, 11 (5) : 1062-1176.

[59]Yuan Z, Eden M R, Gani R. Toward the development and deployment of large-scale carbon dioxide capture and conversion processes[J]. American Chemical Society, 2015, 55 (12) : 3383-3419.

[60]Cuéllar-Franca R M, Azapagic A. Carbon capture, storage and utilisation technologies: A critical analysis and comparison of their life cycle environmental impacts[J]. Journal of CO_2 Utilization, 2015, 9 (1) : 82-102.

[61]Wang J, Huang L, Yang R Y, et al. Recent advances in solid sorbents for CO_2 capture and new development trends[J]. Energy & Environmental Science, 2014, 7(11): 3478-3518.

[62]Sun H, Wu C, Shen B, et al. Progress in the development and application of CaO-based adsorbents for CO_2 capture—a review[J]. Materials Today Sustainability, 2018, 1-2: 1-27.

[63]Sun H, Wang J, Zhao J, et al. Dual functional catalytic materials of Ni over Ce-modified CaO sorbents for integrated CO_2 capture and conversion[J]. Applied Catalysis B: Environmental, 2018, 244: 63-75.

[64]Melo Bravo P, Debecker D P. Combining CO_2 capture and catalytic conversion to methane[J]. Waste Disposal & Sustainable Energy, 2019, 11: 53-65.

[65]Ahmed A M, Asghar R A, Fateme R. Combined capture and utilization of CO_2 for syngas production over dual-function materials[J]. ACS Sustainable Chemistry & Engineering, 2018: 13551-13561.

[66]Duyar M S, Wang S, Arellano-TreviñO M A, et al. CO_2 utilization with a novel dual function material (DFM) for capture and catalytic conversion to synthetic natural gas: An update[J]. Journal of CO_2 Utilization, 2016: 65-71.

[67]Sun H M, Zhang Y, Guan S L, et al. Direct and highly selective conversion of captured CO_2 into methane through integrated carbon capture and utilization over dual functional materials[J]. Journal of CO_2 Utilization, 2020, 38: 262-272.

[68]Shao B, Hu G, Alkebsi K, et al. Heterojunction-redox catalysts of $Fe_xCo_yMg_{10}CaO$ for high-temperature CO_2 capture and in-situ conversion in the context of green manufacturing[J]. Energy & Environmental Science, 2021, 14: 2291-2301.

[69]Gonçalves R, Vono L L, Wojcieszak R, et al. Selective hydrogenation of CO_2 into CO on a highly dispersed nickel catalyst obtained by magnetron sputtering deposition: A step towards liquid fuels[J]. Applied Catalysis B: Environmental, 2017, 209: 240-246.

[70]Daza Y A, Kent R A, Yung M M, et al. Carbon dioxide conversion by reverse water–gas shift chemical looping on perovskite-type oxides[J]. Industrial & Engineering Chemistry Research, 2014, 53(14): 5828–5837.

[71]Nityashree N, Price C A H, Pastor-Perez L, et al. Carbon stabilised saponite supported transition metal-alloy catalysts for chemical CO_2 utilisation via reverse water-gas shift reaction[J]. Applied Catalysis B: Environmental, 2020, 261: 118241.

[72]Zhou W, Cheng K, Kang J, et al. New horizon in C1 chemistry: breaking the selectivity limitation in transformation of syngas and hydrogenation of CO_2 into hydrocarbon chemicals and fuels[J]. Chemical Society Reviews, 2019, 48(12): 3193-3228.

[73]Zhong L S, Yu F, An Y L. et al. Cobalt carbide nanoprisms for direct production of lower olefins from syngas[J]. Nature, 2016, 538: 84-87.

[74]Olah G A. Beyond oil and gas: The methanol economy[J]. Angewandte Chemie International Edition, 2005, 44(18): 2636-2639.

[75]Martin N M, Velin P, Skoglundh M, et al. Catalytic hydrogenation of CO_2 to methane over supported Pd, Rh and Ni catalysts[J]. Catalysis Science & Technology, 2017, 7(5): 1086-1094.

[76]Tahir M, Tahir B, Amin N, et al. Photocatalytic CO_2 methanation over NiO/In_2O_3 promoted TiO_2 nanocatalysts using H_2O and/or H_2 reductants[J]. Energy Conversion & Management, 2016, 119: 368-378.

[77]Margossian T, Larmier K, Kim S M, et al. Supported bimetallic nife nanoparticles through colloid synthesis for improved dry reforming performance[J]. Acs Catalysis, 2017, 7(10): 6942-6948.

[78]Margossian T, Larmier K, Kim S M, et al. Molecularly tailored nickel precursor and support yield a stable methane dry reforming

catalyst with superior metal utilization[J]. Journal of the American Chemical Society, 2017, 20(20): 6919-6927.

[79]Kim S M, Abdala P M, Margossian T, et al. Cooperativity and Dynamics Increase the Performance of NiFe dry reforming catalysts[J]. Journal of the American Chemical Society, 2017, 139(5): 1937-1949.

[80]Tsoukalou A, Imtiaz Q, Kim S M, et al. Dry-reforming of methane over bimetallic Ni–M/La$_2$O$_3$ (M = Co, Fe): The effect of the rate of La$_2$O$_2$CO$_3$ formation and phase stability on the catalytic activity and stability[J]. Journal of Catalysis, 2016, 343: 208-214.

[81]Fan M S, Abdullah A Z, Bhatia S. Catalytic technology for carbon dioxide reforming of methane to synthesis gas[J]. Chemcatchem, 2010, 1(2): 192-208.

[82]Andersson M P, Bligaard T, Kustov A, et al. Toward computational screening in heterogeneous catalysis: Pareto-optimal methanation catalysts[J]. Journal of Catalysis, 2006, 239(2): 501-506.

[83]Ma L, Qin C, Pi S, et al. Fabrication of efficient and stable Li$_4$SiO$_4$-based sorbent pellets via extrusion-spheronization for cyclic CO$_2$ capture[J]. Chemical Engineering Journal, 2020, 379: 122385.

[84]Guo J, Lou H, Hong Z, et al. Dry reforming of methane over nickel catalysts supported on magnesium aluminate spinels[J]. Applied Catalysis A: General, 2004, 273(1-2): 75-82.

[85]Andraos S, Abbas-Ghaleb R, Chlala D, et al. Production of hydrogen by methane dry reforming over ruthenium-nickel based catalysts deposited on Al$_2$O$_3$, MgAl$_2$O$_4$, and YSZ[J]. International Journal of Hydrogen Energy, 2019, 44(47): 25706-25716.

[86]Kim S M , Abdala P M , Broda M , et al. Integrated CO$_2$ capture and conversion as an efficient process for fuels from greenhouse gases[J]. ACS Catalysis, 2018, 84: 2815-2823.

[87]Gonzalez-Delacruz V M, Pereñiguez R, Ternero F, et al. Modifying the size of nickel metallic particles by H$_2$/CO treatment in Ni/ZrO$_2$ methane dry reforming catalysts[J]. Acs Catalysis, 2013, 1(2): 82-88.